序

觀光產業已成爲二十一世紀全球三大明星產業之一，觀光餐旅服務業之發展也蔚爲時代的潮流。餐旅服務業係一種高度勞力密集性之綜合產業，其主要產品乃在提供顧客溫馨的服務與美好休憩體驗，因此餐旅服務品質的良窳將影響到整個餐旅產業之成敗。如何提供顧客優質的餐旅產品服務，則有待餐旅服務業精心之經營與管理始能竟功。

本書係結合餐旅服務業所需之理論與實務予以編輯而成。全書共計五篇二十四章，將餐旅服務管理與餐旅服務實務操作技巧等兩大專業領域予以深入淺出詳加介紹。首先在緒論篇介紹餐旅服務的基本概念、探討餐旅服務品質的維護管理以及餐旅從業人員應備的要件。另外在餐旅服務管理篇來深入闡述顧客心理、員工心理以及激勵與溝通技巧；在餐旅服務實務方面，則分別以餐飲與旅館服務爲兩大範疇，針對行業專業技能旁徵博引，並以具體操作要領輔以實例詳加解說。最後再以總結篇就顧客抱怨與餐旅業緊急意外事件之危機處理作業要領加以介紹，期以協助讀者能順利步入餐旅服務專業學術領域，進而培育良好的經營管理服務知能，以奠定將來從事餐旅職業生涯成功的基石。

本書得以順利付梓，首先要感謝揚智文化事業股份有限公司葉總經理忠賢先生的熱心支持、總編輯閻富萍小姐的辛勞付出，以及公司全體工作伙伴之協助，特此申謝。

本書雖經嚴謹校正，若有疏漏欠要之處，尚祈先進賢達不吝賜教指正，俾供日後再版修正之參考。

蘇芳基 謹識

二〇〇八年五月一日

目　錄

第二篇　餐旅服務管理　39

第三篇　餐廳服務　79

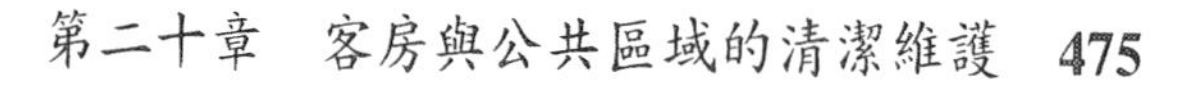

第一篇
緒　論

單元學習目標

- 瞭解餐旅服務的定義及構成要素
- 瞭解餐旅服務產品的特性及其生命週期
- 瞭解顧客對服務品質之知覺模式
- 能正確分析影響餐旅服務品質之因素
- 能正確評估顧客對服務品質優劣之認知
- 能運用餐旅服務品質的管理模式，有效提升服務水準
- 瞭解餐旅服務禮儀及從業人員應備的基本條件
- 培養正確的服務人生觀與生活價值觀

餐旅服務的基本概念

「餐旅服務」係一種以顧客爲中心，針對顧客需求事先規劃妥善安排所需之服務產品、服務場所環境，以及服務傳遞系統，藉以提供顧客盡善盡美之服務，創造顧客滿意度，給予顧客溫馨美好的體驗。爲追求完美的服務品質，餐旅服務人員必須要有正確的服務理念與使命感，否則難以竟功。爲使讀者對餐旅服務有正確的概念，本章將分別就餐旅服務應備的基本概念，逐節加以介紹如後。

第一節　餐旅服務的定義及構成要素

餐旅業爲當今二十一世紀全球最大明星產業——觀光產業之中樞，也是觀光系統極爲重要的觀光媒體。近年來，由於世界各國積極發展觀光產業，使得餐旅業不斷蓬勃發展，餐旅服務品質之提升也愈來愈受重視。爲滿足顧客高水準服務之需求，身爲餐旅從業人員，必須對「餐旅服務」之內涵先有正確的認識，否則難以奢言提供顧客美好的餐旅服務體驗。

一、服務的意義

(一)依字面上意義而言

所謂「服務」，係指爲幫助別人或關心他人福利，進而協助解決並滿足別人需求的一種行爲或活動。

(二)美國行銷學者Kotler所下的定義

「所謂服務，係指一項活動或一項利益，由一方向另一方提供，本質上是無形的，也不會產生任何事物所有權轉變者。」

(三)依實質上的意義而言

所謂「服務」，係指為確保達成企業營運目標，以直接或間接方式來提供顧客所需的產品，或相關措施、利益及活動，以滿足顧客需求的一種有形或無形的行為傳遞過程，謂之「服務」。

二、服務的類別

服務就其性質而言，可分為下列三種類別：

(一)有形服務（Tangible Service）

有形服務另稱「實質服務」，係指服務傳遞的過程或產品可以看得見、觸摸得到之有形產品。

(二)無形服務（Intangible Service）

無形服務另稱「非實質服務」，係指服務傳遞的過程難以感知出來，但卻能感受體驗得到，如氣氛、態度、熱心（圖1-1）。

(三)補救服務（Service Recovery）

補救服務另稱「修補服務」，係指服務企業在提供服務之過程中或服務後，發現服務疏失所採取的緊急應變措施或回應方式。

成功的服務企業會指導其員工如何進行各種情境或問題之補救服務，以堅守對顧客的承諾與誠信保證。惟補救服務之進行時機最好在顧客尚未離去之前，或在現場立即由負責主管出面來進行補救服務，以信守餐旅企業對顧客之承諾。如果補救服務失敗，其後果往往比原

圖1-1　親切的服務傳遞
資料來源：喜來登飯店提供

先失敗的服務更嚴重。

三、餐旅服務的意義

(一)餐旅服務的定義

餐旅服務係指餐旅從業人員以最親切熱忱的態度，去接待歡迎客人，時時站在客人的立場，設身處地爲其著想。適時適切主動提供客人所需的產品服務或協助，使其倍感溫馨滿意，享有美好的餐旅體驗，此乃餐旅服務之眞諦，也是一種無形無價的商品。

(二)依英文語源而言

所謂「餐旅服務」英文稱之爲“Hospitality”或稱之爲“Hotel & Restaurant Service”，其意思係指餐廳、旅館之接待服務。

至於服務，英文稱之爲“SERVICE”，其內涵係指：Smile、Expertise、Resourcefulness、Volunteer to help、Interests in the problems、Courtesy at all the time、Enthusiasm in your work。其是指服務的含義爲：微笑、專業技術、機敏、樂於助人、主動發掘問題、溫文有禮、工作熱忱之意思。

四、餐旅服務的構成要素

一家成功卓越的餐旅服務業，其所提供給顧客的服務均係以滿足顧客體驗爲考量，依顧客經驗之三大構面來規劃安排其餐旅服務，以滿足顧客需求，賺取利潤而達企業永續經營之目標。謹就此三大構成要素分述於後：

(一)服務產品（Service Product）

服務產品另稱套裝服務（Package Service），它係產品與服務之結合，大部分餐旅服務產品均同時包含著有形與無形的商品，只是成分比重大小不同而已。一般而言，愈高級餐旅業所提供的服務，其無形商品之比重愈大；至於一般平價大衆化餐旅業所提供的服務商品，則以有形商品爲主，再搭配小部分的無形服務產品。

服務產品是顧客前往餐旅企業消費的最主要誘因。服務產品雖然分爲有形與無形，但卻無輕重之別，其品質之良窳將影響到整個服務企業之成敗。

(二)服務場地環境（Service Setting & Environment）

「服務場地環境」係指餐旅服務企業提供餐旅產品服務以及與顧客互動之場所，它包含實體環境中任何能增添顧客美好體驗的各種有形設施、設備或飾物。例如餐飲業針對顧客不同之需求，來規劃設計不同主題的餐飲服務環境，以彰顯其與衆不同之特色，藉此服務場地主題特色之設計布置來提升自我形象與市場競爭力（圖1-2）。

(三)服務傳遞系統（Service-Delivery System）

所謂「服務傳遞系統」主要係由服務人員、實際生產過程（如餐廳廚房設備、旅館客房設備）兩大層面以及其他相關服務支援系統所建構而成。餐旅服務傳遞系統各環節均相當重要，其中以服務人員與顧客之間的互動環節最爲重要，因爲顧客對餐旅服務的體驗大部分是在他們與服務人員接觸互動過程中所形成。如果餐旅服務人員能在與顧客服務接觸之過程中，掌握關鍵時刻給予顧客瞬間眞實的感受(Moment of Truth)，將能贏得顧客之好評，進而提高顧客對服務之滿意度。此關鍵時刻另稱「黃金十五秒」，係顧客評鑑餐旅服務品質良窳的決定性因素。因此成功卓越的餐旅企業均會審愼善加管理此服務傳遞系統之各重要環節，將無形產品予以有形化，從而建立起良好的品牌形象。

圖1-2　富主題特色的場地布置

第二節　餐旅服務產品與特性

「餐旅服務產品」係餐旅業吸引顧客前來消費之最主要誘因。由於餐旅服務產品係一種結合有形與無形服務之整合性套裝服務產品，因此其特性除了包含一般服務業共有的特性，尚兼具餐旅產業經濟上的特質。謹分別就餐旅服務產品及其特性摘述如下：

一、餐旅服務產品與傳統產業產品之差異

餐旅服務產品與傳統製造業的產品最大的差異，乃餐旅服務產品係一種套裝服務的產品，產品與服務係以一種不同比率的組合來銷售，而傳統製造業的產品係以「實體產品」爲主軸，至於「服務」僅是伴隨實體產品之附加價值而已，如售後安裝或保固服務即是例。

至於顧客前往餐旅服務業購買餐旅服務產品時，則很難區分何者是「產品」，何者是「服務」，事實上也無法完全區隔或明確界定，因爲餐旅產品是一種有形與無形產品之組合。

二、餐旅服務產品的類別

餐旅服務產品主要可分爲兩大類：

(一)有形的產品（**Tangible Products**）

所謂「有形的產品」，又稱外顯服務（Explicit Service），係指餐旅服務業所提供給旅客消費使用的環境、設施、設備及相關產品。如餐廳、旅館之裝潢設施、客房設備、休閒娛樂設施，以及美食佳餚等

等均屬之。

(二)無形的產品（**Intangible Products**）

所謂「無形的產品」，又稱內隱服務（Implicit Service），係指餐旅服務業所提供給旅客溫馨貼切，以客爲尊的人性化優質接待服務、餐旅企業優質文化氣息，以及服務人員與顧客之間的溝通、互動關係等均屬之。

三、餐旅服務產品的生命週期

餐旅服務產品另稱餐旅商品，其生命週期可分爲下列五個階段：

(一)導入期

1.此階段餐旅產品剛引入市場，因此消費者對此產品相當陌生，所以餐旅產品須加強廣告，提高市場知名度。
2.營運策略可視市場需求，以高價位之吸脂定價法，或是採用低價位的滲透定價法來擴大市場占有率。

(二)成長期

1.此階段特徵爲產品漸漸爲市場消費者所接受，產品在市場占有率也提升，餐旅企業之產品利潤隨之大爲增加。唯市場新進競爭對手也出現，不過尚未構成威脅。
2.營運策略乃不斷改善餐旅產品，提升服務品質與企業形象，並加強產品市場行銷。

(三)成熟期

1.此階段之產品已在餐旅市場擁有穩定的占有率，利潤收益穩定，唯市場競爭激烈。
2.營運策略須加強新產品之研發、測試。

(四)飽和期

1.此階段產品在市場銷售量已漸下降，餐旅產品之利潤逐漸下滑，市場競爭相當嚴重。
2.營運策略須設法穩定市場占有率，並提升產品附加價值，以開發新市場。

(五)衰退期

1.此階段產品無論在市場銷售量或營運利潤均快速持續滑落，部分餐旅產品逐漸遭受淘汰。
2.營運策略須設法淘汰夕陽產品，或重新更新包裝，改善既有產品之缺失，再研擬行銷策略投入新目標市場。

四、餐旅服務產品的特性

餐旅服務產品係一種組合式之商品，包括傳統製造業與現代服務業之產品，因此其特性很多，茲摘述如下：

(一)無形性（**Intangibility**）

餐旅產品如氣氛、服務態度、員工與顧客間之互動關係，以及顧客滿意度等等均極爲抽象，事實上是無法觸摸得到，也無法看得見或

感知得到，顧客必須親自參與，始能體會其產品之價值。

為降低並去除顧客對於此餐旅產品之購買風險，餐旅產品盡量予以精緻化、有形化，重視服務證據，提升品牌形象及企業文化。

(二)異質性（Heterogeneity）

餐旅產品不像一般實體產品，很難有一致性規格化品質產出。餐旅服務產品係透過服務人員來執行產品之生產與銷售，由於涉及「人」的複雜情緒及心理作用，使得服務品質難以標準化。餐旅產品之品質常因時空、情境與服務人員之不同而有差異，即使同一位服務人員在不同的時空、情境與顧客下，其所提供的服務產品也難以確保品質完全一樣。易言之，餐旅服務過程中羼雜著很多難以預先掌握之內外變數，使得餐旅產品之品質難以完全掌控。

為有效解決此問題，餐旅企業除了加強人力資源之培育與員工教育訓練外，更應建立一套標準作業流程（S.O.P.）以及品質控制制度，期以達到全面品質管理之目標。

(三)服務性（Service）

餐旅產品係餐旅業與顧客交易互動過程中所傳遞的各種有形物與無形物之服務。為滿足服務對象——「顧客」之需求，餐旅業乃不斷提升從業人員的服務品質，經由服務傳遞，讓顧客留下美好深刻的印象。

為確保產品之服務品質，餐旅業須站在顧客的立場來考量，始能適時提供溫馨貼切之真正服務。為發揮餐旅產品服務之特性，餐旅業者除了在硬體服務設施加強外，更應加強軟體服務品質——人力資源之培訓、服務管理制度之建立。

(四)僵固性（Ragidity）

所謂「僵固性」，係指餐旅產品如客房、席次桌位、硬體設施或軟體人力，往往難以臨時加班增產供應顧客大量之需求。此為本產品短期供給欠缺彈性之特性。

為謀解決餐旅產品僵固性之缺失，餐旅業者必須加強市場調查，做好銷售預測與營運評估工作，以落實營運績效管理。此外，須同時設法增加現有產品的附加服務項目，以創造更多產品服務附加價值。

(五)季節性（Seasonality）

餐旅產品季節性之變化甚大，不僅需求量有淡旺之分，營運方式也有淡旺季之別。由於顧客旅遊動機與習慣深受天候季節之影響，因此淡旺季相當明顯。此外，如山區、海濱之度假旅館季節不同氣候變化也大，甚至其所在地附近的自然景觀也常因季節變化而不同，使得餐旅產品之供需與質量也深受季節之影響。

餐旅業為減少淡季之損失，經常利用淡季舉辦各項活動並以特惠優待價格來促銷，爭取客源市場。有些餐旅業則以開發新穎套裝服務產品來吸引顧客，如墾丁風景區之餐旅業利用冬季配合地方特色辦理「風鈴季活動」；溫泉鄉餐旅業所推出「溫泉美食文化」優惠專案套裝產品即是例。此外，可利用旺季聘用兼職人員，以解決人力之不足。

(六)易變性（Sensibility）

所謂「易變性」另稱「敏感性」。餐旅產品並非民生必備基本用品，很容易因內外環境之改變而受到影響，如政治、經濟、社會及國際情勢之影響。此外，任何天災、疫情也會影響餐旅產品之供需變化，如南亞之海嘯、美國雙子星大樓恐怖攻擊等等，對當地觀光餐旅產品均造成極大的損失，許多餐旅業甚至因而停業。

爲確保餐旅產品能永續經營，必須加強此產品之品牌形象，建立顧客對品牌之忠誠度。此外，餐旅產品之市場調查、市場機會分析（S.W.O.T）更要落實，以避免並減少產品之市場衝擊。

(七)不可儲存性（Perishability）

所謂不可儲存性另稱「易腐性」或「易滅性」。因爲餐旅業之產品，必須親自參與體驗，僅能當時享用無法保存。此外，如果產品當天沒有銷售出去，也無法儲存下來次日再賣，如旅館之空房、班機之空餘機位。

餐旅產品由於具有此不可儲存之易腐性，使得產品的生產量、供給量不容易控管，因而營運風險及營運成本也相對提高。因此，餐旅業者必須加強產品的市場行銷，運用各種促銷方式來確保市場占有率。此外，還要加強從業人員的教育訓練，以強化企業本身的服務效率與服務管理能力，此乃目前餐旅業極重要的課題。

(八)不可分割性（Inseparability）

所謂「不可分割性」，係指餐旅產品爲一種套裝服務產品，在服務傳遞過程中，需要內外場服務人員合作外，更需要顧客親自參與此生產與銷售之活動安排，上述情境環環相扣密不可分，此乃餐旅產品不可分割之特性。

餐旅業爲求營運之正常發展，其因應之道除了加強從業人員的應變能力外，更要加強餐旅人員之專業訓練，培養其專精的工作能力，期使每位員工均具有一致性的服務水準。至於餐旅業者也應建立正確經營理念，視員工爲公司的一種產品，也是一項重要資產，所以應善待員工，培養員工的榮譽感與責任感，以提升顧客的滿意度爲使命，加強與顧客之互動行銷。

餐旅服務品質

餐旅服務品質是餐旅服務產業的形象表徵。此服務品質的優劣將直接影響到餐旅服務業營運的成敗。近年來，隨著人們生活品質的提升，對於餐旅產品服務之質量需求也大爲提高，如何有效提升餐旅服務品質乃當務之急，刻不容緩之事。本章將分別就餐旅服務品質之意義、服務品質之評鑑，以及提升服務品質之具體方法，予以逐節闡述。

第一節　餐旅服務品質的意義

現代餐旅產業爲提升市場競爭力，爭取目標市場有限的客源，均不斷研發改良創新服務產品，追求優質的餐旅服務品質，期以滿足市場消費者之需求。然而何謂「餐旅服務品質」呢？謹就餐旅服務品質的概念摘述如下：

一、服務品質的基本概念

(一)國外專家學者的看法

1. **Karvin**（**1983**）：所謂服務品質係一種認知性的品質，而非目標性品質。易言之，服務品質是消費者對於服務產品主觀的反應，並不能以一般有形產品的特性予以量化衡量。
2. **Olshavsky**（**1985**）：所謂服務品質類似態度，係消費者對於服務產品等事物所做的整體性評估。
3. **Lewis和Booms**（**1983**）：所謂服務品質，係一種衡量企業服務水準的量尺，能夠滿足顧客期望程度的工具。
4. **Klaus**（**1985**）：其認爲服務品質的好壞，係取決於顧客對服務產品的「期望品質」和實際感受得到的「體驗品質」，此兩者之比較。如果顧客對於服務產品的實際感受體驗水準高於預期水準，則顧客會有較高的滿意度，並因而認定服務品質較好；反之，則會認爲服務品質較差。

(二)服務品質的定義

所謂服務品質，係指顧客對服務業所提供的服務產品之品質，就其心目中所預期的，與實際體驗到的品質水準予以比較，綜合評估之結果，謂之服務品質（圖2-1）。顧客對服務品質好壞之評價，則端視顧客本身實際「體驗認知」是否高於預期的「期望品質」而定。質言之，若顧客對服務產品之實際體驗認知遠高於預期期望品質水準，將認爲是優質服務品質，反之，則會認定爲服務品質差。

圖2-1　顧客對服務品質之認知公式

(三)顧客對服務品質的知覺模式

1.顧客對服務業所提供的服務產品之品質評估，係根據其本身對服務產品之體驗價值與預期期望水準之比較，而予以判定服務品質之良窳。詳如下列公式所示（圖2-2）：

圖2-2　顧客對服務品質的知覺模式

〈註〉服務品質（佳）：顧客體驗認知大於預期期望
服務品質（差）：顧客體驗認知小於預期期望
服務品質（普通）：顧客體驗認知等於預期期望

2.服務產品之品質好壞，只有顧客才能界定其價值高低與品質優劣，因此服務產業最大的挑戰乃在於滿足或超越顧客對產品的需求與期望。如果服務產業能瞭解顧客對服務產品之期望，進而提供其所期望的美好體驗，此時客人將會感到滿意，甚至覺得服務有高水準的價值。此外，服務產業若能夠在不額外增加顧客費用成本支出的情況下，增加提供額外項目之服務，將會令顧客感覺到物超所值的優質服務。

二、餐旅服務品質

(一)餐旅服務品質的定義

所謂「餐旅服務品質」，係指顧客針對餐旅服務產業所提供的服務產品、服務環境以及產品服務傳遞流程等三大層面，予以做整體性的綜合評估，並就其實際體驗認知與期望價值做比較，進而形成其對餐旅服務品質之自我概念，謂之餐旅服務品質。

(二)影響餐旅服務品質的主要原因

■服務產品（**Service Product**）

餐旅業所提供給顧客的服務產品其品質是否完美無缺、項目是否合理、種類是否夠多，是否能提供顧客多元化選擇的機會，能否滿足其所需。

餐旅服務產品係一種有形與無形服務的套裝組合，例如顧客到餐廳消費，餐廳所提供的高級牛排餐並非顧客前來消費主要的產品，尚包括餐廳所提供的優質人力資源服務與用餐情趣氣氛。

■服務環境（Service Environment）

所謂餐旅服務環境，係指餐旅服務場所之地理位置是否適中，交通是否便捷，場所環境是否整潔、寧靜、安全、舒適，餐旅服務設施、設備是否完善，甚至整個環境氣氛是否高雅溫馨，均足以影響顧客之體驗認知。

■服務傳遞（Service Delivery）

所謂服務傳遞，係指餐旅業提供餐旅服務之傳遞系統而言。包括餐旅服務人員、餐旅服務產品生產銷售作業流程，以及餐旅組織相關支援系統等三方面，其中以站在第一線與顧客接觸的餐旅接待人員之服務品質最為重要。

因為顧客對餐旅產品之體驗與感受認知，大部分是在他們與服務人員互動接觸的過程中形成。因此，「服務接觸」或「互動過程」乃成為顧客評鑑餐旅服務品質優劣成敗的關鍵因素。如何在服務傳遞過程中掌握重要的關鍵時刻，給予顧客瞬間眞實的感受，並將無形服務轉化為有形服務，強調服務的證據，藉以創造出餐旅服務業良好品牌形象，乃當今餐旅從業人員的使命。

第二節　餐旅服務品質的維護管理

餐旅服務品質乃現代餐旅企業的生命。如何提升餐旅產品服務品質，以確保企業的形象與聲譽，為當今餐旅業所努力的共同目標。茲就餐旅服務品質評量的方法，以及服務品質維護管理的模式，分述如下：

一、餐旅服務品質評量的方法

根據Parasuraman、Zeithaml與Berry等三位學者共同研發的「服務品質量表」，來評量顧客對餐旅服務品質之認知，其方法係運用下列五要素來加以衡量。

(一)可靠性（**Reliability**）

所謂「可靠性」，係指餐旅業組織及其接待服務人員能令顧客產生信賴感，並且能正確執行對顧客已承諾的事物，同時每次均能信守承諾，提供一致性之服務水準。

(二)回應性（**Responsiveness**）

所謂「回應性」，係指餐旅組織及其服務人員均能主動熱心協助顧客，不會推託要求，對顧客之需求能提供迅速、及時的服務。例如旅館櫃台替旅客辦理住宿手續，務必在五分鐘內完成，十分鐘內將顧客行李送達客房即是例。

(三)確實性（**Assurance**）

所謂「確實性」，係指餐旅服務人員的專業知識與工作能力值得信賴保證，能一次就完成客人交辦的事物，並且有能力爲顧客解決周遭的問題。例如客房餐飲服務員能在接到客人點餐之後，於三十分鐘內將所有餐具、菜餚以及調味料各種瓶罐，全套齊全無誤一次就做對做好，使顧客對餐旅服務有信心。此外，餐旅服務人員的工作態度與禮貌均一樣，具有一致性之服務水準，以及餐旅場所環境之安全性均屬之。

(四)關懷性（Empathy）

所謂「關懷性」，另稱「同理心」，係指餐旅服務組織及其服務人員是否能提供顧客個人化、人性化之服務及貼心關懷，時時站在顧客的立場爲其設想，提供適時適切的溫馨服務（圖2-3）。

(五)有形性（Tangibles）

所謂「有形性」，係指餐旅服務所提供給客人的有形服務產品而言。例如完善的餐旅設施與設備、豪華舒適的客房、溫馨寧靜的用餐場所、精緻美食，以及餐旅服務人員的整潔儀態等均屬之。

二、餐旅服務品質維護管理的模式

Brogowiez、Delene和Lyth（1990）針對顧客與餐旅業者對服務品質認知之差異，特別指出有下列五個服務品質缺口，可作爲餐旅企業今後管理改善服務品質的方向。茲分述如下：

圖2-3　適時提供顧客溫馨服務
資料來源：君悅飯店提供

(一)缺口一「定位缺口」(GAP 1)

1.所謂「定位缺口」係指顧客對餐旅服務產品之品質期望與餐旅業管理者或服務人員之間的認知差異。

2.缺口形成的原因：

餐旅業人員與顧客之間的溝通不夠，資訊傳遞管道不良所致。

3.解決之道：

(1)須加強餐旅組織之內部溝通與外部溝通。

(2)加強市場調查，瞭解顧客需求，再據以調整餐旅服務之項目與內容，期以迎合滿足顧客之需。

(3)須讓客人充分瞭解餐旅產品之市場定位。例如餐旅產品爲高價位高品質，或是低價位低品質，以利消費者選擇其所需。

(二)缺口二「規格缺口」(GAP 2)

1.所謂「規格缺口」係指顧客對餐旅服務產品的品質認知與餐旅業管理者對此產品品質規格認知的差異。

2.缺口形成的原因：

(1)管理者不重視服務品質的控管，未能信守對顧客的產品品質的承諾。

(2)管理者欠缺訂定標準化作業的能力，或缺乏執行上的專業知能。

(3)管理者對服務品質的認知未能符合顧客的期望。

3.解決之道：

(1)依顧客需求訂定品質規格標準化作業，並加以嚴格控管。

(2)管理者須加強本身專業能力，充實餐旅企業資源，以免因本身條件或資源不足而影響服務品質。

(三)缺口三「傳遞缺口」（GAP 3）

1.所謂「傳遞缺口」係餐旅服務傳遞系統所傳送出來的產品品質未能達到管理者所訂定的品質規格標準。

2.缺口形成的原因：

(1)無形的餐旅產品規格標準化較不容易達到一致的水準。

(2)服務傳遞過程涉及服務人員、幕僚人員，還有顧客參與其間，致使品質控管益加困難。

(3)餐旅服務人力資源不足，素質參差不齊，尤其是負責接待服務的第一線服務人員之服務態度與專業知能，若未能符合顧客之期望，很容易招致顧客之不滿或抱怨。

3.解決之道：

(1)招募甄選員工，須注意錄用能提供顧客所期待之服務品質的人員。

(2)加強員工教育訓練，培養專精工作知能。

(3)加強組織管理，培養團隊分工合作之精神與共識。

(四)缺口四「溝通缺口」（GAP 4）

1.所謂「溝通缺口」，係指餐旅服務企業在市場廣告促銷所傳播的餐旅產品訊息，與企業實際爲顧客所傳遞的服務產品，二者之間的差距。易言之，即外部溝通與服務傳遞之間的差距。

2.缺口形成的原因：

(1)餐旅業者在市場上的廣告或業務公關人員過分誇大餐旅產品品質與服務特色，致使顧客對實際產品認知感受與當時廣告宣傳有落差。

(2)爲提高市場占有率，而對消費者過度的承諾。

(3)餐旅企業組織部門與部門之間的水平溝通或垂直溝通不當，

以致出現溝通的缺口。

3.解決之道：

(1)餐旅企業之行銷企劃與行銷廣告之研訂，須由相關單位部門主管共同參與，以利產生共識，並提出眞正可行性廣告方案，以免生產與銷售、前場與後場、管理階層與執行階層之間產生認知性的差異。

(2)對外溝通之宣傳廣告須謹守誠信原則，切忌誇大不實或表裡不一的言行或宣傳，以免讓人有受騙之感。

(五)缺口五「認知缺口」（GAP 5）

1.所謂「認知缺口」，係指顧客對餐旅服務品質的期望與現場實際感受之差距，謂之認知缺口。

2.缺口形成的原因：

(1)顧客對餐旅產品的服務品質認知大部分是源自個人需求、過去經驗，以及所得到的相關產品資訊。如果餐旅產品未能符合顧客之需求與期望，將會產生失望與不滿。

(2)餐旅業者所提供的餐旅產品與宣傳廣告的內容或項目不一致，因而造成顧客的認知失調。

3.解決之道：

(1)餐旅產品之研發，務必先考量顧客之需求，針對顧客之實際期望來提供產品服務。

(2)針對服務品質之上述各缺口力求改善，期使餐旅產品服務能縮短、塡補此五項缺口。唯有如此始能滿足顧客之期望，符合其認知，因爲缺口一至缺口四，只要其中任何缺口有間隙或缺失，均會影響到顧客對品質之認知。

餐旅從業人員應備的條件

第一節　基本服務禮儀

第二節　餐旅服務人員應備的基本條件

第三節　餐旅經理人員應備的條件

餐旅服務人員的角色，係確保顧客享有美好的進餐體驗與溫馨舒適的住宿服務，以滿足其生理與心理之需求。為了扮演好此角色，餐旅服務人員除了需要具備一些專業知能外，更重要的是尚須具有良好的儀態與人格特質，否則難以提供高品質的服務給客人。謹將餐旅從業人員應備的服務禮儀與基本條件分述於後：

第一節　基本服務禮儀

一、服務禮儀的意義

所謂「服務禮儀」，係指餐旅服務人員在工作上班期間本身的服裝、儀容、站姿、坐姿、走姿，以及人際互動過程中本身的言行舉止、應對進退等禮貌或態度均屬之。

如果餐旅服務人員在工作場合與客人互動時，能穿著光鮮亮麗的制服，以美好的姿態，親切熱忱的工作態度回應客人，深信會給客人留下極良好的第一印象。反之，若是餐旅服務人員儀容欠整潔，客人一問三不知，或是以一種粗魯的動作、愛理不理的態度對待客人，即使旅館建築再雄偉、客房再華麗、餐飲美食再精緻，凡此有形產品均無法彌補那無形產品——「服務」所帶來的損傷與負面衝擊，服務禮儀對於餐旅業之重要性自不待贅言。

二、餐旅基本服務禮儀

(一)儀表端莊，舉止文雅

餐旅服務人員須隨時注意保持儀容外觀之整潔，給人端莊優雅之良好印象（圖3-1）。工作場合須留意本身之舉止動作，唯須避免不必要、多餘、浪費的不雅舉止，任何肢體語言，舉手投足均須加以要求訓練。

(二)態度親切，服務熱心

餐旅人員最重要的服務禮儀首推工作態度。如果工作熱心、態度積極，能主動發掘客人的需求或問題，並及時提供所需的服務，不待客人開口即適時給予針對性的個人人性化服務，此乃創造顧客滿意度之不二法門。因此餐旅業人員任用要件，非常重視員工的工作態度。

圖3-1　儀表端莊，舉止文雅

(三)禮貌微笑，自然大方

服務人員須經常臉上保持著欣愉的笑容，以陽光可掬的笑容面對每位顧客，普照在工作場合各角落，進而變成人際溝通之觸媒，激勵整個周遭工作伙伴的士氣，進而營造出良好的氣氛。

(四)察言觀色，反應機敏

餐旅服務人員在服務之過程中，必須將視線與注意力集中在客人身上，時時刻刻留意觀察客人的臉部表情與肢體語言動作，藉以提供適時的服務，滿足其需求，以迅速機敏的動作適時提供服務。

一般顧客來到較陌生的環境，最怕的是受到冷落、忽視或無被告知的等待，凡此情境均會造成客人的不悅與抱怨。因此餐旅服務人員對待每一位客人必須要一視同仁，給予公平的對待與關懷，勿令客人感覺到有受冷落及不被尊重之感。

(五)個人衛生，團隊合作

餐旅服務人員的個人衛生相當重要，如果服務人員手指甲長又沾污垢，身體又有汗臭味，當從客人身旁擦肩而過，委實令人不敢領教，甚至會破壞整個用餐的情境與氣氛。

此外，餐旅服務業係仰賴內外場，經由內外部門之合作，始能創造出完美無缺的服務產品，絕非某部門或個人的努力即可竟事。因此服務人員彼此須加強合作，相互支援，如果在整個服務循環中稍有疏失，將會使大家的努力白白浪費掉，不可不慎。

第二節　餐旅服務人員應備的基本條件

一位優秀的餐旅服務人員，除了須具備端莊的儀表，給予客人良好的第一印象外，他必須還要有應變的能力，能迅速處理各種偶發事件，適時提供客人所需的服務，使客人有一種備受尊重之溫馨體驗，留下美好的回憶。謹將餐旅服務人員應備的基本條件分述如後：

一、高尚的品德，忠貞的情操

餐旅業係一種高尚的服務事業，其從業人員須具備高尚的品德、高雅的氣質風度，始能給予客人一種可信賴、溫馨的感覺。一位具忠貞、忠誠情操的服務員，必定會認真工作，確實執行公司所交付的任務外，凡事也會替公司設想。在確保餐旅服務品質的前提下，盡量節儉，講求生產力之提升，以降低成本、創造利潤，以達公司所賦予的使命。

二、豐富的學識，機智的應變力

餐旅服務人員須有良好的教育與豐富的知識，才能應付繁冗的餐旅工作，適時提供客人所需的服務及回答客人的諮詢，以建立專業的服務形象。

一位優秀稱職的餐旅服務人員，還須具有機智的應變能力，能夠在適當時機做正確的事、說正確的話。即使在處理客人抱怨事件時，也能夠在不得罪顧客的前提下，圓滿完成意外事件之處理。將大事化小事，再把小事化無，此乃餐旅人員應備的一種機智反應特質。

三、親切的態度，純熟的技巧

餐旅人員如果在接待服務之過程中，能以優雅純熟精湛的專業技能輔以溫馨親切的服務態度，將更能提高顧客的舒適感與滿意度，同時公司生產力也會大為提升。

餐旅人員之專業知能愈好，服務技巧愈純熟，不僅可提供顧客高品質的服務外，餐旅業之生產效率、翻檯率也相對會提高。反之，不但易遭客人抱怨，也會影響營運之績效與服務品質。

四、良好的外語表達能力與應對能力

一位專業的餐旅人員，須具有良好的外語表達能力與溝通協調的應對能力，如此才能提供顧客所需的各項產品或服務。如果欠缺語言表達能力或欠缺與客人應對溝通協調之能力，那又如何提供客人所需的產品，又如何奢言賓至如歸的接待服務。

因此，餐旅人員至少須具備兩種以上之外語，如英、日語，才能與客人自由溝通，並適時提供貼切的服務，也唯有如此，才能順利完成本身的工作及公司所賦予的任務。事實上，今天餐旅業聘任新進人員，也是以此兩項能力指標為重點考量。

五、專注的服務，察言觀色的能力

餐旅從業人員之心思要細膩，懂得察言觀色。在工作場合中必須隨時關心周遭任何一位客人，注意其表情與動態，以便主動為其提供服務。例如餐桌上客人餐刀不慎掉落地上，此時精敏的服務員，不待客人開口，已另外拿一把新餐刀送到客人桌邊。

專業的服務員能隨時保持高度警覺心，確實掌控餐廳服務區的各種狀況，並能及時迅速處理，隨時關心每位客人的需要，並主動為客人服務，使客人有一種備受禮遇之感（圖3-2）。

六、正確的角色認知，認識自己、肯定自己

人生就像個舞台，每個人如同一位演員，今天一旦你決定從事某項工作或職業，不論你所扮演的角色如何，對整個社會或團體均甚重要。因此吾人定要全力以赴，認眞稱職地去完成分內那份工作，今天的成功或失敗，完全決定於自己本身是否具備正確的服務心態而定。

(一)瞭解自己本身所扮演的角色

一位成功的餐旅從業人員，首先須對自己在整個團體中所肩負的工作與任務有全盤性之瞭解，然後再不斷自我訓練、自我要求，做好一切事前之準備工作。

圖3-2　專注的服務，察言觀色的能力

資料來源：喜來登飯店提供

(二)尊重自己所扮演的角色

不論從事任何行業或工作，唯有自重自愛的人，才會贏得別人的尊重與敬愛，人必自重而後人重之，人必自侮而後人侮之，此乃金科不易之定律。

(三)演好自己所扮演的角色

一位優秀餐旅人員，必定熱愛其工作，喜歡其工作。盡量多充實專業知能，全力以赴認眞演好所扮演的角色。

七、樂觀進取，敬業樂群

觀光餐旅業是項有趣而富挑戰性之工作，儘管工作再繁重，只要能學習樂觀開朗，你將會發覺周遭的一切是多美好，眼前之逆境與不如意，也將隨著你樂觀樂群之胸襟氣度而化爲烏有。觀光餐旅服務業，須仰賴全體員工合作共事，發揮高度容忍力與團隊精神，才能產生最佳服務品質與工作效率。是故餐旅從業人員須具有主動負責的敬業精神，能與同事和諧相處，小心謹慎地學習，領悟正確而有效率之做事方法，進而培養良好的工作習慣。

八、情緒的自我控制能力與健康的身心

餐旅從業人員之工作量重，工作時間長，且大部分的時間均需要站立或端東西來回穿梭於顧客群中，若無健康的身心與情緒自我控制能力，委實難以勝任愉快。

餐旅人員每天要面對各種類型的客人，每位客人之需求均不一，再加上有些客人之要求不盡合理，幾近於苛求挑剔，身爲服務人員的

我們，仍須回以殷勤的接待服務，不可讓心理不滿的情緒形之於色。因此一位優秀資深的餐旅人員，應具有成熟的人格特質，懂得如何控制自己的情緒，不會讓情緒影響我們的工作生活。

九、樂觀開朗、具同理心

餐旅人員個性要開朗，才能將歡樂帶給客人，使客人感受到一股清新的愉悅氣氛。此外一位稱職的餐旅服務員須具有同理心，能隨時隨地設身處地為客人著想，以顧客的滿意作為自己最大的成就動機。

十、正確的服務人生觀與生活價值觀

一位優秀的餐旅從業人員，必須要先具備正確的服務人生觀，才能在其工作中發揮最大的能力與效率。所謂「正確的服務人生觀」，不外乎自信、自尊、忠誠、熱忱、和藹、親切、幽默感，以及肯虛心接受指導與批評，動作迅速確實，禮節周到，富有進取心與責任感。

餐旅從業人員必須擁有正確的生活價值觀與服務人生觀，才能將工作視為生活，也唯有工作與生活相結合，本著服務為快樂之本，才能有正確的工作動機，進而熱愛其工作，享受其工作之碩果。

第三節　餐旅經理人員應備的條件

餐旅服務業的經理人員是整個企業的領導者，也可說是餐旅企業的「指揮中心」。因此其經理人員不論在思想、品德、學識、能力等各方面，均須具有一定的水準，此外，最重要的是領導統御與解決問題的能力。謹就餐旅經理人應備的條件分述如下：

一、思想品德方面

思想品德是經理人最爲重要的條件。企業營運的概念、企業文化之建立及企業組織能否順暢運作，均涉及經營管理人員本身之理念及法律觀念。

(一)思想理念

1.經理人員本身的思維要敏銳，有先見之明，能預測未來、洞察機先，有正確的理念與世界觀、國際觀。

2.不墨守成規、有創見，能依市場需求調整營運方針、策略及工作方法。

(二)品德操守

1.經理人員品德操守要廉潔、正直、誠信。

2.強烈法制意識，有守法、守紀的素養，能遵循公司紀律，依法行政。

(三)行事風格

1.行事風格要民主，能接受別人善意的建言。

2.熱心負責，任勞任怨，以身作則。

3.有創見、有自信，能充分授權與人分享權利。

4.能教導員工、激勵員工，以發揮最大工作效率。

5.能以輔導代替管理；以獎賞激勵代替懲罰斥責。

6.行事光明磊落、正直、誠懇，肯自我犧牲奉獻。

7.善於溝通協調，領導全體員工，提升內聚力與向心力。

8.建立良好人際關係，強化危機爲轉機。

9.樂在工作、享受工作，樂於隨時支援別人。

10.善盡社會責任與義務。

二、專業學識方面

(一)專業知識

1.現代餐旅業經營管理人，必須具備觀光餐旅經營管理此學術領域的相關專業知識。無論是理論或實務的專業知能均要熟悉，涉獵愈廣，對其本身工作的效益也愈大。

2.經理人員對基層的餐旅工作事務必須全盤瞭解，始能研發創新服務技巧或改良產品性能。

(二)管理科學

1.精研現代企業管理的方法，將其原理原則應用在管理實務上，以提升營運效益，降低營運成本，創造更多的利潤。

2.須有成本控制的正確理念，重視數據管理、目標管理，以及利潤中心制來創造利潤。

3.能運用電腦資訊科技加強內部營運管理，增進營運績效。

(三)社會科學

現代餐旅經營管理所涉及的範圍甚廣，除了本身專業知能外，還涉及整個社會相關行業與法令規章。因此身爲經營管理者，務必要能瞭解外在環境之變化，關於社會科學要有正確的認識，以利規劃之擬訂、決策判斷之依據或參考。

三、經營管理與領導統御之能力

(一)組織管理的能力

1.須有豐富的想像力、創造思考力。
2.具有科學化邏輯思維能力及分析判斷力。
3.具有規劃、組織、執行、考核之決策執行能力。
4.良好的溝通協調能力。
5.具有危機處理的應變能力。
6.公關行銷之能力。

(二)領導統御的能力

1.領導統御貴在「高倡導、高關懷」，透過溝通協調並以激勵的方法，結合組織所有人力、物力，使其發揮最大效益，進而達成企業營運目標。
2.身為經營管理者，須有遠見膽識，以其堅強的毅力，結合大家的智慧與力量，當機立斷，以身作則，共同努力。
3.善於自我控制的能力，能適時控制自己的情緒及調適情緒。

四、結語

餐旅服務人員本身不僅是餐旅企業的一項產品，更代表著企業形象。因此餐旅從業人員素質之良窳將影響整個企業營運之成敗，其重要性不言而喻。一位優秀的餐旅服務人員除了擁有良好的基本人格特質外，更要有專業的服務知能，至於身為領導幹部者尚須具備領導統御與經營管理的能力，始能勝任愉快，演好所扮演的職場工作角色。

第一篇 自我評量

一、解釋名詞

1. 補救服務
2. 餐旅服務
3. 餐旅產品
4. 產品生命週期
5. 僵固性
6. 服務品質
7. Gap 3
8. Moment of Truth
9. Perishability
10. Heterogeneity

二、問答題

1.餐旅服務的構成要素爲何？試申述之。

2.餐旅服務產品與傳統產業之產品有何差異？

3.餐旅服務產品是否有生命週期？試述之。

4.餐旅服務產品有何特性？試摘述之。

5.如果你是餐旅業負責人，試問你面對此餐旅產品之特性有何因應之道？

6.影響餐旅服務品質之主要原因有那些？試述之。

7.餐旅服務品質之優劣，顧客係根據那些標準予以評量？試申述之。

8.如果你是餐廳經理，請問你將會從那方面來改善餐廳之服務品質？試申述之。

9.何謂服務禮儀？餐旅從業人員應備的服務禮儀當中以那一項最

爲重要？爲什麼？試申述之。

10.你認爲一位優秀餐旅業經理人之行事風格須具有那些特色？試述之。

第二篇
餐旅服務管理

單元學習目標

瞭解餐旅顧客的心理需求

瞭解顧客風險知覺產生的原因

瞭解顧客風險知覺的類別

能運用有效措施以消除顧客的風險知覺

能正確分析員工的心理需求

能針對員工心理挫折原因，提出有效解決之道

能有效運用激勵理論提高團隊工作效率

能培養良好的溝通技巧，增進人際關係

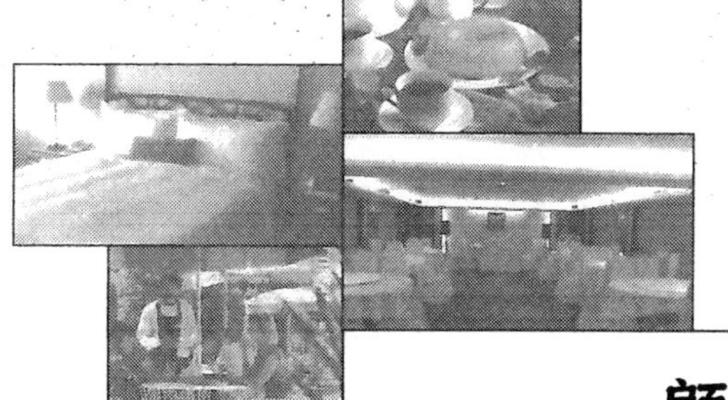

顧客心理

「服務心理學」此新興名詞係在近年來始為人所沿用，這是一門商業心理學，其意義可定義為：應用心理學的原理原則，研究顧客與銷售企業組織，從事市場銷售活動時的心理反應及其購買行為的科學。由上述定義可知，服務心理學主要係在研究市場銷售活動中，消費者的心理需求與購買行為的一門新興應用心理學。

語云：「服務是餐旅業的生命」，餐旅服務品質之良窳，將會影響到整個餐旅企業營運的成敗。唯有顧客滿意的服務，餐旅企業始有生存的空間，也唯有優質的餐旅服務，始足以提升企業的聲譽與市場競爭力，因此現代餐旅服務應以顧客需求為導向，針對顧客、消費者的需求，適時提供適切貼心的實質服務，也唯有如此，始足以確保餐旅業能永續經營。

第一節　顧客的心理需求

一、人類需求的種類

人類所有的行為係由「需求」所引起，因此要瞭解人的行為必須先瞭解其需求。美國著名心理學家Maslow（1943）將人類的需求分為五類，而且認為此五類需求間是有層次階段關係。Maslow認為人類於滿足低級基本需求之後，才會想到高一級的需求，如此逐級向上推移追求，直到滿足了最後一級的需求時為止，此乃人類需求的中心特徵，在當今社會人們所從事的各類活動中，均可發現此現象。茲將Maslow理論所說的人類五種需求（圖4-1），分別由最基本的需求至最高層需求，依序介紹說明如下：

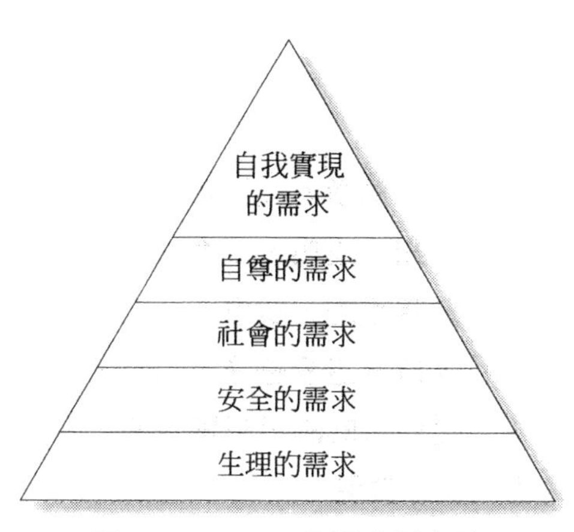

圖4-1　Maslow的需求層次論

(一)生理的需求

這是人類最基本的需求，例如：食、衣、住、行、育、樂等均屬之。人類所有活動大部分均集中於滿足此生理上的需求，而且要求相當強烈，非獲得適當滿足不可。如果得不到適當的滿足，小則足以影響人們生活，大則足以威脅人們的生存。

(二)安全的需求

這是人類最基本的第二種需求，當人們生理的需求獲得滿足之後，所追求的就是這種安全的需求。安全需求包括生命的安全、心理上及經濟上的安全。因爲每個人均希望生活在一個有保障、有秩序、有組織、較平安且不受人干擾的社會環境中。

(三)社會的需求

所謂「社會的需求」，係指人們具有一種被人肯定、被人喜愛、被其同儕團體所接受、給人友誼及接受別人友誼的一種需求。

(四)自尊的需求

所謂「自尊的需求」，係指人人皆有自尊心，希望得到別人的尊重，因為人們皆有追求新知、成功、完美、聲望、社經地位及權力的需求。人們自尊的需求是雙重的，當事人一方面自我感到重要，一方面也需他人的認可，且支持其這種感受，始有增強作用，否則會陷於沮喪、孤芳自賞，尤其是他人的認可特別重要，若缺乏別人的支持及認可，當事人此需求則難以實現。

(五)自我實現的需求

所謂「自我實現的需求」，係指人們前述四種需求獲得滿足之後，會繼續追求更上一層樓的自我實現、自我成就的需求，極力想發揮其潛能，想有更大作為，創造自己能力，自我發展，以追求更高成就與社經地位。

Maslow的需求理論雖然提出各項需要的先後順序，但卻不一定人人都能適合，往往由於種族、文化、教育及年齡的不同，其對某層次需求強度也不一樣。另有些人可能始終維持較低層次的需求，相對的，也有人對高層次需求維持相當長的時間。此外，這五種需求的層次並沒有截然的界限，層次與層次間有時往往相互重疊，當某需要的強度降低，則另一需要也許同時上升。Maslow的理論指出每個人均有需求，但其需求類別、強度卻並不完全一樣，此觀念對於餐旅服務人員相當重要。

二、餐旅顧客的心理需求

根據前述Maslow的需求理論，吾人得知，餐旅顧客之所以前往餐廳用餐，最主要的是為滿足其欲望與需求。易言之，顧客是為滿足其生理、安全、社會、自尊以及自我實現等五大需求。茲分述如下：

(一)顧客的生理需求

■營養衛生，美味可口的精緻美食

顧客前往餐廳消費用餐的動機很多，不過最主要的是想品嘗美味可口的精緻菜餚，補充營養，恢復元氣與體力，以滿足其口腹之欲。現代人們生活水準大為提高，相當重視養生之道，因此對於美酒佳餚除講究色香味外，更重視其營養成分與身心健康的交互作用。

至於餐食器皿以及用餐環境的清潔衛生，更是消費者選擇餐廳之先決條件。為迎合消費者此飲食習慣之變遷，許多餐廳業者乃積極研發各式食物療法的新式菜單，以及滿足消費者各種營養需求的菜色，如兒童餐、孕婦餐、減肥餐等等，甚至出現以營養療效為訴求的藥膳主題餐廳。

■造型美觀，裝潢高雅的餐旅環境

顧客為滿足其視覺上感官的享受，對於餐廳、旅館外表造型與內部裝潢相當重視，尤其是對餐廳色彩、燈光之設計規劃，能否營造出餐廳用餐情趣十分在意。因為光線照度與色調、色系會影響一個人生理上的變化，例如暖色系列對增進人們食欲有幫助，冷色系列則效果較次之。

■動線分明，規劃完善的格局設計

餐旅格局設計規劃不當，很容易徒增客人的困擾，也會影響食物的製備品質與生產效率。這種供食作業流程的不當，極易影響餐廳菜餚的品質。此外，如旅館客房設施規劃不當，也很容易引起餐旅顧客的不滿與抱怨。

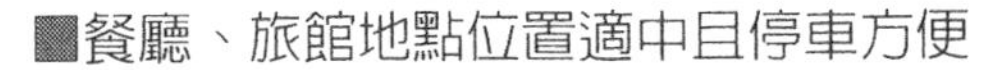

■餐廳、旅館地點位置適中且停車方便

顧客前往餐廳用餐或旅館住宿，往往爲了停車問題而大費周章，因此餐旅業立地條件，首先要考慮交通方便或便於停車的地點，即使都會區附近欠缺規劃良好的停車場，也應該設法提供代客泊車的服務，以解決客人便於行的基本生理需求。

(二)顧客的安全需求

■舒適隱秘、安全衛生的進餐場所及住宿設施

客人喜歡到高級餐廳用餐的原因，乃希望擁有一個不受噪音干擾，私密性高，能讓自己在溫馨氣氛下，舒適愉快安心用餐的環境，而不喜歡到人潮若市集般嘈雜，衛生又髒亂不堪的地方用餐。因此餐旅業者應設法提供一個安全舒適、寧靜而整潔衛生的高雅餐旅環境，以滿足客人對高品質服務的心理需求。

消費者除了重視餐廳格調與裝潢布置外，更關心餐廳、旅館整體建築結構及其安全防護設施，如安全門、消防設備等安全設施是否符合法定標準。

■顧客安全第一的意外事件防範設施

餐旅業對於可能造成客人意外發生的原因，如滑倒、跌倒、撞傷、碰傷、刮傷……等意外事件，是否事先有周全的考量與安全防護措施，以善盡保護客人權益之責。例如警示標語、護欄、抗滑地板、緊急逃生出口及餐廳、旅館平面圖等等，須使顧客感到有一種溫馨的身心安全保障。因此餐旅業各部門工作人員對於客人在餐廳、旅館的安全問題，絕對不可等閒視之。

(三)顧客的社會需求

■氣派華麗的餐旅服務設施

現代化的高級餐廳、旅館，已不是昔日僅供宴客、進餐、住宿的場所，它已成爲人們聚會、應酬的交誼廳。人們爲了工作之需，往往會利用旅館、餐廳舉辦各種派對宴會活動，宴請親友賓客，期盼贏得別人支持、肯定、接納、認同，這是一種給予人友誼及接受別人友誼的社會需求。

現代餐旅業者應能瞭解顧客這種社會需求的消費動機，並針對顧客這種需求，提供一套完善優質的餐旅產品服務與設施，以滿足顧客的需求。現代餐廳除設有大衆小吃部外，也應備有高價位的貴賓室廂房餐飲服務，至於旅館客房設施更要講究豪華、舒適之頂級享受。

■溫馨貼切的人性化接待服務

餐旅服務是一種以親切熱忱的態度，時時爲客人立場著想，使客人感覺一種受歡迎、受重視的溫馨，宛如回到家中一般舒適、便利，此乃所謂「賓至如歸」的人性化餐旅服務。

任何客人均期盼受到歡迎、重視以及一視同仁的接待服務，不喜歡受到冷落或怠慢。當客人開車一到餐廳或旅館，餐旅服務人員應立即趨前致歡迎之意，一方面協助開車門代客泊車，另方面由領檯接待迅速上前歡迎客人，並親切接待服務，此乃餐旅顧客所需的社會心理需求。

(四)顧客的自尊與自我實現需求

■受尊重禮遇的優質接待服務

人人皆有自尊心，希望得到別人的禮遇與尊重，尤其是旅館或餐廳的客人，更需要受到尊重禮遇。顧客之所以選擇高級豪華餐廳、旅館，乃期盼享受到個別化優質的服務，並藉高級旅館的完善服務設施，或餐廳的豪華金器、銀器餐具擺設與精緻美酒佳餚，來彰顯其追求完美、卓越聲望，及社經地位的自尊與自我實現的需求。

高消費層次的客人，並不在乎高價位的花費，但求享有符合其個別化需求的等值或超值的高品質服務，以炫耀彰顯其特殊的身分地位。

■個別化針對性的優質餐旅接待服務

顧客前來旅館進住或餐廳用餐，乃期盼獲得自尊與自我的滿足，希望能得到親切、方便、周到、愉快而舒適的尊榮禮遇。

由於客人類型不同，個別差異很大，不同類型服務對象，其對服務的要求與感受也不一樣，因此餐旅服務人員必須針對顧客類型及其個別心理需求，提供適切有效的個別化服務。例如不同國籍、不同宗教信仰及不同文化背景的顧客均有自己獨特的習慣與偏好，身爲餐旅經營者務必洞察機先，及時掌握客人需求，提供個別化針對性之餐旅產品組合服務，使其感覺到享有一種備受禮遇的尊榮。

綜上所述，雖然餐旅顧客的心理需求可分爲生理、安全、社會、自尊、自我實現等五種需求動機，但究其終極目的乃在追求美好的享受、舒適的服務，滿足其自尊與自我實現的餐旅休閒生活體驗。

第二節　顧客的心理風險

餐旅顧客在選購餐旅產品時，由於此類產品無法事先試用，同時買回去之商品又是一種無形的體驗，因此顧客購買餐旅產品的風險也大，因而徒增餐旅企業產品銷售之難度。爲加強餐旅產品之行銷，提升餐旅企業之營運收益，餐旅服務人員務必要瞭解顧客的風險知覺，進而設法來消除顧客購買餐旅產品之風險，俾使餐旅產品服務能滿足顧客之需求。謹將餐旅顧客風險形成之原因、風險之種類，予以分述如後：

一、餐旅顧客風險知覺產生之原因

顧客的個別差異大，個性也不一，因此其風險知覺形成之原因也不盡相同。不過大致上可歸納如下：

(一)餐旅產品服務品牌形象欠缺知名度

餐旅企業在餐旅市場欠缺知名度，致使顧客對其餐旅產品之品質有一種疑竇及不確定感。

(二)顧客本身缺乏經驗

顧客對餐旅產品之相關常識或經驗不足，因此在心理上產生一種風險知覺。例如顧客第一次前往法式餐廳消費，往往對於西餐餐食內容、餐具之使用、餐桌禮節之不熟悉而產生知覺上之風險。此外，有些客人對於餐旅業產品之價格、收費或計價方式不明確而產生風險知覺。

(三)餐旅資訊不足

顧客所蒐集的餐旅資訊不足，或資訊本身充滿變數，或利弊難以分析辨識，因而產生風險知覺。例如同樣的旅遊產品，有些人認爲不錯，但有些人卻覺得品質欠佳，致使顧客面對此不同資訊而無所適從。

(四)相關群體的影響

顧客的風險知覺有時會受到其周遭親友、同儕或所屬團體成員之影響。例如顧客本來想利用聖誕節前往著名法式餐廳享用聖誕大餐，但因家人認爲該餐廳口碑欠佳，因而造成其心靈深處之風險知覺。

二、顧客風險知覺的種類

一般而言，餐旅顧客風險知覺概可分爲功能、資金、心理、社會、安全等五種類型之風險，茲摘述如下：

(一)功能風險

所謂「功能風險」係指顧客對餐旅產品及其相關服務之品質之功能，有一種不確定感之風險。易言之，係指該餐旅產品能否滿足顧客預期的期望，因而衍生的知覺風險。例如顧客想宴請朋友前往某餐廳餐敘，但又擔心該餐廳菜餚口味未能符合其需求，以致產生之猶豫不決，即屬於此功能上之風險（圖4-2）。

圖4-2　穩定菜餚品質，做好質量管理
資料來源：君悅飯店提供

(二)資金風險

所謂「資金風險」係指顧客所花費的錢，能否享受到等值的餐旅產品與服務。例如顧客進住風景區之溫泉旅館，是否收費合理？是否能免費享用各項溫泉設施與服務？甚至於擔心所花費的錢是否能享受到應有的接待與服務，此類風險最爲常見。

(三)心理風險

所謂「心理風險」係指顧客在購買餐旅產品時，會擔心此項餐旅產品能否滿足其心理需求，如前往用餐或住宿，能否調劑身心、紓解壓力，或滿足自己之求知欲、好奇心，以及追求美好的自我價值提升。

(四)社會風險

所謂「社會風險」係指顧客在購買餐旅產品時，其主要動機係考量能否彰顯其社經地位，能否符合其身分名望。例如喜慶婚宴很多人均想選擇在國際觀光旅館舉辦即是例，深恐在一般餐廳或餐會場所舉辦喜宴，會因服務品質不穩定而影響自己的身分地位。

(五)安全風險

所謂「安全風險」係指顧客擔心所購買的餐旅產品本身是否衛生安全。例如餐廳是否潔淨、食物是否新鮮、旅館建材是否有防震、防火之功能，甚至餐旅業所在地附近治安是否良好等等均屬之。

三、消除顧客風險的方法

消除顧客風險的方法很多，但最重要的是先針對導致顧客產生風險之原因予以降低，甚至運用各種有效措施加以消弭於無形始爲上策。茲分述如下：

(一)創新品牌，提升餐旅品質與企業形象

1.餐旅業須設法研發創新優質的餐旅產品，提升服務品質，重視人性化、精緻化的個別針對式之服務，提供全方位之優質餐旅產品組合，重視產品形象包裝。
2.運用企業辨別系統（Corporate Identity System, CIS），提高本身產品在顧客心中的形象與市場地位。

(二)加強餐旅市場行銷策略之運用

1.運用各種促銷推廣的工具，如產品廣告、促銷活動、置入性行銷、人員推銷等等方法，將餐旅產品相關資訊以最迅速有效方式，傳送給目標市場之消費大眾，以強化市場消費者對餐旅產品之認同。
2.運用各種公共關係或公共報導來推介新產品，或辦理餐旅產品博覽會，藉以增強顧客對餐旅產品之認同與經驗。

(三)運用口碑行銷，互動行銷

1.加強餐旅服務品質之提升，創造顧客的滿意度，藉以培養顧客的忠誠度，以利口碑行銷。
2.加強餐旅服務人力資源之培訓，提升服務人員之專業知能，以利互動行銷。

員工心理

餐旅業主要的商品是服務，爲加強餐旅服務品質，餐旅業者均極力運用各種方法來激勵員工，提升團隊工作士氣，期以增進營運績效。因此餐旅管理者務必要正視員工問題，瞭解員工需求及其心理挫折反應，並適時給予必要的激勵協助，幫助員工改變情境克服挫折，因爲沒有一流優秀的員工，將沒有一流優質的餐旅產品。有關餐旅業員工的心理特徵、挫折反應以及如何有效激勵員工的方法，將在本章予以詳加探討。

第一節　餐旅員工的心理

語云：「事在人爲，物在人管，財在人用」，人是任何企業組織的基石，尤其是餐旅服務業之成敗，其關鍵乃在所屬員工之良窳而定。用人是餐旅經營者一項極爲重要的任務，正確的用人哲學貴在知人，務須先瞭解員工，始能適才適用，進而發揮集體之效能。

一、餐旅經營團隊之人力結構

餐旅組織團隊無論係採產品型組織、功能型組織、矩陣型組織，其成員大部分係由各類專業人才所組合而成，謹就餐旅組織合理人力結構說明如下：

(一)年齡結構方面

1.餐旅組織之成員，其年齡最好係由老、中、青三代結合而成。至於此三者之比率端視餐旅企業本身營運之性質而定。一般而言，應以青年員工爲主，中年員工次之，老年員工爲再次之，黃金分割比率最好爲6：3：1。

2.所謂老年員工，係指五十歲以上之員工而言；中年員工爲三十歲至五十歲之員工；青年員工爲十八歲至三十歲之員工。

3.餐旅服務業之團隊年齡結構宜力求年輕化，比較有創意及活力，有助於企業競爭力之提升，但也需要老年員工之資深經驗來薪火傳承。

(二)知識結構方面

1.餐旅企業組織成員須擁有豐富的專業知能，以利分工合作，相輔相成。

2.餐旅服務人員除了須具備基本學歷外，更要擁有專業實務能力與相關證照，如各種技術士檢定證照。

(三)專業結構方面

1.餐旅業經營團隊之成員，應依組織分工與職能所需來聘用各類專業人才，進而組成陣容堅強的專業服務團隊。

2.經由前場、後場以及相關支援單位之密切合作，適時支援，始能提供顧客優質的餐旅產品服務。

(四)特質結構方面

1.餐旅組織團隊須將各種不同能力及人格特質的人予以適切組合，搭配於工作團隊各相關部門中，藉以取長補短，互相配合，充分發揮各自的優點且能坐收互補之效。例如個性內向保守穩健之員工，宜搭配個性外向積極創新之員工。

2.員工智能個別差異大，因此團隊成員須包含各種不同智能類型的人，避免將同質性能力者分派在同一工作部門。例如將員工當中，就其組織能力、研究能力、思考能力、分析能力、判斷能力，以及表達能力較擅長者予以互相搭配，以獲取最有效人力資源之統整運用。

二、員工的心理特質

員工的心理特質會隨著年齡之增長、環境之變化、教育的薰陶而有所改變。謹就各年齡層員工的心理特質予以剖析闡述如下：

(一)青年員工（十八至三十歲）的心理特質

人生的黃金階段，也是人生的暴風雨時期，此階段年齡之員工，具有下列特質：

1.創造心理明顯，積極進取。不願受傳統束縛，勇於挑戰，敢於標新立異，活潑、有幹勁、富朝氣。
2.情緒欠缺穩定性，易於自大自傲。逆境中易陷入委靡不振或步入極端，有時顯得不夠冷靜理智。
3.自我意識增強，非常在意別人對自己的觀點與看法。評斷別人也易流於主觀或偏頗。
4.自我矛盾，理想與現實衝突。例如年輕時期之憧憬，常常與現實社會產生衝突；愛面子、自尊心強乃此青年員工的特質，因此在工作上遭遇困難又不好意思向家長求助，想要自我獨立卻又難以擺脫依賴家庭之困擾與矛盾。

(二)中年員工（三十一至五十歲）的心理特質

人生三十而立，四十而不惑，此階段可謂人生事業的輝煌時期。其心理特質為：

1.性格成熟，歷練豐富，處世穩健，為此中年員工的最大心理特質。

2.事業成就顯著，身心負擔加重。由於心智成熟，事業上取得成就較容易，但家庭負擔加重，一方面要兼顧事業工作，另方面又得挑起家計重擔。

3.生理功能衰退，面對人生轉折。由於工作與家計之雙重負擔有礙身心健康，再加上生理機能逐漸衰退而步入老年，有時顯得力不從心，甚至導致心情憂鬱。因此中年期若不注重身心保健，往往會導致許多疾病的併發症。

(三)老年員工（五十至六十歲）的心理特質

根據我國勞工基準法規定，係以六十歲為退休年齡，惟我國公務員則以六十五歲為退休年齡界限。關於老年員工的心理特質摘述如下：

1.生理機能衰退，心理功能老化。因此一般常見的老人疾病，如記憶力衰退、思惟遲緩、能力減弱等逐漸出現，此外，情緒也較不穩，容易感傷。

2.易於固執，堅持己見，不太能接受別人的意見或看法。因此對於老年員工應盡量有耐性地為其詳加解釋工作內容。

3.面臨退休、沮喪落寞。隨著年齡之增長，一旦屆臨退休常會產生很多感慨。此時企業主管宜多吸取他們寶貴的工作經驗，用其所長，在工作量與生活上給予適當的關照，對於老年員工積極性的照顧對企業團隊有相當重要的意義。

第二節　餐旅員工的心理挫折防範

餐旅服務人員在日常生活或工作中，往往會遭遇到難題或困擾，若個人本身能力無法予以克服解決，或未能滿足其心理需求時，則會在情緒上產生焦慮、不安、緊張的現象，此狀態謂之心理挫折。

一、員工心理挫折產生的原因

員工心理挫折產生的原因可分爲組織氣氛、專業能力、待遇福利、家庭關係及其他因素（圖5-1），分述如下：

(一)組織氣氛問題

1.餐旅企業團隊成員之間未能團結合作。
2.領導統御有問題，上司未能體恤，下屬不支持配合。
3.人際關係緊張，溝通管道不良。

(二)專業能力問題

1.專業知能不足，無法勝任所肩負的工作。

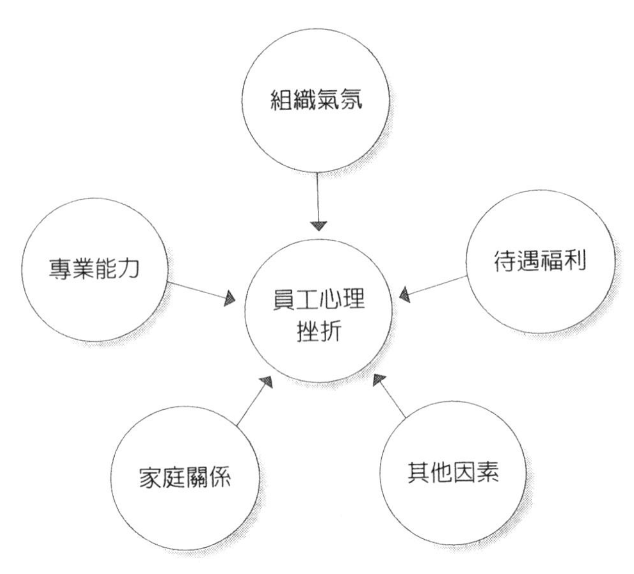

圖5-1　員工心理挫折產生的原因

2.欠缺進修管道。

3.本身體力不勝工作壓力之負荷。

(三)待遇福利問題

1.工作待遇少，福利差。

2.未能受到公平待遇，無法同工同酬。

3.升遷不易，未能受到重用和提拔。

(四)家庭關係問題

1.家庭瑣事多，上有父母，下有妻子、子女問題。

2.家庭婚姻不美滿。

3.家庭生活經驗上之困難與苦惱。

(五)其他

餐旅服務人員有時會爲了男女之間情感問題而坐困愁城，若未能及時妥善處理，往往會影響員工之情緒。

二、員工心理挫折之處理

餐旅管理者須隨時關心員工之生活，一旦發現員工情緒不穩或工作上遭受挫折，必須積極有效地來處理，以免影響團隊士氣與工作氣氛。謹就員工心理挫折之處理方式說明如下：

(一)瞭解造成員工心理挫折感的主要原因

1.首先要主動幫助員工客觀分析挫折產生的原因。

2.避免員工因心理挫折而將其情緒發洩在他人身上，所以必須要

幫助員工客觀分析眞正產生挫折之原因。

(二)提供員工解決或消除挫折的辦法

1.任何人只要遭遇到挫折，一定都有原因，只要找到了導致挫折之原因，也就有了消除挫折的辦法。
2.如果挫折來自公司企業營運管理不當，則應立即改善或調整；如果是私人問題，也可適時提供一些解決方案供他參考。

(三)教導員工正確心理衛生保健，增強抗壓力

1.教育員工學習如何面對困難，進而解決困難之能力。
2.培養員工對挫折之正確認知，學習如何不怕失敗，坦然面對逆境之挑戰。

(四)指導員工正確宣泄紓解壓力之方法

1.改變情境，轉移注意力之焦點。協助員工改變環境情境，避免觸景生情徒增苦悶。
2.運用「借物法」來發洩不滿情緒。此方法是利用替代物如玩具假人，加以痛擊，藉以發洩壓抑心中不滿之情緒。例如「生氣室」之布置，可供員工在裡面盡情宣泄不滿。
3.運用「書寫法」來宣泄心中之不滿或委屈。例如以筆在紙上塗鴉或寫出心中之悶氣，一旦心中的話寫完了，積壓胸中之氣也消失大半了。此方法既不妨礙別人，又能消除心中之痛楚。
4.運用「哭泣法」直接發洩心中的痛苦。可以找一個適宜的場所，藉著淚水來紓解內心之怨尤。若是強忍著淚水（所謂男兒有淚不輕彈），反而有害身心健康。
5.運用「訴說法」。若是心情低落，可找知心朋友或昔日好友來訴苦，這是一種有效發洩不滿情緒、治療心靈創傷的方法。

三、餐旅員工心理挫折防範的有效措施

餐旅管理者為有效防範員工產生心理上之挫折，通常採用的措施有下列幾種：

(一)同工同酬，提供合理的薪資報酬

1.生理需求乃人類最基本的需要，管理者為穩定員工之情緒，最重要的是須使員工基本生活能獲得保障。

2.利用同工同酬，能有效激勵員工之工作熱忱。

3.運用獎金制度來激勵員工，增強員工之工作士氣。

(二)健全的員工福利、勞工保險及退休制度

1.完善的員工福利、勞工保險及退休撫恤制度，可使員工獲得最基本生活之保障而無後顧之憂，能全心投入職場工作。

2.良好的員工福利待遇，有助於保障員工生活品質，更可提升組織內部之凝聚力與工作士氣。

(三)建立優質的企業文化

1.餐旅業負責人須有正確的經營理念，培養員工企業意識與品牌意識，進而建立優質企業文化。

2.經營管理者必須有明確目標，訂定工作規範與作業流程，使員工有所遵循而不致於沒有目標與方向感。

3.經營管理者要以身作則，務使企業目標與員工個人目標相結合，始能營造出優質的企業文化。

(四)營造安全舒適溫馨的工作環境

1.餐旅從業人員之工作場所或休息區，常常被忽視。例如內場製備區或廚房，其空間狹小、油煙溼氣重、空氣悶熱且噪音大，諸如上述情事屢見不鮮。員工長期在此惡劣環境工作下，不但對身心健康有害，且會影響工作效率及服務品質。

2.餐旅業管理者務必在員工的工作環境力謀改善，提供員工一個乾淨、寬敞、安全舒適之人性化生活及工作環境（**圖5-2**）。

3.這是一種投資而非消費；餐旅業若無滿意的員工，將無滿意的顧客。

圖5-2　舒適的餐旅工作環境

資料來源：馥都飯店提供

激勵與溝通

觀光餐旅業爲加強其服務品質，確保優質的服務質量，以建立其獨特的品牌，業者莫不運用各種方法來與員工溝通，建立共識，以激勵其工作士氣，提高工作效能。如果企業所屬員工之需求，無法透過適當激勵與溝通而得到滿足，則可能會影響其工作情緒，甚至自暴自棄、得過且過。管理者必須透過有效溝通與激勵方法來瞭解員工、尊重員工，進而激發他們的工作士氣，唯有如此始能寄望員工獻身於企業的發展，共同爲企業營運目標而努力。

第一節　激勵的理論與方法

所謂激勵（Motivation），係指激發人們主動認眞努力的意願。質言之，激勵是指激勵者針對被激勵者之需求，並以它作爲其努力結果的報酬，使其確信只要努力即可有機會獲取此酬償，因而願意奮發努力之過程。

一、激勵應備的要件

(一)須有適當激勵工具與措施

激勵必須先瞭解被激勵者之需求，並以此需求作爲酬償之工具，或擬訂適當的措施如獎勵、升遷、出國進修……等等，使被激勵者對此獎賞或激勵措施感到珍貴且重要。

(二)須有明確之可行性目標

激勵須有明確之可行性目標，如果被激勵者對所欲達成之行爲目標不清楚，或無能力可完成，則此激勵將無法發揮效用。

(三)激勵作用須具時效性、公平性、正義性

獎懲事件發生，即要迅速辦理獎懲，若事過境遷再辦獎懲，則會降低或失去其效益。同時賞罰要分明，且依事實規定辦理，不可任憑主管好惡爲之，力求符合公平與正義原則，否則不但無法發揮激勵之效用，反而造成打擊工作士氣之負面效果。

二、激勵的理論

激勵有關的理論很多，諸如需求理論、激勵保健論、公平理論、X理論與Y理論、期望理論以及增強理論等多種。本單元僅就較爲常見且廣爲人所運用之三種理論摘述於後：

(一)需求理論

此理論係由心理學家Maslow於1954年所提出，認爲人類有五種主要需求，由低至高依次發展。不過此需求層次理論僅是一般而言，並非絕對的，且層次之間也並非完全區隔得很明確，有些需求仍會交叉重疊。謹將此五種需求簡述如下：

■生理的需求

如食、衣、住、行、睡眠、情欲等等，此爲人類最基本的生理上自然需求，如此需求無法得到滿足，則生存會產生重大問題；但若此需求獲得滿足，則其需求程度會降低。因此管理者應給予員工合理的薪津福利，才能穩定員工的工作情緒，使員工在工作崗位能安心努力工作。

■安全的需求

員工不僅需要有一份足以維持基本生活的待遇，而且還需要有安

全感的工作，如經濟上、工作上、環境上及保險等的安全需求。因此管理者除了給員工合理工作薪津外，還要給員工各種工作上安全的保障。

■社會的需求

當員工生理或安全的需求獲得基本滿足後，則會追求再高層次的社會需求，如歸屬感、認同感與追尋友誼。員工希望在團體內獲得友誼，為同儕團體所接納進而培養情感，因此管理者應適當安排各種方式之員工聯誼活動，以滿足員工此社會需求。

■自尊的需求

生理需求、安全需求和社會需求都得到滿足後，員工將會有自尊的需求。這是一種自我尊重、自我期許、自我肯定，有獨立自主及應付工作環境的能力。管理者須瞭解員工如果在工作職場上感到自我尊重，也受到別人的尊重，則會更加倍努力，追求卓越，否則極可能會得過且過、自暴自棄，甚至淪喪信心與士氣。

■自我實現的需求

當前述各種需求均得到滿足後，則員工將會有更進一步追求自我發展、自我成長、發揮潛能、自我實現的心理需求，這是一種最高境界的心理需求。當員工有這種自我實現的需求時，他不但可創造自己，也可造福社會、貢獻社會。

(二)激勵保健論

激勵保健論又稱「二元因素理論」（Two-Factor Theort），此理論係於1950年由著名心理學家赫茲伯格（Frederick Herzberg）所倡，他認為人類工作的動機經常受到保健因素與激勵因素等二者的影響。至於影響程度則因人而異，一般而言，保健因素對低階員工影響較大，對於公司高階員工因生活上顧慮較少，因而比較重視激勵因素之滿足。茲就保健因素與激勵因素分述於後：

■保健因素

所謂保健因素又稱「維持因素」，係指維持員工工作動機的最基本條件，如金錢、個人生活、工作條件、工作安全、職務地位等等因素，此因素與Maslow的生理需求、安全需求極類似。

■激勵因素

所謂激勵因素另稱「滿足因素」，係指那些能激勵員工工作意願與士氣的因素，如升遷、賞識、成就、進步、責任、工作發展等等因素。此類因素與Maslow的社會需求、自尊需求與自我實現需求甚類似。

(三)公平理論

公平理論係由Adams所倡，根據實證研究發現，公司員工會以他的投入和所得結果的比例與其他人做比較，若認爲不公平，將會影響其爾後努力的程度，同時員工也會試圖去加以糾正或選擇下列某項行動，以消除此不公平狀態。此五項行動爲：

1.扭曲自己或別人的投入或結果。
2.採取某種行爲誘使別人改變自己的投入或結果。
3.採取某種行爲來改變自己的投入或結果。
4.選擇另一組不同的參模。
5.選擇辭職另謀他就。

綜上所述，吾人可從公平理論中，瞭解到公司企業員工不僅關心自己努力後的酬償，也關心其報酬與他人所得之比較。因此管理者對員工此種比較心理須加以注意，若能善加妥適運用，則對員工士氣之鼓舞及工作效率之提升會有相當大的助益；反之，若輕忽員工對所遭受不公平待遇之心理反應，那不僅會打擊員工士氣，更會造成內部不和諧，對整個公司企業營運之影響甚巨。

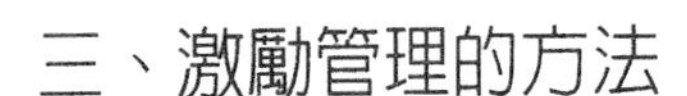

三、激勵管理的方法

(一)改善管理方式

採取權變領導方式，分層負責，逐級授權，運用各種物質的與心理的獎勵方法，實施目標管理與參與管理。

(二)改善工作條件

積極改善員工工作環境及設備，鼓勵員工進修及參加訓練，實施人性化的人事管理。

(三)改善工作設計

實施彈性工作時間，執行無缺點計畫，能夠豐富活潑員工之工作內涵，使其具挑戰性、趣味性，以增加員工之責任感與成就感。

四、實施激勵管理應注意的事項

(一)針對員工彼此間之差異，施予不同的激勵

管理者必須能充分辨識及瞭解其部屬之個別差異，員工個體之間的需求、個性、態度，均不盡相同，因此須針對其不同差異來選擇適切的激勵方法，給予不同的報酬。

(二)適才適用、同工同酬，力求公平性

激勵要發揮最大作用，必須讓適當的人擔任適當的工作，如此才

會使他有能力且有最佳表現的機會，進而滿足其成就感。此外，對於其獎賞應與實際績效一致，使員工感受到報酬之公平性而願更積極投入工作。

(三)激勵要具可及性與時效性

實施激勵管理時，應先使員工確認目標且願意接受，則此激勵才較有效。此外，對於獎賞之辦理，應當在事件發生後盡速處理，以爭取時效，否則萬一事過境遷，再施予獎勵，則會失去其原有的激勵功效。

第二節　溝通的技巧

所謂溝通（Communication），係指將一個人的某種意見或訊息，正確傳遞給他人並使其瞭解的一種過程。因此有效的溝通，除了必須有一個表意者和一個受意者外，尚包含著「傳遞」與「瞭解」兩要素，故意見溝通不僅是傳遞一個人的信息，也須有對方表示瞭解之回饋，這是一種雙軌而非單軌的意見傳遞過程，也是增進人際關係的一種方法。

有效的溝通可以增進彼此相互的瞭解，避免誤會猜忌，進而培養團隊意識與情感，對於公司企業工作效率與競爭力之提升，均有相當大的助益。尤其是對特別講究服務品質與團隊合作的觀光餐旅業，有效的溝通尤為重要。

一、溝通的要素

根據David K. Berlo於1960年在溝通程序之模式中提出溝通的要素，可歸納為下列七項（圖6-1）：

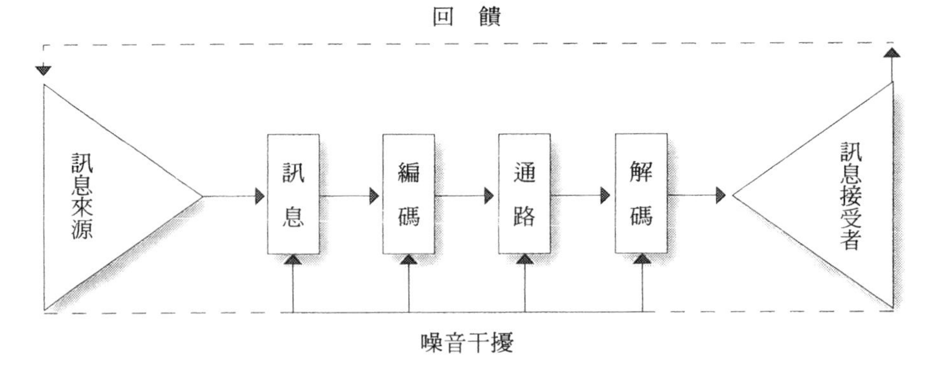

圖6-1　溝通過程模式圖

1.訊息來源：溝通首先須有提供訊息的來源，意即訊息發送者。

2.訊息：係指溝通的內容，此訊息內容傳遞的方法有語言、文字或其他媒體。

3.編碼：係指將欲傳遞的訊息，製成能由溝通管道收受的形式，如語言、文字、表情姿態或其他之符號，如此才能將此訊息傳送出去。

4.通路：係指訊息傳送時所須仰賴透過的傳送媒介或途徑。如面談、會議、打電話、公告、圖片、E-mail電視傳播媒體均是例。

5.解碼：收訊者詳細瞭解所收訊息的含義，如傾聽、研析。

6.訊息接收者：係指訊息傳送的對象，亦即收訊者。

7.回饋：係指訊息接受者，將收到訊息之反應傳送給訊息發送者。

二、溝通的障礙

人際溝通常見的障礙有認知障礙、個人地位障礙、溝通程序障礙以及心理障礙等四種，茲分別詳述於後：

1.認知障礙：溝通訊息的內容表達不明確，導致受訊者曲解；或因訊息接受者情緒反應而影響溝通效果；有時訊息接受者也會有一種選擇性的認知，凡此均會造成認知的障礙。

2.個人地位障礙：如果訊息發送者之地位愈高，則其所傳送出來的訊息愈容易爲人所接受，此乃所謂「官大學問大」之刻板印象。

3.溝通程序障礙：係指訊息傳送過程中，傳達者往往會加以再詮釋而造成若干偏失，轉達層次愈多，偏差雜音也愈大，甚至背離原意。

4.心理障礙：人們均有一種抗拒變革及防禦性行爲，因此會造成對訊息之曲解或相應不理。

三、溝通的種類

(一)依溝通之途徑來分

1.正式溝通：此類溝通係依循組織的正式職權體系所進行的溝通。組織體系內的正式溝通依訊息流向，可分爲下行溝通、上行溝通、平行溝通以及斜向溝通等四種。

2.非正式溝通：此類溝通係經非組織體系途徑所進行的溝通，如員工間的閒談、傳聞、內幕消息等均屬之。此類溝通影響力甚大，且速度快。

(二)依溝通之方法來分

1.語言溝通：所謂「語言溝通」，係指透過語言、文字、符號、資訊或其他媒體資訊來傳送訊息的溝通方式。

2.非語言溝通：所謂「非語言溝通」，係指肢體語言而言。如臉部表情、手勢、肢體動作等表情姿態所傳送之訊息，如點頭、微笑、揮手。

四、影響溝通的因素

(一)過去經驗

過去學習經驗對一個人的影響很大。通常我們會發現當自己已經知道訊息是什麼，或者訊息不重要時，事先在心裡便已決定過濾掉這些訊息。同時一個人的期望也會使其過濾掉訊息產生的影響，進而阻礙雙向溝通。

(二)成見

成見是另一種影響有效溝通的因子，當我們心中有成見時，往往會斷章取義地接受對方的訊息，甚至扭曲對方的意思。

(三)刻板印象

所謂「刻板印象」，係指過分簡化已有的概念。易言之，係指吾人將各種概括化的特徵，賦予各種團體，繼而將這些特徵套在該團體所有成員身上的一種認知現象。例如，就職業而言，我們總認爲藝術家較浪漫，工程師則比較呆板，教育人員較墨守成規，若是生意人則會認爲他較富心機、虛僞。由於我們對人存有這種先入爲主的刻板印象，但實際上這種推理並不見得正確，也會影響有效的溝通。

(四)預設結論

所謂「預設結論」，係指訊息接收者只接受與其內心需求一致的訊息，稱之爲預設結論。有時當我們心中有某些需求時，便會將彼此的話題引導到我們預定的結論中，這種溝通方式會給予人一種頑固、獨斷的印象，進而破壞整個溝通的氣氛。

(五)外在環境

外在環境如噪音、溫度、溝通場地布置或其他偶發事件，均會影響到溝通的效果，因此盡量避免在嘈雜或太酷熱、雜亂的環境下溝通，以免訊息遭到曲解、誤解或消失。

五、有效溝通的策略

(一)逢迎策略的運用

所謂「逢迎策略」，係指個人用來提高自己在目標對象心中之吸引力的策略行爲。逢迎的方式有四種，即恭維、意見表同、施惠及自我表現。茲分述如下：

1.恭維：係藉彰顯對方的優點，以提升其自我優越感。
2.意見表同：係藉著表達與對方相同的意見和觀念，可助對方肯定其自我。
3.施惠：係向對方傳遞關心他、重視他的訊息。
4.自我表現：係向對方流露自己的優點，藉以引起對方的另眼相看。

此前三項逢迎策略是否能奏效，必須使對方察覺不出自己是在逢迎他，若被看出逢迎是別具用心，則會功虧一簣。同時自我表現也必須在對方不會感到威脅或自我炫耀，始能發揮預期效果。

(二)自我揭露

所謂「自我揭露」，係指將自己坦誠剖析給對方，滿足對方對你進一步的瞭解，自我揭露除了傳遞有關自我的訊息外，也傳遞出「我相信你」、「我把你當知己看待」。通常當一方能夠開放坦誠地滿足對方，基於互相回饋的原則，對方也會做如是的溝通反應，進而相互產生一種知己的感覺，如果希望對方信任你，對你有信心，首先你得先是一個值得信任的人才行。誠實與開放的溝通中，是有某些風險存在，它可能使雙方利益均霑，也可能危及彼此雙方，但是只要我們相信自己，相信對方，則溝通比較可能朝正向發展。

(三)Carnegie原則的運用

著名人際關係專家Dale Carnegie提出七點增進人際關係的基本溝通技巧。茲分述如下：

1. 面帶微笑：微笑本身傳遞著一種親切，給予人溫馨的感覺，使人有一種「我喜歡你」、「見到你很高興」的非語言訊息。
2. 記住互動對方的姓名：姓名代表一個人，當你能很快以對方姓氏來稱呼他，往往會給人一種驚喜，而有備受重視的感覺。
3. 聆聽：聆聽是一種主動的聽、用心的聽、積極的聽，而非被動的過程。聽者可滿足對方溝通的需求，用心傾聽對方的想法與感受，然後適時點頭，提供對方回饋，可使對方覺得我們不僅在聽，且甚用心思考對方所說的話。
4. 談對方感興趣的事情：興趣是一個人生活的重心，設法瞭解對方興趣，並以此爲話題，很容易產生認同感，縮短彼此間之距離。
5. 讓對方感到他很重要：任何人最關心的通常就是他自己，鼓勵對方談他自己，一方面可滿足其自尊的需求，另方面可紓解其緊張、防衛的不穩情緒，這是一種自我揭露，增進彼此友誼的方式。

6.注意對方的優點，點出對方的長處：人常依賴他人的肯定而自我肯定，所以能適時稱許對方優點、欣賞對方長處的人，往往最容易獲得對方的強烈好感。

7.瞭解對方的立場、眼光：將心比心，以同理與瞭解的方式設身處地爲對方著想，從他人的角度來看世界，自然而然會衍生一種同理心，這種同理心將會使你分享他人的歡娛和悲傷，與對方心有戚戚，更可增強人際間友誼。

第二篇　自我評量

一、解釋名詞

1. 需求理論
2. 顧客風險
3. 功能風險
4. 借物法
5. 二元因素理論
6. 公平理論
7. 刻板印象
8. Carnegie理論
9. CIS
10. Communication

二、問答題

1.「服務是餐旅業的生命。」你認爲此句話的涵意爲何？試申述之。

2.當顧客前往旅館餐廳消費，請問此餐旅顧客之需求動機何在？試申述之。

3.餐旅顧客何以在購買餐旅產品之前，心中會產生一種莫名的風險？試分析其原因，並提出解決之道。

4.如果你是旅館人力資源部主管，請問貴旅館經營團隊之人力結構，你會如何予以安排，始能發揮最大集體效能？試申述之。

5.目前餐飲業所僱用的員工大部分係屬於青、中年層的員工，試就其心理特質詳加分析之。

6.餐旅從業人員在日常生活或工作環境中有時會遭受心理上之挫折，請問其原因何在？試申述之。

7.如果你是餐廳經理，當你發現A員工情緒不穩，工作士氣不振，請問你會如何處理？

8.如何有效防範員工心理挫折？試提出有效的解決辦法或措施。

9.何謂「激勵」？激勵應備的要件有那些？試述之。

10.激勵理論很多，你認爲那一種最有效？爲什麼？

11.當我們實施激勵管理方法時應注意那些事項？試述之。

12.如何運用溝通的技巧來增進人際關係？試申述之。

第三篇
餐廳服務

單元學習目標

- 瞭解餐飲部從業人員的工作職責
- 瞭解餐廳設備、器具及其清潔維護的方法
- 瞭解菜單、飲料單及酒單的功能與結構
- 瞭解餐廳禮儀及席次安排原則
- 瞭解餐廳營運服務前的準備工作要領
- 熟練餐巾摺疊、托盤操作、檯布鋪設等基本服務技巧
- 熟練中西餐的餐桌擺設要領
- 熟練各式餐飲服勤方式與技巧
- 熟練各類飲料的服勤要領
- 熟練中西餐廳服務流程與餐務作業要領

餐飲組織及各部門的職責

第一節　餐飲部門的工作職責

第二節　餐飲從業人員的工作職責

餐廳的種類很多，且其營運性質及規模大小互異，因而其內部之部門組織也不盡皆然。但一般而言，現代化較大型之餐飲組織，如觀光旅館或國際觀光旅館之附設餐廳，其部門之編制大致設有餐廳部、餐務部、飲務部、宴會部、廚房部或稱廚務部，以及後勤支援單位的採購部、管制部及庫房等相關部門。謹將觀光旅館餐飲部及外場工作人員之職責逐節介紹。

第一節　餐飲部門的工作職責

餐廳係一種提供社會大眾休憩、膳食之營運場所，因此餐飲從業人員必須確保營運場所環境之整潔、安全、舒適，並且在餐飲品質上力求精美；服務上講究貼切溫馨之及時服務，以創造顧客滿意度爲職志。謹將餐飲部工作人員之職責，摘述如下：

一、餐飲部的工作職責

1.擬定年度餐飲活動行銷推廣計畫，分期執行。
2.負責餐飲各部門之溝通協調。
3.負責維持各工作場所環境之整潔、安全與衛生。
4.負責研訂各式菜單、標準食譜、各項標準化作業，以及成本控制與品管工作。
5.負責旅館各所屬餐飲部門之餐飲服務作業品質管制。
6.負責旅館各種筵席、宴會、酒會、外燴及會議之業務。
7.負責餐飲各部門餐具器皿之供應、洗滌、保養、維護、保管及購買等事宜。
8.負責客房餐飲服務業務及用具之管理。

9.研討酒吧管理辦法，酒品品牌、年份、數量等事宜。

10.瞭解餐飲市場需求與市場資訊，建立行銷推廣網絡。

11.配合旅館各部門之作業，分工合作，加強溝通協調。

12.加強人員之培訓與管考作業。

二、餐飲部各部門之工作職責

一般觀光旅館餐飲部本身的營業性質及規模大小互異，因而內部組織系統不盡皆然。一般而言，大型國際觀光旅館附設之餐廳，通常下設餐廳部、餐務部、飲務部、宴會部、廚房部、客房餐飲服務部、管制部、庫房等八大部門（**圖7-1**）。謹將各部門職責簡介於後：

(一)餐廳部（Dining Room Department）

係負責旅館內各餐廳食物及飲料的銷售服務，以及餐廳內的布置、管理、清潔、安全與衛生，內設有各餐廳經理、領班、領檯、餐廳服務員、服務生。

(二)餐務部（Steward Department）

係負責餐廳內外場一切餐具供給、保管、清潔、維護、換發等工作，以及下腳廢物處理、消毒清潔、洗刷炊具、搬運等工作。它係在餐飲部門中居於調理、飲務和外場三單位之協調工作，為餐飲部的後勤支援單位。

(三)飲務部（Beverage Department）

係負責餐廳內各種飲料的管理、儲存、銷售與服務之單位。

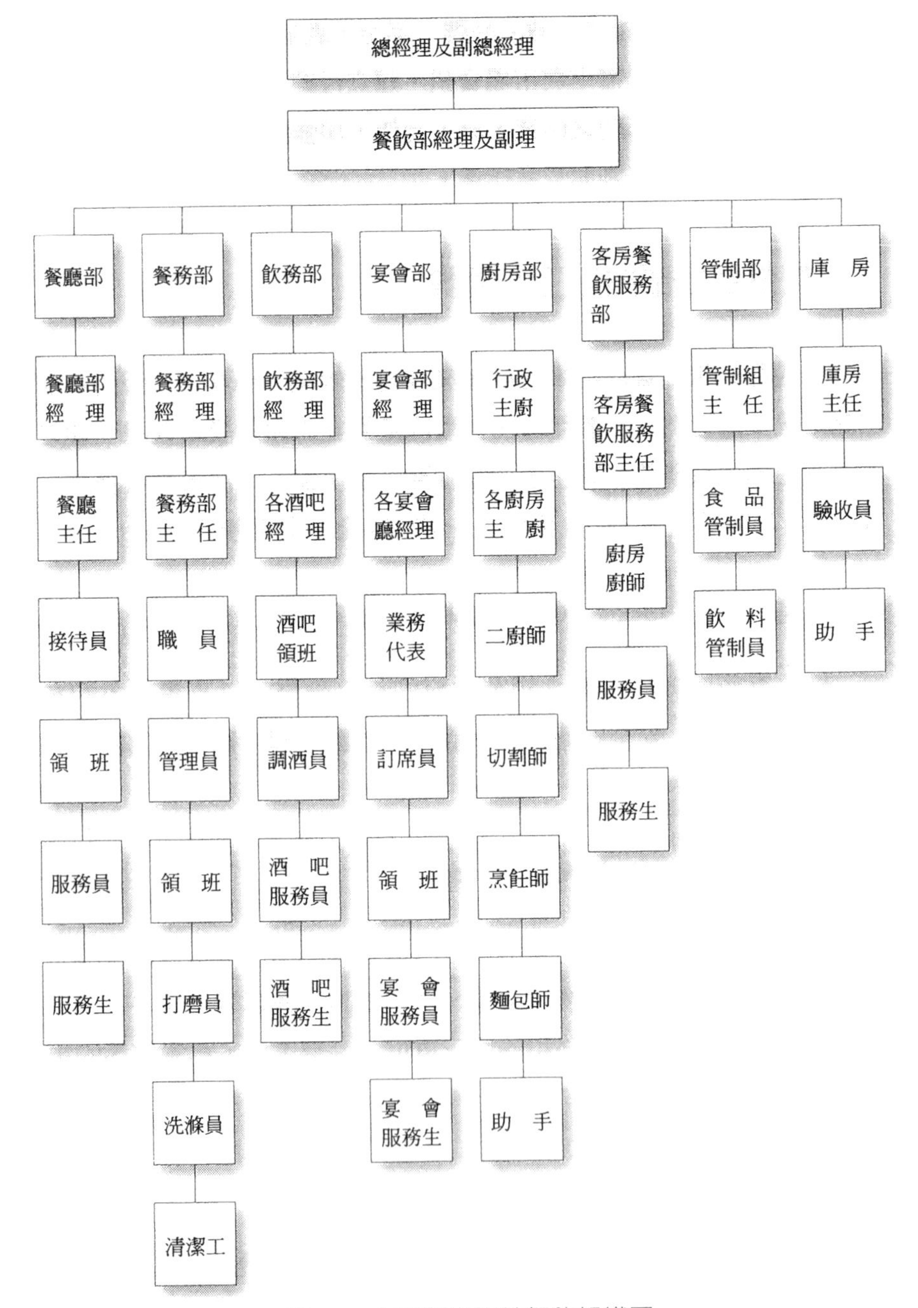

圖7-1　大型觀光旅館餐飲組織圖

(四)宴會部（Banquet Department）

係負責接洽一切訂席、會議、酒會、聚會、展覽等業務，以及負責會場布置及現場服務等工作。

(五)廚房部（Kitchen Department）

係負責食物、點心的製作及烹調，控制食品之申領，協助宴會之安排與餐廳菜單之擬訂。

(六)管制部（Control Department）

負責餐飲部一切食品及飲料之控制、管理、成本分析、核計報表、預測等工作。它不直屬於餐飲部，爲一獨立作業單位，直接向上級負責。

如果係一種獨立餐廳，則管制部之職責除上述各項外，還負責兼管人事、工務、行銷、倉儲等事宜。至於較大型企業化經營的餐廳，如連鎖經營的餐廳，則另加設獨立部門的人事、工務、行銷、企劃、會計等單位，以利多元化的經營管理。

(七)庫房（Storeroom）

負責倉儲作業如驗收、儲存、發放等工作，並確保餐廳、標準庫存量以及庫房的安全維護。

(八)客房餐飲服務部（Room Service Department）

所謂「客房餐飲服務」，係指將餐食直接依客人要求，送到旅館房間給客人在房內享用的一種餐飲服勤方式。旅館一般訂有一套作業流程標準，通常在接到客人點菜後，須在三十分鐘內將餐食送到客房，以顧客第一爲原則來提供此服務。

作業時，須正確登錄房號、客人姓名、餐食內容、送達時間，並再三確認無誤，才備妥各項茶具如托盤、送餐車、各式調味料、餐具杯皿等器皿，服勤方式與餐廳大同小異。爲了方便作業，通常旅館大部分僅提供簡單餐點之菜單。根據調查，一般旅館之客房餐飲大部分係以「早餐」爲多，精緻全餐較少。

此部門大部分隸屬於旅館餐飲部，由專人來負責此業務，並無獨立部門，只有較大型國際觀光旅館才會獨立設部門來營運。

第二節　餐飲從業人員的工作職責

餐飲執行階層可分：外場（Front of the House）與內場（Back of the House）兩部門。謹就外場服務人員的工作職責說明如下：

一、領班（Captain / Maitre d'Hotel）

1.主要任務：負責轄區標準作業維護，督導服務員依既定營業方針努力認眞執行，使每位客人得到最友善之招呼與服務。

2.主要職責：

(1)熟悉每位服務員之工作，並予以有效督導。

(2)營業前，應檢查桌椅是否布置妥當、是否清潔。

(3)當客人坐定時，負責爲客人點叫餐前酒或點菜、飲料之服務。

(4)領班對客人帳單內容要負責。

(5)桌面擺設、收拾之檢查督導。

(6)負責員工値班輪値、工作勤惰考核以及準備工作之分配。

(7)處理顧客抱怨事件。

二、領檯（Hostess / Reception / Greeter）

1.主要任務：領檯爲餐廳第一線人員，其職責爲務使每位客人能被親切的招呼，而且迅速引導入座，並負責餐廳入口處之環境整潔督導。

2.主要職責：

(1)面帶微笑親切引導客人入座。

(2)協助領班督導服務員工作。

(3)營業前須檢查餐廳桌椅是否均整潔且布置完善。

(4)熟悉餐廳之最大容量，瞭解桌椅之數量及擺設方位。

(5)須瞭解每天訂席狀況，盡可能熟記客人姓氏。

三、服務員（Waiter, Waitress / Chef de Rang）

1.主要任務：熟悉餐飲服務流程與技巧，完成標準作業程序，以親切之服務態度來接待顧客。

2.主要職責：

(1)負責餐廳清潔打掃，安排桌椅及桌面擺設。

(2)檢查服務檯（Service Station）備品是否齊全，是否整潔乾淨。

(3)熟悉菜單，瞭解各種菜餚特色、成分、烹調時間及方式，能適時推銷，並爲客人點菜，以最迅速方式將菜餚送至客人餐桌。

(4)當客人用餐結束前，應將帳單準備好，並核對總額是否正確，將它置放客人之桌面右方，帳面朝下。

(5)瞭解且遵循帳單之作業處理程序。結帳時，須先請問客人是否需要公司統一編號，通常餐廳是不接受個人支票付款。

四、服務生或練習生（Bus Boy / Commis de Rang）

1.主要任務：輔助餐廳服務員，以確保餐廳順利的運作，達到最高服務品質。

2.主要職責：

(1)工作時宜穿乾淨、整潔、合適的制服。

(2)確保工作區域之整潔及衛生。

(3)檢查營業所需餐具器皿如杯盤、刀叉匙、布巾等備品之數量是否足夠，調味料罐是否乾淨、是否均已裝滿。

(4)爲客人倒冰水。

(5)收拾客人用畢之盤碟及銀器。

(6)將服務員所交訂菜單送入廚房，再將所點的菜餚自廚房端進餐廳。

五、其他

國際觀光旅館餐飲部或高級西餐廳，尚設有下列服務人員，其職責如下：

1.調酒員（Bartender）：餐廳酒吧調酒員之主要工作，乃爲客人調製各式雞尾酒。

2.葡萄酒服務員（Wine Waiter, Wine Steward, Wine Butler, Chef de Vin, Sommelier）：負責爲客人服務餐前酒、佐餐酒或飯後酒，尤其是各類葡萄酒的供食服務。

3.現場切割員（Trancheur）：負責高級西餐廳現場烹調車之肉類切割服勤工作。

4.客房餐飲服務員（Chef d'Etage）：負責客房餐飲服務的工作人員。通常觀光旅館均設有此類的「客房餐飲服務」，應客人要求送餐至房間，一般以早餐較多。

餐廳設備與器具

現代餐飲業爲求有效營運，對於餐廳的格局設計、空間利用、內部設施與生財器具，無不費盡心思詳加考量。因此在規劃之初，對於各部門所需設備器皿，除了考慮其性能、效率外，更應注意其體積大小、空間組合、色系搭配，以及餐廳本身營運特性與財務狀況，須先做最經濟有效的組合。本章將介紹當今餐廳所需的生財營運設備，期使讀者對餐廳設備器皿有一正確基本認識。

第一節　餐廳設備介紹

餐廳的設備有些是爲客人準備的，如餐桌椅、燈光、音響，有些則是爲服務員準備的，如工作檯、餐廳各式手推車等。茲分述如下：

一、餐廳桌椅

餐廳桌椅的材質、色系、式樣、尺寸比例等方面之設計，不但影響餐廳整個空間美感，甚至影響到餐廳未來營運之成敗。因此餐桌椅設計是否安全、舒適、美觀，對餐廳而言相當重要。

(一)餐桌之設計

餐桌設計應考慮的因素，主要有下列幾方面：

■餐桌種類

餐桌的種類很多，就形狀而言，主要可分爲：圓桌、方桌與長方桌等三種。圓桌在國內大部分使用於中式餐廳或宴會爲多（圖8-1），至於西餐廳則以方桌及長方桌爲主，圓桌爲輔。

圖8-1　中式宴會餐桌擺設

資料來源：歐華飯店提供

反觀國外許多高級餐廳均偏愛圓桌，事實上圓桌給予人的感覺較爲親切溫馨。至於選用那類型餐桌較好，則端視餐廳性質與空間大小而定。

■餐桌高度

餐桌的高度通常在71至76公分之間，不過一般均認爲以71公分最爲理想，因爲此高度不僅客人進餐取食或使用餐具方便，同時服務員在桌邊服務時也相當順手。若餐桌高度低於71公分，則服務員勢必彎下腰來工作，徒增服務上的困擾，也影響工作效率。

■餐桌尺寸

餐桌桌面尺寸大小，端視餐廳類型與顧客用餐所需面積而定。一般而言，高級餐廳如銀盤式服務之法式餐廳，餐桌尺寸較大，但最多每人所需餐桌寬度也不宜超過76公分，否則容易讓客人有種孤獨感，且浪費空間。而一般餐廳餐桌尺寸則較小，但至少每人所需桌寬也應有53公分以上，此乃客人在餐廳最起碼的用餐面積。

因此在使用桌邊服務的餐廳，每人所需餐桌尺寸應在53至61公分之間，而以61公分寬的桌面最爲舒適理想。而咖啡廳、Pub或速簡餐廳等所需餐桌尺寸則可稍微小一點，至於圓桌餐桌尺寸並無一定標準，通常方桌尺寸在71至76公分之間，若再大一點也可以，不過以76公分正方餐桌在一般餐廳中供四人坐，已經相當寬敞了（表**8-1**）。

表**8-1**　餐桌尺寸與座位配當表

桌型	座次	尺寸
圓桌	1人	直徑70～75公分
	2～3人	直徑90～100公分
	4人	直徑100公分
	5～6人	直徑125公分
	8～9人	直徑150公分
	10人	直徑175公分
	12人	直徑200公分
長方桌	4人	125×100公分
	6～8人	175×100公分
	8～10人	250×100公分
	10～12人	300×100公分

資料來源：Stokes, J. W. (1980). *How to Manage a Restaurant*. p.122.

■桌腳式樣

餐桌的桌腳一般可分爲活動式與固定式等兩種，謹介紹於後：

1.活動式桌腳：活動式的桌腳均爲四腳架，大部分係使用在中式大圓桌爲多，其次是西餐廳的方桌或長方桌。其優、缺點可歸納於後：

(1)優點：

①搬運方便，省時省力。

②折舊率低，經濟實惠。

③不占空間，容易存放。

(2)缺點：

①腳架較輕，穩定性不如固定式腳架。

②摺疊桌腳如稍有不慎，容易夾傷。

③四腳架餐桌擺放時，往往會影響客人進餐的方便。

2.固定性桌腳：固定性的桌腳有單腳架與四腳架兩種。一般餐廳若採用固定性腳架，通常是選用單腳銅質的腳座爲多。此形式腳架之優、缺點如下：

(1)優點：

①整齊美觀，高雅大方。

②進餐舒適，便於進出。

(2)缺點：

①搬運不便，費時費力。

②損壞率高，折舊率大。

③占用空間，存放不便。

■餐桌材質

餐桌所採用的材質很多，一般常見的有木料（櫸木）、竹、藤、皮、塑鋼、防火布、大理石、壓克力、不鏽鋼、玻璃纖維、塑膠海綿‥‥等等。但最主要的考量爲桌面材質要耐熱、耐磨、不易褪色，並且對酒精類及酸性液體有抗浸蝕性爲佳。

■餐桌色調

餐桌色澤須與座椅相搭配，並且注意整個餐廳色系的調和，務使其成爲一個和諧統一的藝術體。

(二)餐椅之設計

餐廳座椅的設計是否舒適、安全，對顧客而言相當重要，因此餐廳在設計座椅時須注意下列幾方面：

1.座椅高度：餐廳座椅的高度平均大約45公分左右，此高度係指自座椅面至地板的距離而言。餐廳座椅高度之比例是有一定的標準，亦即餐桌面至餐椅面之距離，應維持在30公分左右的標準值爲宜，而此標準值的距離對客人用餐最爲舒適自然。另外座椅長寬通常爲43公分左右，但以50公分寬長最舒適。

2.座椅式樣：雖然目前餐廳座椅的式樣有古典式與現代式之分，有扶手與無扶手之別，但最重要的是餐廳座椅設計時，應考慮到人體工學的原埋，盡量使客人有一種安全、舒適之感。

3.座椅材質：餐廳座椅的材質很多，但最重要的是應具有輕巧、舒適、耐用、透氣、防火、防潮的功能。

4.座椅色調：餐廳座椅的色調須能與餐桌顏色相搭配，最好選用同系列色調爲佳，期使餐桌椅能有一種整體性的和諧感。

(三) 選購餐廳桌椅應注意事項

在選購餐廳桌椅時要注意下列事項：

1.質料要堅固實用、平滑有彈性，各部接頭牢靠。

2.桌面材質要耐熱、耐磨，不易褪色，且防酒精類及酸性液體浸蝕。

3.配件及接頭愈少愈好，以減少故障。

4.易於整理、搬運、貯放、移動及清潔。

5.要輕便且安全，切勿太笨重，同時要顧慮兒童的需要與安全性。

6.餐廳桌椅尺寸、規格、高度應一致，以便相配合運用。

7.餐廳桌椅色系須與餐廳整體裝潢設計相搭配。

8.大圓桌上的旋轉檯或轉盤，即所謂的“Lazy Susan”，其底座要堅固、旋轉要順暢。

二、工作檯（Service Station）

爲求餐廳服務之效率，每位服務員均須有他們自己的服務工作檯，此工作檯另稱爲：服務櫃、備餐檯、餐具食品服務台、服務站或服務桌（Table de Service），其高度約80公分左右（圖8-2）。

工作檯上層架通常擺著餐桌服務所須準備供應之物品，以及冰塊、奶油、奶水、調味料、溫酒壺、保溫器。工作檯下面上層是抽屜有小格子架兩個。小格子架內鋪一條粗呢布，以防餐具放置時發出聲音，再將所有餐桌所須擺設的餐具依序放在這裡，通常自右到左放著湯匙、餐叉、甜點湯匙、小叉、小刀子、魚刀、魚叉等餐刀叉，以及特殊餐具或服侍用具。

圖8-2　工作檯

資料來源：揚智文化公司提供

刀叉餐具存放架下面一層係用來存放各種不同尺寸之餐盤、湯碗及咖啡杯底盤。最下面一層則作爲存放備用布巾物品如桌布、口布、服侍巾……等棉、麻織品。

三、餐廳手推車（Trolley）

餐廳手推車由於性質、用途之不一，因而種類互異。一般而言，有法式現場烹調推車、沙拉車、酒車、烤肉車、點心前菜車、保溫餐車及餐廳服務車等數種，謹分述於下：

(一)法式現場烹調推車（Flambé Trolley）

此型推車大部分使用在豪華的高級歐式餐廳，如法式西餐廳，服務員自廚房將已經初步處理過之佳餚，裝盛於華麗手推車上，推至餐廳桌邊，在客人面前現場烹調加料處理，客人可一方面進餐，一方面欣賞服務員現場精湛熟練之廚藝。

此推車裝設有二段式火焰之爐台，上面鋪層不鏽鋼板，其上設有香料架、調味料瓶架、塑膠砧板、冷菜盤。推車爐灶下面之櫥櫃內可放置瓦斯鋼瓶，櫥櫃另一邊可供餐具、餐盤存放，此型推車通常均附設有一塊可摺疊式之活動工作板，以利現場服務之需。

現場烹調推車附有煞車裝置之輪胎型腳輪。至於推車之大小並無一定標準規格，其尺寸通常爲：長度100至130公分，寬度52公分，高度82公分。

(二)沙拉車（Salad Cart）

沙拉車大都使用在大型宴會或自助餐會中，主要設備有一部氣冷式冷藏冷凍機、沙拉冷藏槽，以及沙拉碗存放架。沙拉車下層有一個儲藏櫃，可供存放各式盤碟、餐具。一般沙拉車之高度約80公分，長度有80公分，寬度約50公分，其下面均配有四個腳輪，有固定裝置（圖8-3）。

(三)酒車（Liquor Cart）

酒車在高級豪華餐廳或酒吧最常見，有時正式宴會中也可派上用場。爲刺激顧客購買，乃設法將酒車刻意裝飾得美輪美奐，華麗迷人，再由穿著整潔儀態典雅之服務

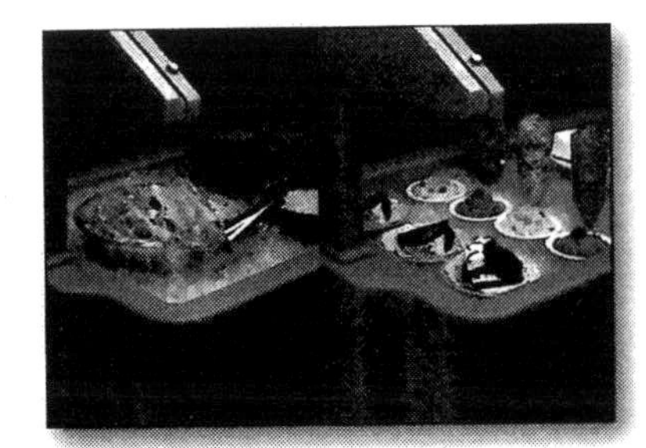

圖8-3　沙拉車

資料來源：上賓公司提供

員，推著酒車穿梭於宴會場中，或將華麗之酒車擺在餐廳入口正中央，以吸引客人（圖8-4）。

有的酒車備有冷藏設備，檯面上有各種不鏽鋼架，可擺設各種洋酒、調酒器、冰桶等物。另外有一種酒車沒有冷藏設備，只有酒瓶架、工作檯等設備而已。

圖8-4　酒車

資料來源：上賓公司提供

(四)烤肉車（Carving Trolley / Roast Beef Wagon / Roast Beef Cart）

烤肉車在目前大型宴會、自助餐會中經常可見，可供現場切割及烤肉用，尤其在歐式餐廳更是不可少之一項重要設備。烤肉推車是以瓦斯爲主要熱源，它有安全自動電子點火裝置，煎肉板可在瞬間加熱備用。推車檯面有煎肉鐵皮、保溫槽、砧板、調味桶槽座及存放架，推車下面有儲藏櫃，可置放各式餐具、盤碟。日前市面上還有一種烤肉車係以酒精爲熱源，操作方便，不占空間（圖8-5）。

圖8-5　烤肉車

資料來源：揚智文化公司提供

(五)點心前菜車（Pastry Hors d'oeuvre）

點心前菜車備有一部氣冷式冷藏櫃，可擺放各式點心及冷藏食品。此型推車正面裝有一塊活動式可摺疊工作架，推車最下層是存物架，可以擺設各種服務用餐具、餐盤。這種推車裝有煞車裝置之輪胎式腳輪，外表均飾以高級柚木（圖8-6）。

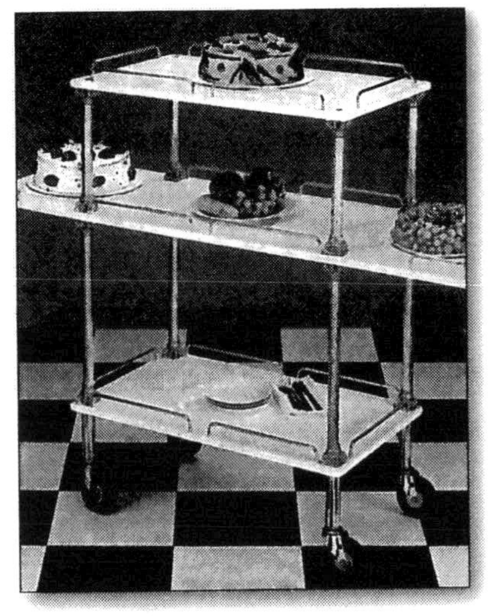

圖8-6　點心前菜車
資料來源：上賓公司提供

(六)保溫餐車（Hot Food Trolley）

此型推車大部分均使用在大型自助餐會為多（圖8-7），目前我國港式飲茶之點心車均以此類為多，此型推車主要裝備係一套保溫設備，可供四、五道餐食保溫，另外尚附有佐料架、食品架。推車台面下有瓦斯儲放櫃及瓦斯開關控制器。

圖8-7　保溫餐車
資料來源：上賓公司提供

(七)餐廳服務車（General Purpose Service Cart）

此型餐廳手推車係一般服務用推車（圖8-8），有時可當作旁桌（Guéridon / Side Table），供現場切割服務，通常作為搬運大量餐食、收拾檯面餐具等所使用。至於客房餐飲服務車也是屬於此類別。其高度約73公分，長約80公分，寬有42公分，附有直徑12.5公分之橡膠腳輪。在餐廳服務時，此推車上須鋪以白色檯布，以免擺放餐盤、餐具時發出刺耳響聲。

四、燈光照明設備

圖8-8　餐廳服務車
資料來源：上賓公司提供

目前一般高級餐廳為營造餐廳特殊柔美氣氛與高雅情調，俾使顧客能在溫馨愉快之心境下進餐，所以對燈光照明設備之問題，如光源之種類、光源在空間之效果，以及照明設備之色調與外觀上均十分考究，希望藉著光線之強弱與色彩變化來增進美感。

一般而言，餐廳光源之照度以50至100燭光為宜，高級豪華餐廳約50燭光，快餐廳為100燭光為宜。在光源設計時，盡量利用隱藏式光源，採取側射方式，以免因眩光或太亮而破壞原有美感氣氛。

五、音響設備

音調之高低及節奏之快慢，會影響到一個人情緒之變化，相對地也會影響用餐之速度及食欲。高頻率之尖銳聲，會減低人們食欲；反之，低頻率柔和之聲音卻可增進食欲。因此在高級餐廳中，為使顧客能在靜謐之氣氛下愉快用餐，除了盡量在餐廳中設法消除可能發生之噪音外，更不惜鉅金斥資購置高級音響及裝設擴音系統，藉著優雅悅耳之旋律，滿足顧客聽覺之享受。至於速食餐廳大部分以快節奏之熱門音樂來提升熱鬧氣氛，並加速翻檯率。

六、空調設備

為使顧客能在一個舒適愉快之情境下進餐，餐廳除了要講究裝潢

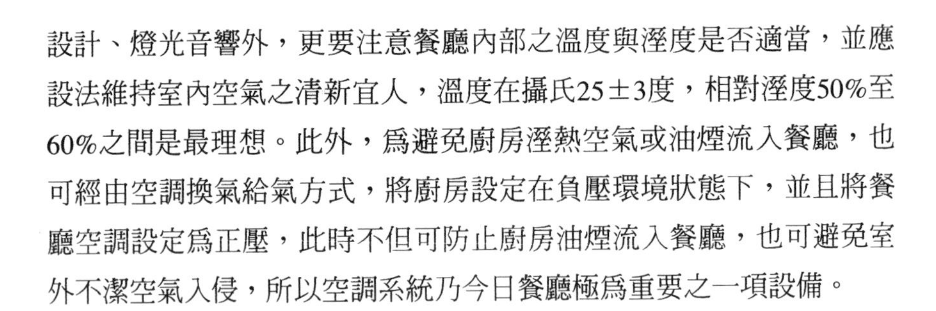

設計、燈光音響外，更要注意餐廳內部之溫度與溼度是否適當，並應設法維持室內空氣之清新宜人，溫度在攝氏25±3度，相對溼度50%至60%之間是最理想。此外，為避免廚房溼熱空氣或油煙流入餐廳，也可經由空調換氣給氣方式，將廚房設定在負壓環境狀態下，並且將餐廳空調設定為正壓，此時不但可防止廚房油煙流入餐廳，也可避免室外不潔空氣入侵，所以空調系統乃今日餐廳極為重要之一項設備。

第二節　器具的介紹

現代餐飲業為求有效營運及提升餐飲服務品質，十分講究餐廳服務器皿，尤其是餐桌服務的餐廳，對於桌面（Tabletop）擺設物品如刀叉匙、餐巾、杯皿、調味料盅罐、花瓶等等器皿或飾物均甚重視。此外，對餐桌擺設（Table Setting）及餐飲服勤所需器具均有一定的作業規範，以免影響餐飲服務品質及餐飲企業之形象。本單元謹將餐廳常見的器具、用品，依其材質之特性分類介紹如下：

一、布巾類（Linen）

餐廳的布巾種類很多，有檯布、餐巾、臂巾，以及廚房用布巾等多種。但若依使用對象來分，則可分為員工用布巾與顧客用布巾兩大類，每一種布巾均有其特定用途，絕對要避免隨便亂用，否則不但影響衛生，且易造成污損或破損，甚至影響外表之觀瞻。謹就餐廳常用之布巾分別介紹如後：

(一)檯布（Table Cloth）

1.檯布另稱「桌布」，可分為大檯布與小檯布兩種。檯布的顏色一般均以白色爲多，至於主題特色餐廳所使用的檯布顏色，往往爲營造餐廳獨特氣氛而在色彩上較具變化。

2.檯布之尺寸須配合餐桌大小而定，通常其長度以自桌緣垂下約30公分爲標準，此長度剛好在座椅面上方爲最理想，唯四邊下垂須等長，檯布之中間線須在桌面中央（圖8-9）。

圖8-9　檯布與頂檯布

資料來源：揚智文化公司

(二)頂檯布（Top Table Cloth）

頂檯布另稱「檯心布」、「上檯布」，其尺寸較檯布小，但比桌面稍大。其目的除了增添餐廳用餐情境氣氛外，更可減少大檯布換洗的麻煩，可節省約60%之洗滌費用。

(三)餐巾（Napkin）

1.餐巾俗稱「口布」，其規格乃依餐廳類型及用餐時段而異。不過大部分餐廳均採同一規格爲多，以節省支出。
2.餐巾之尺寸自30至60公分正方均有，一般早餐餐巾最小約30公分，午餐爲45公分，晚餐餐巾最大約50至60公分。
3.一般酒吧或大衆化餐廳則以紙巾代替餐巾，尤其是酒吧大部分以約22.5公分正方之迷你紙巾爲多。此外，另有一種裝飾用的紙巾稱之爲Doily Paper。

(四)服務巾（Service Towel / Service Cloth）

1.此布巾係服務員在客人面前服務時，作爲端送、搬運熱食碗盤時使用，絕對不可當作擦汗、拭手、擦臉之用，若有污損應立即更換。

2.服務巾若不用時，須掛在左手腕上，以便於隨時服務用。服務巾不可以客人使用的口布來替代，以免影響衛生。

(五)桌裙（Table Skirt）

1.所謂「桌裙」係一種餐桌之圍裙，通常以綠色、紅色、粉紅色等等亮麗色彩的布，以百葉裙褶法來縫製（圖8-10）。桌裙的長度不一，一般可分大、中、小三種規格；至於高度則較餐桌高度短少些，原則上距地面約5公分（2吋）即可。

2.圍桌裙之前，桌面須先鋪上大檯布，再將桌裙固定在桌緣四周。至於桌裙固定的方法很多，如以圖釘、黏貼布、桌裙扣或大頭針等方法。不過各有優缺點，其中以「大頭針」來固定較理想，不會損害桌緣，也較經濟實用。

圖8-10 桌裙
資料來源：揚智文化公司提供

(六)靜音墊（Silence Pad）

1.靜音墊係一種「餐桌襯墊」，另稱寧靜墊、安靜墊，通常是固定於桌面或鋪設於餐桌面上，其上面再鋪設大檯布。其目的除了保護桌面、防止檯布滑動之外，同時具有防止噪音、吸水及防震之效果。

2.靜音墊之材質很多，如毛呢、海綿或橡膠軟墊等等（圖8-11）。

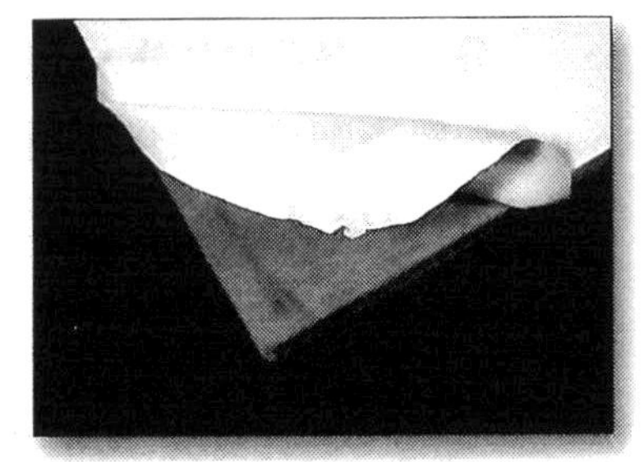

圖8-11 靜音墊
資料來源：揚智文化公司提供

(七)其他布巾類

餐廳之布巾除了上述各種以外，尚有各種廚房布巾（Kitchen Cloth）以及各種擦拭餐具專用布巾，如擦銀布、擦杯子等各種布巾，其用途有所不同，不可混淆使用。

爲充分有效利用資源，節省布巾浪費並兼具環保之功，許多餐飲企業將有破損之口布等布巾在其上面以油性筆畫記，作爲擦拭餐具如桌椅之用。

二、陶瓷類（Chinaware、Pottery）

(一)中餐餐具

1.骨盤（Bone Plate）。
2.圓盤（Rim Plate）。
3.味碟（Sauce Dish）。
4.湯盅（Soup Cup）。
5.湯碗（Soup Bowl）。
6.湯匙（Spoon）。
7.筷匙架（Chopstick Rest）。
8.酒杯（Wine Glasses）。
9.牙籤盅（Tooth-Pick Bowl）。
10.茶壺（Tea Pot）。
11.大圓盤（Large Plate / Dinner Plate）。
12.橢圓盤（Oval Plate）。
13.大湯盤（Soup Plate）。
14.三分盤（Tri Plate）。
15.醋壺（Vinegar Pot）。
16.酒壺（Wine Pot）。

(二)西餐餐具（圖8-12）

1.服務盤（Service Plate）；展示盤（Show Plate）。
2.主菜盤（Dinner Plate）。
3.麵包奶油盤（Bread & Butter Plate / B. B. Plate）。

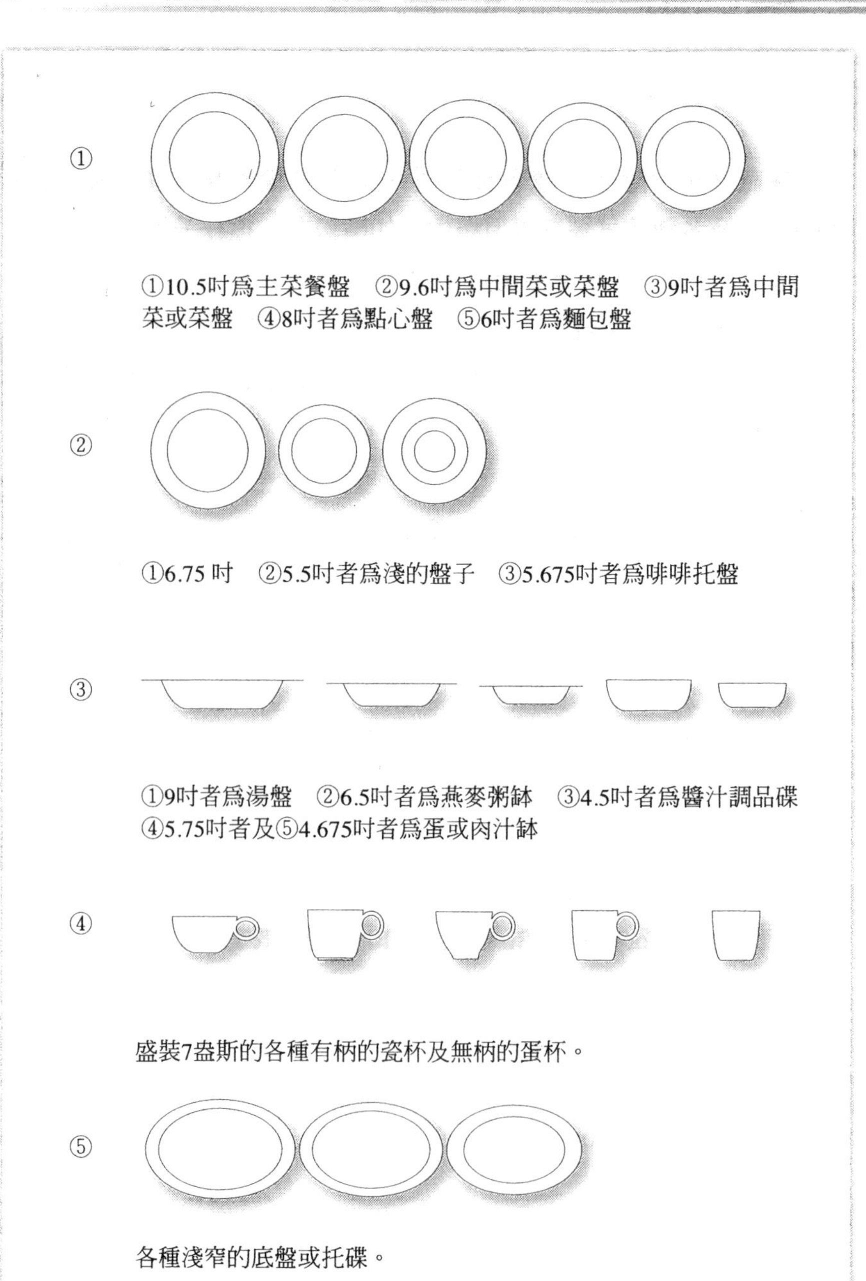

圖8-12 一般西餐常用的盤皿

資料來源：韓傑（1986）。《餐飲經營學》。頁328。

4.點心盤（Dessert Plate）。 5.奶油碟（Butter Dish）。
6.茶盅（Tea Cup）。 7.茶壺（Tea Pot）。
8.咖啡杯附底盤（Coffee Cup & Saucer）。
9.咖啡壺（Coffee Pot）。 10.奶盅（Creamer）。
11.湯盅（Soup Bowl）。 12.蛋盅（Egg Cup）。
13.糖盅（Sugar Bowl）。 14.牙籤盅（Tooth-Pick Bowl）。
15.鹽罐（Salt Shaker）。 16.胡椒罐（Pepper Shaker）。
17.調味料盅（Sauce Bowl）。
18.沙拉甜點盤（Salad Dessert Plate）。

三、金屬類（Metal）

(一)扁平餐具類（Flatware / Cutlery）（圖8-13）

■刀類

1.牛排刀（Steak Knife），此刀最銳利有鋸齒，宜單獨存放。
2. 餐刀（Table Knife / Dinner Knife），刀刃較利，有鋸齒形，另稱「肉刀」（Meat Knife）。
3.魚刀（Fish Knife），刀身較寬，刀口無鋸齒狀。
4.水果刀（Fruit Knife），刀柄以木質爲多。
5.甜點刀（Dessert Knife），刀身尺寸較小。
6.奶油刀（Butter Knife），此刀與其他刀具不同，僅供塗奶油用。
7.點心刀（Tea Knife）。

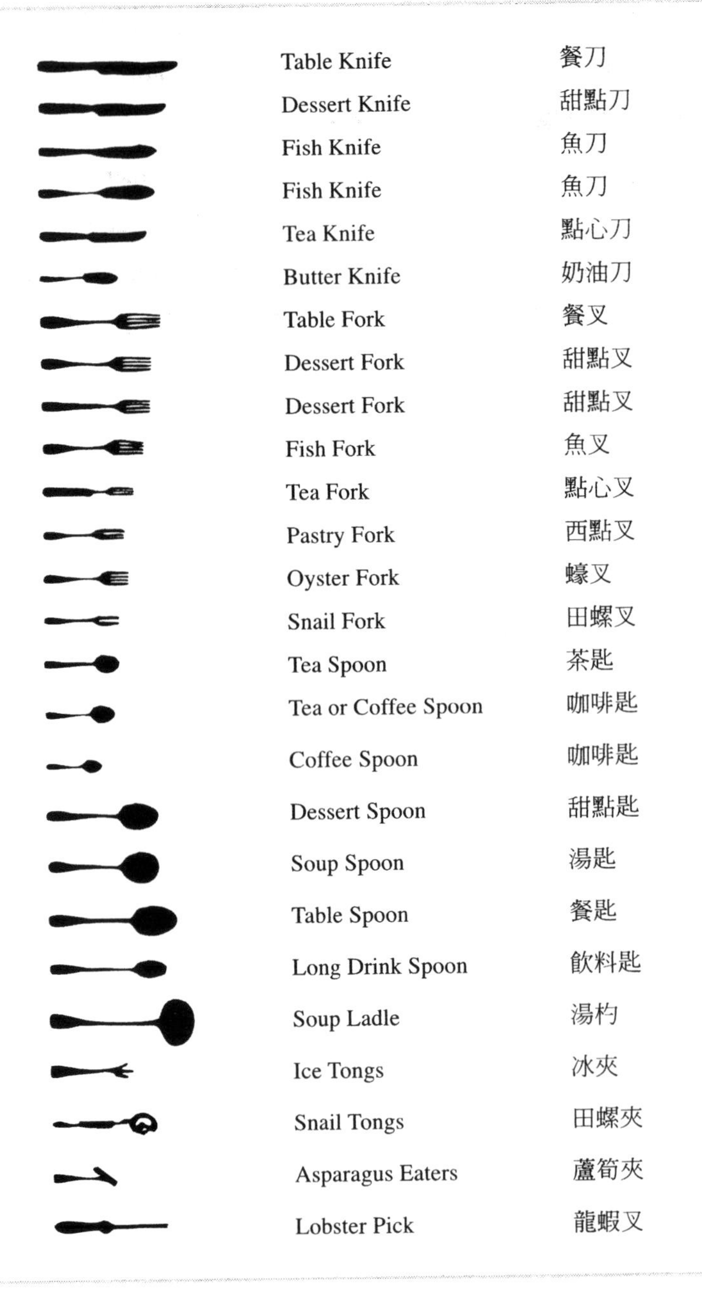

圖8-13 餐廳常見刀叉餐具

資料來源：整理自薛明敏（1990）。《餐廳服務》。頁85。

■叉類

1.餐叉（Table Fork / Dinner Fork），另稱「肉叉」（Meat Fork）。

2.牛排叉（Steak Fork）。

3.魚叉（Fish Fork）。

4.切魚叉（Fish Carving Fork）。

5.水果叉（Fruit Fork）。

6.甜點叉（Dessert Fork）。

7.點心叉（Tea Fork）。

8.沙拉叉（Salad Fork）。

9.服務叉（Service Fork）。

10.蠔叉（Oyster Fork）。

11.田螺叉（Escargot Fork）。

12.龍蝦叉（Lobster Pick / Fork）。

■匙類

1.湯匙：

(1)圓湯匙：喝濃湯（Potage）時使用。

(2)橢圓匙：喝清湯（Consommé）時使用。

2.點心（甜點）匙（Dessert Spoon）。

3.小咖啡匙（Demitasse Spoon）：喝義式濃縮咖啡時使用。

4.茶、咖啡匙（Tea or Coffee Spoon）：僅供攪拌用，不可用它來進食。

5.冰淇淋匙（Ice Cream Spoon）。

6.服務匙（Service Spoon）。

■其他類

1.冰夾（Ice Tongs）。

2.田螺夾（Snail Tongs）。

3.蘆筍夾（Asparagus Eaters）。

(二)凹凸器皿類（Hollowware）

此類餐廳金屬器皿相當多，類別也互異，一般係供宴會與餐桌供食服務用。茲簡述如下：

1.洗手盅（Finger Bowl）：通常盅內除了放置七分滿的水，並附加檸檬片及醋，以供客人洗手去除腥臭味用。例如供應生猛海鮮、蝦、蟹類須附上洗手盅。

2.醬汁船（Sauce Boat）：通常用來裝盛牛排醬，因其形狀類似天鵝，故有「鵝頸」之稱。

3.保溫鍋（Chafing Dish）：係歐式自助餐供食主要器皿，其形狀有方形、圓形、橢圓形及菱形等四種（圖8-14）。

4.點心台（Compote Stand）：係自助餐放置鮮果、甜點作為盤飾的器皿。

5.保溫蓋（Cloche）：法式餐廳供食服務用來供作菜餚保溫用。

6.咖啡壺（Coffee Pot）：係一種不鏽鋼保溫壺，可容納十人份的咖啡。

7.水壺（Water Pitcher）：一般餐廳外場服務冰水用。

(a)方形保溫鍋（一）

(b)方形保溫鍋（二）

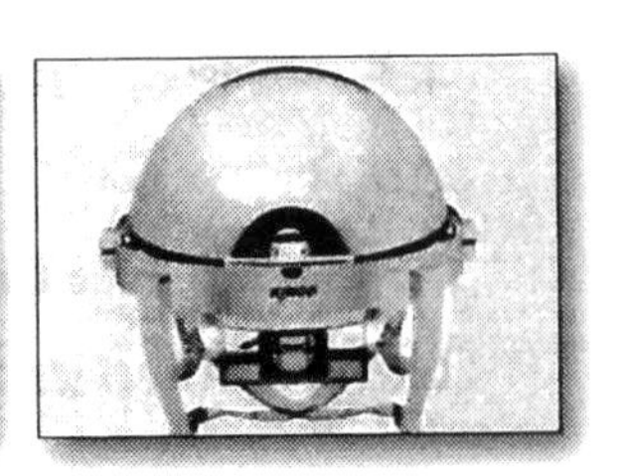

(c)圓形保溫鍋

圖8-14　餐廳常用的保溫鍋

資料來源：寬友公司提供

8.雞尾酒缸（Punch Bowl）：係酒會調製雞尾酒時使用，有銀器及不鏽鋼兩種。

9.冰酒桶（Wine Bucket）：係供應白酒、香檳酒時冰鎮用。

10.冰桶（Ice Bucket）：係供裝盛小冰塊，吧檯調酒器具之一。

四、玻璃類（Glassware）

(一)水杯

1.高腳水杯（Goblet）。

2.平底水杯（Water Glass）。

(二)果汁杯

1.高球杯（Highball）。

2.三角高杯（Triangle Highball）。

(三)酒杯（圖8-15）

1.烈酒杯（Jigger）。

2.歐非醒酒杯（Old Fashioned Glass）。

3.海波酒杯（Highball Glass）。

4.高杯（Tall Glass）。

5.酸酒杯（Sour Glass）。

6.甜酒杯（Liqueur Glass）。

7.波堤酒杯（Port Glass）。

8.馬克杯（Beer Mug Glass）。

9.雞尾酒杯（Cocktail Glass）。

10.白蘭地杯（Snifter Glass）。

①
烈酒杯
②
歐非醒酒杯
③
海波酒杯
④
高杯
⑤
酸酒杯
⑥
甜酒杯
⑦
波堤酒杯
⑧
馬克杯
⑨
雞尾酒杯
雞尾酒杯
⑩
白蘭地杯
⑪
小酒杯
⑫
雪莉酒杯
⑬
白葡萄酒杯
⑭
紅葡萄酒杯
⑮
香檳酒杯
⑯
皮爾森型高腳啤酒杯
⑰
十二盎斯啤酒杯
⑱
鬱金香香檳酒杯
⑲
長型香檳酒杯

圖8-15　常見的酒杯

11.小酒杯（Pony Glass）。
12.雪莉酒杯（Sherry Glass）。
13.白葡萄酒杯（White Wine Glass）。
14.紅葡萄酒杯（Red Wine Glass）。
15.香檳酒杯（Champagne Saucer）。
16.皮爾森型高腳啤酒杯（Pilsner Glass）。
17.十二盎斯啤酒杯（12oz Beer Glass）。
18.鬱金香香檳酒杯（Champagne Tulip Glass）。
19.長型香檳酒杯（Champagne Flute Glass）。

(四)其他玻璃杯

1.煙灰缸（Ashtray）。　　2.水壺（Water Pot）。

(五)其他類

1.圓托盤（Round Tray）：圓托盤使用頻率最高，用途也最廣，其尺寸自直徑12至18吋均有。
2.方托盤（Rectangular Tray）：此類托盤係用來搬運餐具、盤碟或菜餚時所使用，其尺寸自10至25吋均有。
3.橢圓托盤（Oval Tray）：此類托盤通常在較高級餐廳或酒吧才使用，其尺寸在12至18吋均有。

第三節　器具材質與特性

餐廳營運所需的器具很多，主要可分為金屬類、陶瓷類、玻璃類、塑膠類、紙製類、木製類及布巾類等各類餐廳器具用品，謹就其材質特性分述如下：

一、金屬餐具（Metal Utensil）

餐廳所使用的金屬餐具如刀、叉、匙等等，其所用的材質主要以不鏽鋼製品為最常見，其次是銀器、金器及鋁、鐵器皿，但純銀或純金製品較少，一般高級餐廳所使用的銀器或金器均以電鍍較多。至於不鏽鋼製品成分，一般係以74%鋼、18%鉻及8%鎳所製成，若鉻成分愈高，則外表愈亮麗，但其缺點為易生鏽，採購時應特別注意。茲分述如下：

(一)不鏽鋼

■優點

1. 不鏽鋼本身美觀堅固實用，極適於作為儲存器具，不會起化學變化，穩定性高。
2. 「不鏽鋼18-8」品質較好，其意思為鉻18%、鎳8%，其餘74%為鋼。
3. 可作為須文火低溫烹調時之容器，如保溫櫃上之保溫鍋，或蒸箱內之蒸盤。

■缺點

1. 不鏽鋼為熱的不良導體，若以它作為烹飪鍋具，易使食物燒焦或變黑。
2. 不適於作為烹、烘、烤器具。

(二)銀器

■優點

1.美觀高雅，光澤亮麗。
2.傳熱快，質輕耐用。

■缺點

1.容易刮傷、保養較費神費力。
2.銀製品容易氧化，產生氧化銀而呈咖啡色斑紋或黑色污垢。
3.成本高，維護不易，宜由專業人士負責保養。

(三)銅器

■優點

1.銅係一種貴金屬，高雅精緻。
2.銅是所有金屬中最佳的良導體。

■缺點

1.價格較貴，成本高。
2.使用時要小心維護擦拭，否則易生有毒的銅綠。
3.銅必須羼雜其他金屬如錫、不鏽鋼才可，以免使裝在銅器內的食物產生化學變化。

(四)不沾鍋塗料器皿

不沾鍋塗料有兩種，即塑膠質塗料與抗腐蝕性塗料：

1.塑膠質塗料，可使廚具變得十分光滑、易清洗，但是清洗要小心，不可用金屬利器刮傷其外層。若塗料脫落應即更換，不可再使用。此外，此類器皿也不可置於爐火上空燒，以免釋出有毒物質，且易損壞。

2.抗腐蝕性塗料之質地較堅固耐用，適用於鋁鍋、鋁盤等器皿。

二、陶瓷餐具（China & Pottery Utensil）

餐廳所使用的陶瓷器皿相當多，如各式大小餐盤、味碟、湯匙、湯碗均屬之。一般高級餐廳係以瓷器爲多，其次才選用陶器，不過基於成本投資考量，目前許多餐廳逐漸以較精緻陶製餐具來取代高成本的瓷器。

(一)優點

1.美觀高雅，可彩繪。高品質瓷器質輕，呈半透明如玉。
2.清洗方便，保溫性佳。
3.耐用實惠，抗酸、抗蝕性佳。

(二)缺點

1.成本較高，破損率大。
2.部分陶瓷器遇熱，有時會釋出有害物質，如塗料釋出。

三、玻璃餐具（Glass Utensil）

餐飲業所使用的玻璃器皿，主要是各式酒杯、水杯、果汁杯及沙拉水果盅爲多。由於玻璃杯皿本身較脆弱，尤其是杯口最容易破損，因此很多餐廳均採用蘇打石灰強化玻璃杯皿，以便於維護。另外，有部分較高級餐廳則購置一種價格較高的含鉛水晶強化玻璃，或耐熱玻璃杯皿來取代一般玻璃杯。

(一)優點

1.美觀大方。
2.耐酸耐鹼。
3.清洗容易。

(二)缺點

1.維護不易。
2.破損率高。

四、塑膠餐具（Plastics Utensil）

現代科技文明，使得許多塑膠製品的餐具，無論在材質、外觀、衛生、安全等各方面，均不遜色於一般陶瓷器皿，因此塑膠餐具已逐漸廣為餐飲業者所採用，尤其是一般大衆化餐廳、自助餐廳及兒童用餐具，均以此類塑膠製品餐具為多。

(一)優點

1.質輕耐用。
2.不易破損。
3.成本合理。

(二)缺點

1.不耐高溫，遇高溫會釋出有毒物質——甲醛。

2.容易磨損，質軟。

五、紙製餐具（Paper Utensil）

近年來社會快速變遷，人們非常重視環保及飲食衛生，因此紙質免洗餐具逐漸取代塑膠製品餐具。同時業者因工資日漸高漲，爲節省營運成本，均逐漸採用紙質免洗餐具，尤其是速食餐廳、自助餐廳幾乎均有採用此類餐具，如紙杯、紙盤、紙杯墊、餐巾紙。

(一)優點

1.價錢便宜，減少清洗設備及人工費用。
2.安全衛生，減少失竊及破損率。
3.適宜外帶，易於搬運，也可減少儲存空間。

(二)缺點

1.一次使用，較不耐高溫。
2.質輕欠穩，正式場合較不適用。

第四節　器具保養

「工欲善其事，必先利其器」，餐飲業爲提供優質的餐飲服務，不惜斥鉅資來購買餐廳服務所需的各類器皿與設備，爲確保器具最佳使用狀況，並能延長其耐用年限，餐飲業者務必做好餐廳器具之保養及事先選用考量，始能事半功倍，否則若選用不當，將來徒增保養之困擾。茲分述如下：

一、餐廳器具之購置與選用

餐廳所需營運器皿、服勤器具在準備購置選用時，必須考量餐廳本身營運規模及特色。針對餐廳特色及營運需求來考慮所需器具，否則不但影響餐廳格調，更增添未來器皿保養之問題。爲避免資金閒置浪費及爾後餐具保養之困擾，務必在選用餐廳器皿時把握下列原則：

(一)美觀實用原則

1.餐廳器具之品質、規格尺寸及外型設計，宜力求美觀、素雅、簡單勿花俏，能與其他設備、器皿整合。

2.器具之材質、外表造型、色系，務必符合餐廳整體環境之統一、和諧標準。

3.盡量多選購多用途、多功能之庫存品，如各式瓷器、杯皿及各種扁平器具，以免日後因某一批號缺貨，而造成式樣不一之紊亂窘境，甚至影響整體美感。

(二)經濟耐用原則

1.餐廳所選購的器具是否耐用、耐磨，是否能每天使用不易磨損。

2.價格成本是否合宜，是否符合成本效益原則。

(三)清潔維護方便原則

1.餐具之清潔保養是否方便，不須特別費時費力，如購置特別洗滌器具或設備。

2.餐具洗滌是否能以餐廳現有營業設施或洗滌衛生設備來維護，而不必再多費人力或時間來保養。

二、餐廳器具保養的方法

餐廳所需器具種類繁多，類別互異，謹分別依其材質來介紹保養維護的方法。

(一)不鏽鋼器具

圖8-16　不鏽鋼專用清潔劑
資料來源：寬友公司提供

1.清潔不鏽鋼扁平餐具時，須先浸泡每一件餐具，尤其是沾有不易溶解之污垢時，更避免用力研磨刮除，以免刮傷、磨損其外觀。

2.浸泡在熱水及清潔劑溶液中洗滌（圖8-16）。

3.最後再放入華氏180度或攝氏83度以上之熱水中清洗乾淨。

4.經高溫消毒櫃或紅外線殺菌後，置存於餐具櫃備用。

(二)銀器

1.銀器使用後，若放置三至四天沒有立即清洗，會產生咖啡色之斑紋，然後再逐漸變成褐黑色之污垢。

2.銀器一旦使用過後，盡可能立即放入盛裝泡沫肥皂水之容器內清洗，或再加入數滴氨水（阿摩尼亞）於肥皂水中，可迅速除去殘渣，並增加光澤。

3.銀器不可一直浸泡在肥皂水中太久，以免變色。

4.清洗完，再以乾淨的水立即徹底沖洗乾淨，以免殘留清潔劑。最後再以質地柔軟的清潔布巾擦乾，勿殘留水漬。

5.為確保銀器之表面光澤，可以柔軟的布或海綿沾上擦銀液或擦銀膏來輕輕擦拭銀器，除垢後再以清水沖洗乾淨。另有一種專門擦拭銀器的擦銀布（Treated Silver Cloth）來拭除污垢，再以軟布來擦乾淨即可。

6.乾淨的銀器不可以手再觸摸，以免手上油脂、污水再使銀器產生污黑的手印。須盡速以抗變色的布或不透氣的塑膠袋包裹，並儲存於密閉的地方，以免受潮變色。

7.除了上述日常保養維護外，於淡季時仍須送到餐務部做定期的專業保養與拋光，以延長此貴重器皿之使用年限，並維護其品質。

(三)銅器

1.銅質器具使用一段時間會產生氧化銅，即所謂「銅綠」，不但具有毒性且不雅觀。

2.為確保銅器之光澤並去除有害物質的銅綠，可以乾淨的軟質布蘸擦銅油來輕輕擦拭至光亮為止，再以清潔布擦拭殘餘銅油漬，勿使其殘留在器具表面.

3.銅器若有雕飾或溝縫，則可使用毛刷蘸銅油來處理，再以乾淨布來擦拭光亮。

4.最後再塗上保養油儲存放置。

(四)玻璃器皿

1.酒杯之選用最好的是基座要隱定、有杯腳、杯身呈碗狀（Bowl-Shaped）、杯口微向內的杯子。

2.玻璃器皿之洗滌，通常係以洗杯機及大型洗碗機來清潔、消毒。不過清洗杯子是洗碗機操作上最難的部分，為確保清洗潔淨，最好在清洗前，先找出沾有口紅印或重油脂之杯子，先個別預洗，分開操作。

3.杯子貯存要正立，爲防止塵埃可用乾淨的布或紙蓋住杯口，避免將杯子倒置，可能會沾上放置處的任何味道。此外，若懸掛在杯架上，可能會沾染油煙及遭受外來物質異味之影響，宜避免之。
4.玻璃杯皿易碎且昂貴，因此在搬運時要特別小心，最好以墊有布巾之托盤來操作或搬運。
5.持用杯子時，絕對嚴禁將手指放入杯碗內，不但容易割傷且會將手上油脂異物沾在杯內或杯緣。
6.潔淨的杯子須以手指持杯腳，一個一個拿，以免碰撞而破損。

(五)陶瓷器

1.陶瓷器破損率極高，因此在搬運或存放時須特別小心，勿堆疊太高，以免重心不穩滑落或傾倒。
2.若使用洗盤機或洗碗機時，須先完全去除盤上殘渣，再沖洗後，依序分類置放在規定的專用分格籃框架上，嚴禁疊放或超載，以免洗滌時因碰撞而破損。
3.清洗潔淨之陶瓷器須俟其自然風乾後，再放置規定的餐櫥櫃儲存。若有瑕疵或破裂之器皿須立即更換，不可再使用。
4.陶瓷器容易沾污垢，因此洗滌保養工作要特別注意，下列餐具維護保養要領即「清洗」、「沖洗」、「消毒」，詳述如後：
(1)刮除（Scrape）。
(2)預洗（Pre-Wash）。
(3)洗滌（Wash）。
(4)沖洗（Rinse）。
(5)消毒（Sanitize）。
(6)風乾（Air Dry）。

菜單與飲料單的認識

第一節　認識各式菜單

菜單是餐廳最重要的商品目錄，而非僅是一張價目表而已，它是位無言又有個性的推銷者，也是餐廳整體形象之表徵。菜單是餐飲企業與顧客之間訊息溝通的主要媒介與工具，也是餐飲企業經營管理的基石。因此，菜單設計的良窳將影響整個餐飲企業銷售量之高低、成本與利潤之消長，甚至關係到整個營運之成敗，其重要性不言而喻。

一、菜單的起源

西式菜單之緣起，可追溯自中古歐洲王公貴族爲彰顯其社經地位而製作的宴會食譜，後來才傳入民間。至於民間餐飲業者將其引用並製成商業用的菜單，則首推十九世紀末法國的巴黎遜（Parisian）餐廳。

至於中式菜單之緣起，最早有文獻記載首推《呂氏春秋》卷十四的〈本位篇〉，提出一份食單描述商湯時期之天下美食。唐代的《食譜》、《茶經》以及清代袁枚的《隨園食單》，均是當今飲食文化瑰寶。此外，清代乾隆年間的滿漢全席爲近代中國之一種盛大宴席，根據清代李斗《揚州畫舫錄》所載全席上百道菜，爲中國最早滿漢全席之文獻記載。

二、菜單的意義

菜單是餐廳產品行銷的工具，它係餐廳與顧客溝通的橋梁，更是餐廳經營管理的依據。茲分別就菜單的定義與構成要件分述如下：

(一)菜單的定義

■根據《牛津詞典》所下的定義

所謂「菜單」（Menu）係指餐廳所供應菜餚的目錄，或是一套餐食的菜餚內容清單（list of courses at a meal or of dishes available at a restaurant）。

■狹義的定義

所謂菜單其語源來自法文，其意思係指：清單、目錄、帳單及食譜之意。易言之，所謂菜單係指餐廳產品的商品目錄，或是一套餐食菜餚的內容清單，而非僅是一份價目表而已。

■廣義的定義

所謂菜單係餐廳品牌與形象之表徵，它代表餐廳產品的特色、品質與水準，不僅是餐廳最重要的商品目錄、產品價目表，也是餐廳與顧客互動溝通的重要橋梁與促銷工具（圖9-1）。

圖9-1　菜單是餐廳之促銷工具

資料來源：康華飯店提供

(二)菜單構成的條件

一份能彰顯餐廳品牌形象，且能發揮行銷廣告的餐廳菜單，基本上應具備下列要件：

■內容完整，分類明確，依序排列

一份完整的菜單，其內容應包括：

1.編號：編號可依菜餚屬性、特性依順序編號，並考慮系統性，以利電腦資訊系統的作業。原則上以不超過五碼爲準。

2.品名：菜餚、飲料之名稱要通俗、高雅。

3.規格：菜餚之分量、大小、特性要加以明示，如十盎斯的牛排、半隻鴨等最好明列在菜單上，以免徒增消費者之用餐風險。

4.食材：菜餚內容之主料、配料、佐料等資訊，也要一併稍加介紹。

5.烹調方式：如清蒸、燒烤、鹽焗等等烹調方式宜加摘述。

6.價格：定價要明確，除了時令菜餚外，避免僅列「時價」。

7.服務費：通常餐廳均依定價再加收10%的服務費，即使如此，也要明確加以告知是否另外加收服務費。

■整潔美觀，易讀易懂，圖文並茂

一份精緻的菜單，宛如一件藝術品。爲滿足顧客之需求，達到餐廳廣告行銷之目標，菜單之內容要簡要明確，圖文並茂，使客人容易瞭解其內涵，因此最好將餐廳產品之圖片與文字並列，例如菜餚實物照片輔以中文與英文或另加日文，則更能滿足觀光客之需求。

三、菜單的種類

菜單的種類很多，可因人、事、時、地、物及形式、產品組合與宗教信仰之不同，而有不同分類的菜單，茲摘述如下：

(一)依人而分

1.兒童菜單（Children Menu）。

2.銀髮族菜單（Senior Menu）。

3.一般菜單（Adult Menu）。

4.觀光客菜單（Tourist Menu）。

(二)依事而分

1.生日菜單（Birthday Menu）。

2.婚宴菜單（Wedding Menu）。

3.喜慶菜單（Celebration Menu）。

4.其他。

(三)依時而分

1.本日特餐菜單（Today's Special / do jour menus）：此菜單僅列出當天特別提供的佳餚菜色作爲訴求重點。

2.循環菜單（Cycle Menu）：循環菜單另稱「週期菜單」，通常每隔一段時間如一週，便會重複循環的菜單，此類菜單較受學校、機關團體所附設之餐廳喜愛採用，其優點爲：

(1)適於運用標準食譜來進行控管成本與品質。

(2)可降低餐廳廚房的人事勞務成本。

(3)便於分析調整顧客喜愛的菜餚。

至於其缺點爲：

(1)循環週期若太短，容易使顧客感到菜色單調、重複出現頻率太高。

(2)循環週期若太長，則容易產生原料採購及倉儲的管理問題。

3.季節性菜單（Season Menu）：此類菜單專門以提供節令生鮮食材爲號召。

4.固定菜單（Fixed Menu）：此類菜單爲目前大部分餐廳所採用。通常其菜單均固定，除了少部分菜色增減外，大致上變動不大。

5.早餐菜單（Breakfast Menu）（圖9-2）

(1)美式早餐（American Breakfast）：開胃品、麵包、穀類、

圖9-2　早餐菜單
資料來源：康華飯店提供

肉類（火腿、培根、香腸）、蛋類（煮、煎、炒）、飲料（咖啡、茶）。

(2)歐式早餐（Continental Breakfast）：歐式早餐較簡便，只有麵包、果汁、燕麥粥及飲料，不供應蛋及肉類。

6.早午餐菜單（Brunch Menu）：此類菜單在歐洲較盛行，主要原因為歐洲地區人們生活習慣較晚起床，因此較喜歡此類型餐廳之菜單。目前國內的港式飲茶即屬於此類型菜單。

7.午餐菜單（Lunch Menu）：此類菜單因受限於午餐用餐時間較短，因此均以供食迅速、售價合理的商業午餐為主，如客飯、定食、速食品等產品為菜單重點內容（圖9-3）。

8.下午茶菜單（Afternoon Tea Menu）：此類菜單係以飲料、點心或蛋糕、水果為主。有些餐廳的下午茶係以歐式自助餐方式供食，其菜色相當豐富。

9.晚餐菜單（Dinner Menu）：此類菜單是最正式、菜餚內容最豐富的一種，足以代表該餐廳營運特色及企業形象之菜單。

10.消夜（Supper）菜單：消夜在歐美習俗上是很正式、隆重，其菜色之多與晚餐不相上下，此類消夜在我國則是一種較簡便的小吃、餐食，此乃國情習慣之文化差異。

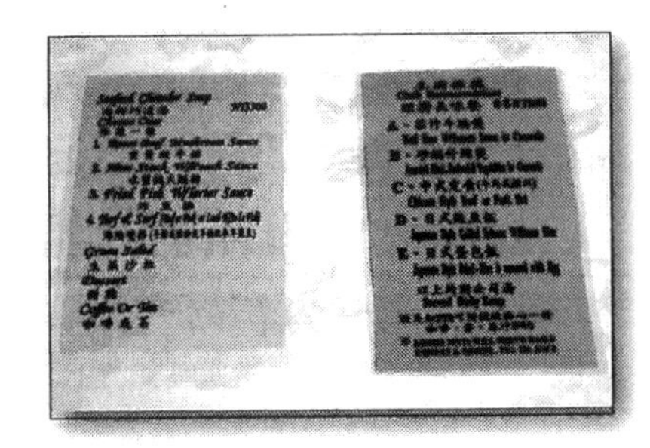
圖9-3　商業午餐菜單
資料來源：康華飯店提供

(四)依地而分

1.空廚菜單（**Flight Menu**）：此類菜單係專供航空公司飛機上乘客所使用的菜單，其菜色較固定，可供選擇的機會較少（圖9-4）。

2.客房餐飲服務菜單（**Room Service Menu**）：此類菜單一般以早餐最多。菜餚內容有限，以較簡便能快速供食的菜色為主。

3.外帶菜單（**Take-Out Menu**）：此類菜單以速食餐廳或餐盒業餐廳最常使用。

4.風味特色菜單（**Special Menu**）：此類菜單僅在某特殊地區之餐廳才供應，如山區、海濱地區之餐廳菜單。

5.加州菜單（**California Menu**）：此類菜單因為加州地區而馳名。加州有部分餐廳，客人可以在餐廳營運期間，任何時間點用菜單上所列出的餐飲產品，係一種不分早、中、晚三餐的通用菜單。

(五)依料理性質而分

1.中餐菜單（**Chinese Cuisine Menu**）：中餐菜單之佳餚不僅重視「色、香、味、形、器」之五美（圖9-5），更注重佳餚之命

圖9-4　空廚菜單

資料來源：長榮航空公司提供　　資料來源：中華航空公司提供

名，文采風流，富有詩意。其命名可歸納為寫實與寓意兩大類，極具文學與美學之意境。

圖9-5 中餐菜單
資料來源：康華飯店提供

2.西餐菜單（Western Cuisine Menu）：西餐源自義大利，因而享有「西餐之母」的美譽，後來才由義大利傳到歐美各國，如今法國菜已成為西餐之主流。西餐菜單之結構與內涵，不外乎前菜、湯、沙拉、主菜、甜點、飲料，其上菜順序與菜單排列大致雷同，菜餚命名較講究寫實法，而較少用寓意法（圖9-6），此點與中餐菜單差異最大。

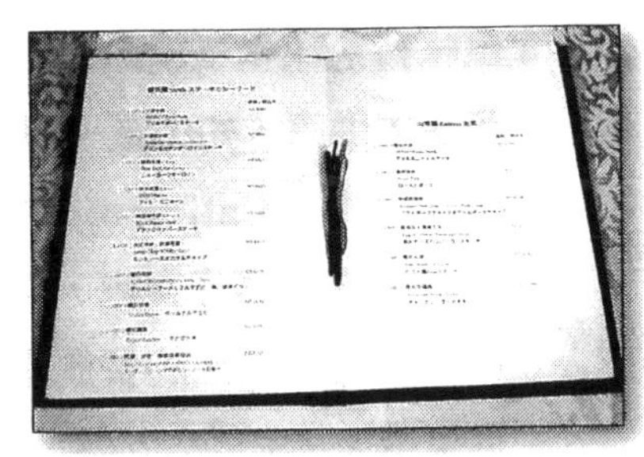

圖9-6 西餐菜單
資料來源：康華飯店提供

3.速食菜單（Fast Food Menu）：速食菜單較簡單，易讀、易懂，甚至圖文並列，菜單呈現方式以懸掛式、海報式為多。

4.其他：如咖啡廳菜單、各國料理菜單等等均是例。

(六)依形式而分

1.平面式菜單：如以單頁、摺頁或整本等方式呈現的文字、圖片菜單均是例。

2.立體式菜單：如以實物製作成品來展示之方式，例如菜餚實物模型（圖9-7）。

圖9-7 立體式實物菜單

3.懸掛式菜單：如將菜單的紙卡形式美化，再將其以垂吊方式、海報張貼方式（圖9-8），或置放立架方式供客人參考。這種立架式菜單係以推薦當日特餐為主（圖9-9），效果大、簡易方便，便於餐廳更換每日菜單內容。

4.電子菜單：將菜單項目、菜餚圖片、照片展示於電子看板，簡易方便且效益高。

(七)依產品組合類型而分

■單點菜單（à La Carte）

1.單點菜單之菜色較多樣化、精緻化，菜單內容每道菜均分別訂價。客人可針對其本身個別需求與偏愛來點選所喜歡的菜色。

2.此類菜單較具人性化，能滿足顧客之個別化、人性化之需求，此為其主要特色。

3.單點菜單較受高級精緻餐廳所使用，其價格也較昂貴，但品質享受較華麗舒適，因而有「豪華菜單」之美譽。

■套餐菜單（Table d'Hôte / Set Menu）

1.套餐菜單另稱「定食」，類似中餐之「合菜」。惟套餐菜單通常是指單人用，若多人用則會註明與定食同，至於俗稱之合菜

圖9-8　懸掛式海報菜單

圖9-9　立架式菜單

通常係指多人共用之菜單。其最大特色為提供品名、數量、固定而有限的菜系，且依固定的上菜順序出菜。如常見的A餐、B餐、C餐或商業午餐等均是例。

2.此類菜單最大優點為價格固定，且客人可免除點菜的困擾，降低顧客進餐之心理上風險。

■混合式（Combination）菜單

混合式菜單另稱「綜合菜單」。此類菜單係將上述單點與套餐菜單相結合，使套餐菜單更具彈性與吸引力。如將套餐中之主菜、飲料、甜點各列出三、四種不同品名之菜餚，供客人來挑選所喜愛的一種菜色即是例（圖9-10）。

(八)依宗教信仰而分

宗教飲食規範對人們生活飲食習慣影響很大，尤其是對具有忠貞宗教信仰的人更具絕對的約束力。茲分述如下：

1.猶太教：「科謝魯特」（Kashrut）飲食律法，嚴格規定其信眾不可吃豬肉、兔肉、肉食性動物；無鱗、無鰭之魚類；爬蟲類；以及無脊椎之動物。此外，對於帶有血漬之肉類均不可食用，因此猶太教徒僅攝取具合法宰殺之肉類，如有Ⓚ、Ⓚ、Ⓚ、Ⓚ等等標幟之專用肉品。
紐約　加州　賓州　德州

2.回教：回教之飲食法典稱之為「哈拉」（Halal），規定禁食豬肉、以嘴獵食動物的肉，以及不當宰殺或病死之動物肉均不可食用。此外，禁食刺激性飲料，如酒、咖啡。

3.摩門教：摩門教之「健康律法」（Mormon Law of Health）規定：以素食為重，主食以穀類、蔬菜、水果為原則；肉類少吃，但野生動物之肉類不可食用，僅人類飼養的禽類或動物才可吃。此外，禁止喝咖啡、酒、茶等刺激性強之飲料。

SHRIMP COCKTAIL..4.95
FRESH FRUIT CUP, SHERBET...1.50
CHILLED V8 JUICE...1.00

CREAM OF TOMATO, CHICKEN & RICE　　　　VICHYSSOISE

SAUTEED KING CRAB, EN CASSEROLE.........................13.95
BAKED BOSTON SCHROD, CRABMEAT TOPPING..................10.95
BROILED FILET MIGNON, MUSHROOM CAP.....................14.50
BROILED FILET OF SOLE, CRABMENT TOPPING................10.95
BROILED EXTRA THICK LAMB CHOPS, MINT JELLY.............14.25
BROILED NEW YORK SIRLOIN STEAK, AGAWAM BUTTER...........14.50
BROILED BLOCK ISLAND SWORDFISH..........................14.50
(with crabment topping or plain)

HEARTS OF LETTUCE　　　TOSSED SALAD

PEACH WITH COTTAGE CHEESE

BAKED POTATO　　　　MIXED VEGETABLES

FRENCH FRIES　　　　BUTTERED PEAS

COFFEE　　　TEA　　　SANKA

此菜單的特色是沙拉及其他附餐固定，而開胃菜及主菜則依客人選擇而價格不一。

圖9-10　混合式菜單

資料來源：高秋英（1994）。《餐飲服務》。頁79。

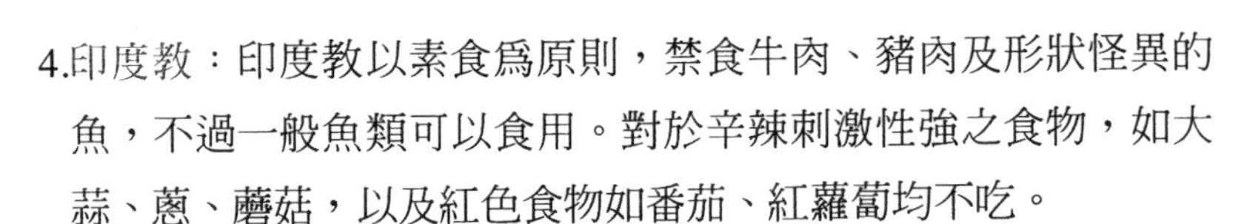

4.印度教：印度教以素食爲原則，禁食牛肉、豬肉及形狀怪異的魚，不過一般魚類可以食用。對於辛辣刺激性強之食物，如大蒜、蔥、蘑菇，以及紅色食物如番茄、紅蘿蔔均不吃。

5.佛教：以素食爲原則，禁食葷菜。

6.一貫道：以素食爲原則，但可吃蛋類食品。

四、菜單設計的原則

(一)菜單須依據顧客及餐飲市場需求來設計

餐廳係爲滿足客人需求而開，因此餐廳的菜單必須針對消費市場顧客之飲食習慣、口味、消費能力來設計。例如清眞餐館之菜單不應該列豬肉類菜餚、猶太教徒也不吃肉食性野生動物，或帶血絲之各種肉類。

(二)菜單設計要考慮成本與利潤

菜單之設計要掌握餐廳本身的優勢，揚長避短，並考慮食品成本及人工成本，以提高利潤率與市場競爭力。

(三)菜單設計須將高利潤之菜餚擺在醒目位置

一般人看菜單習慣均由上而下，再由左而右。因此餐廳在設計菜單時，應將高利潤低成本之菜餚列爲優先考量，並將招牌菜、高利潤的菜餚盡量擺在最重要且醒目的位置，如左邊重要區位或圖片粗體字等引人注目的方式。

(四)菜單設計要考慮廚房設備及廚師製備能力

菜單需要考慮廚師之專業能力、廚房人員工作量，以及廚房之空間與設備，否則將會產生菜餚出菜遲緩，品質良莠不齊之各種問題。

(五)菜單設計要高雅大方，美觀實用

一份製作精美的菜單，須能展現餐廳的風格與特色，因此其外形要美觀大方，甚至材質、色彩、圖樣、格式均須詳加考慮，務求形式簡單、高雅大方、富創意且實用（圖9-11）。

(六)菜單要簡單，易讀易懂，講究誠信原則

1.一份完整的菜單，通常包括：編號、品名、規格、價格、烹調方式或特點，以及服務費等項目。有些菜單則另附佳餚美食圖片，以吸引顧客注意力。
2.菜單內容盡量簡單明瞭、易讀易懂，字體宜大。封面設計及內文圖樣與色彩，須能吸引顧客且激起其購買欲。不過，菜單內容務必表裡如一，切忌華而不實或過分渲染，否則將會造成反效果，使客人有一種受騙的感覺。

五、菜單設計的流程與步驟

菜單設計係由餐廳主廚、採購員、成本控制員、外場經理等等相關人員共同研討，而由主廚總負責。謹就菜單設計流程與步驟分述如下：

(一)確立營運目標

餐廳的營運目標與經營理念係餐廳菜單設計之最高指導原則，易

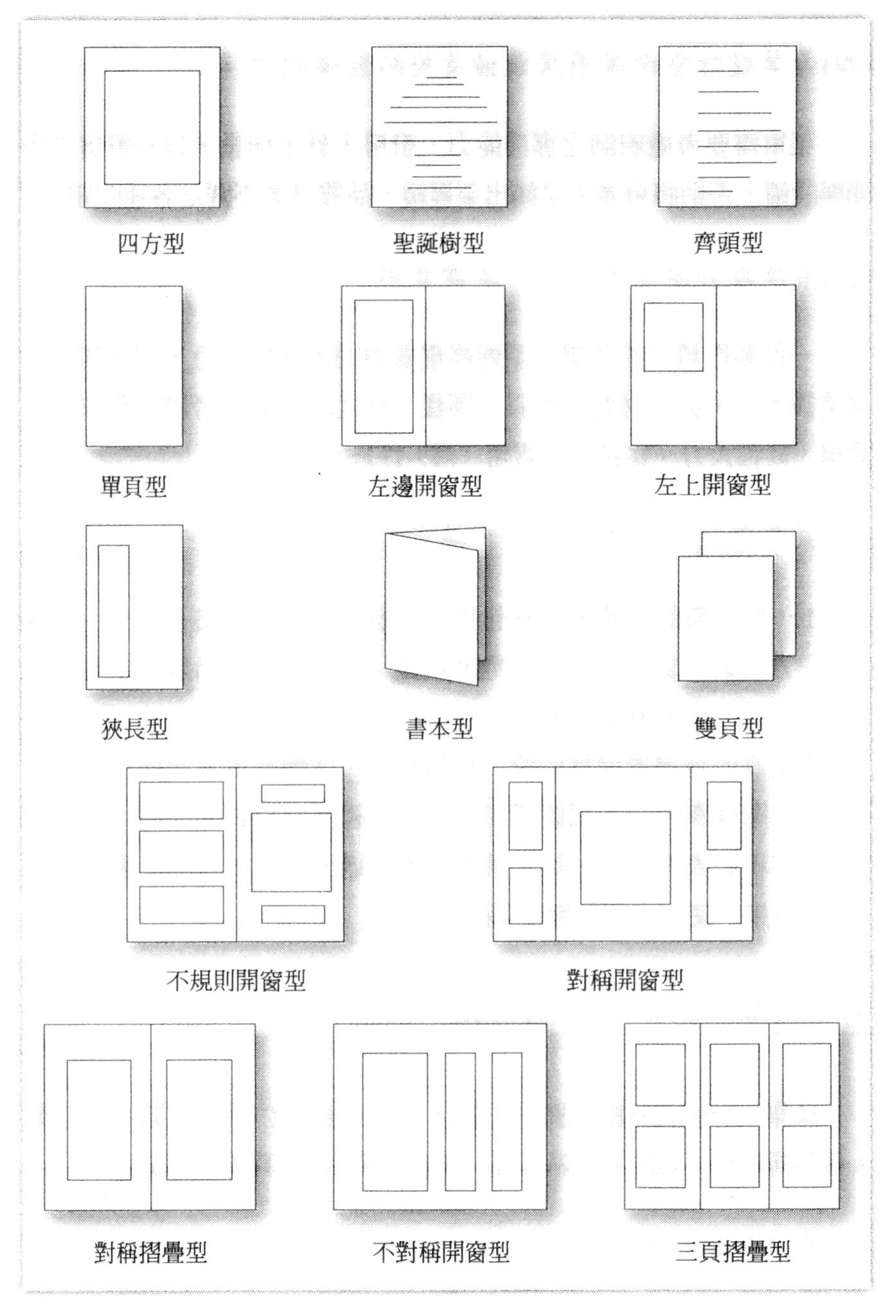

圖9-11　菜單設計的格式

資料來源：高秋英（1994）。《餐飲服務》。頁92。

言之，菜單係爲創造餐飲企業形象，達到餐飲企業營運目標的一種行銷工具。因此菜單設計之第一步驟須先確立餐廳的營運目標，並據以開發產品，研擬標準成本與合理利潤。

(二)餐飲市場調查與市場機會分析

■外部環境分析

1.瞭解餐飲市場之需求：瞭解餐飲目標市場顧客屬性及其需求，確立以消費者爲中心的市場行銷導向。例如何種佳餚市場需求最大，那類菜餚形式最暢銷，以及那些菜色有待開發。

2.瞭解競爭對手相關資訊：市場調查須蒐集彙整同業競爭對手之相關資訊，如菜色、定價、採購成本、物料來源、服務品質等相關資料。

3.瞭解食材市場之貨源供需情形：菜單設計須瞭解食材貨源供需情形，如產地、品質、價格、運送方式、運送時間以及售後服務等問題，以避免物料短缺及不必要之庫存與額外增加的運輸費用，還可降低成本，創造品牌，進而獲取更大的利潤。

4.瞭解政府相關政策與法令：菜單設計須瞭解政府相關政策與法令，例如生態保育、野生動植物保護法之法令，規定不可濫捕、宰殺保育類動物如熊、老虎……等，以免因不諳法令而觸犯規定。

■內部環境分析

1.餐廳的環境與設施：菜單設計須考量餐廳的立地位置是否方便、四周環境是否高雅、是否爲知名形象商圈，還有餐廳本身設施是否現代化、格局設計與招牌是否有特色等硬體產品特性，須加以分析其優勢與劣勢。

2.餐廳的廚房設備與員工專業能力：餐飲企業在製作菜單及從事餐廳市場定位時，須考慮餐廳服務人員與廚房本身的工作能力與工作量輕重，以免衍生日後營運之各種問題。

3.餐廳菜餚的種類與定價評估分析：餐廳的定價應以等值服務來考量，以合理目標利潤爲訴求。

(三)菜單製作

■菜餚種類力求多樣化

1.菜單須有適當種類與數量之各種烹調方式的菜餚。

2.菜單餐點之形態、色彩、質地要柔美鮮豔，裝盛要美觀大方實用。

3.菜單安排之菜餚口味，須由清淡漸轉爲濃重口味，且避免烹調時間太長之菜餚。

4.菜單須有一定數量不同價格之主菜，以滿足不同消費能力的客人需求。若售價無法吸引客源，則將失去市場，例如家庭族群之客源，其價格不宜太高。

■菜單的形式須配合餐廳特性

如速簡餐廳、快餐廳可用牆板式；風味餐廳、小吃店可用一次性紙張，由客人直接畫記即可；至於主題式餐廳或高級豪華餐廳，則須以精緻整本之菜單來供客人點菜。此外，海報式、桌墊式、立架式之菜單，則視餐廳特性與需求來選用，不過其中以「立架式菜單」較方便且實用。

(四)執行、評估與修正

菜單製作完成後，須先由相關人員試作與試吃，然後再推出試賣一段期間。根據各方面之反應與回饋意見，予以評估、調整修正菜單內容。

六、菜單評估與菜單工程

(一)菜單評估

菜單製作完畢，經使用一段時間後，須加以評估調整。除了針對客人意見、外場服務人員建議外，最重要的是根據銷售量、點菜率與毛利額或貢獻率來加以評估判斷。其方法如下：

1.先計算出每道菜之點菜率或銷售量及毛利額。
2.再計算出全部菜餚平均銷售量與平均毛利額。
3.以每道菜之銷售量及毛利額，與所有菜餚之平均銷售量、平均毛利額做分析比較，再據以調整修正。茲舉例說明如下：
某餐廳月底結算，該餐廳所有各類菜餚平均銷售量為10,000份，平均毛利額為100元，該餐廳菜餚銷售情形如下：

表9-1　餐廳菜單營運分析表

菜單編號	銷售量	毛利額	評估修正
No.1	3,000份	30元	夕陽產品，淘汰
No.2	15,000份	120元	明星產品，加強品牌建立
No.3	14,000份	70元	待修正，設法降低成本或調整售價
No.4	6,000份	150元	待修正，設法加強促銷，提高銷售量
No.5	12,000份	130元	明星產品，維持品質口碑，建立品牌
總平均	10,000份	100元	

由表9-1可發現，菜餚No.1之銷售量與毛利額均低於餐廳所有菜餚平均銷售量與平均毛利額，因此須考慮淘汰此菜餚；菜餚No.2、No.5此兩道菜之銷售量與毛利額均大於餐廳平均銷售量與平均毛利額，可

謂該餐廳之明星產品，須積極建立獨特品牌。

至於No.3、No.4兩道菜，均可保留下來，但須調整其缺失。如No.3菜餚很受客人歡迎，銷售量很好，但利潤低於平均毛利，因此須設法降低銷售成本或設法提高品質及售價。由上表可發現No.4菜餚之毛利額很好，但銷售量未達平均銷售量，因此須加強促銷。

(二)菜單工程

所謂「菜單工程」（Menu Engineering），係一種菜單評估的方法。它係以菜單項目之銷售量、點菜率與毛利額或貢獻率，以「象限座標」方式來分析評估的一種方法（圖9-12）。

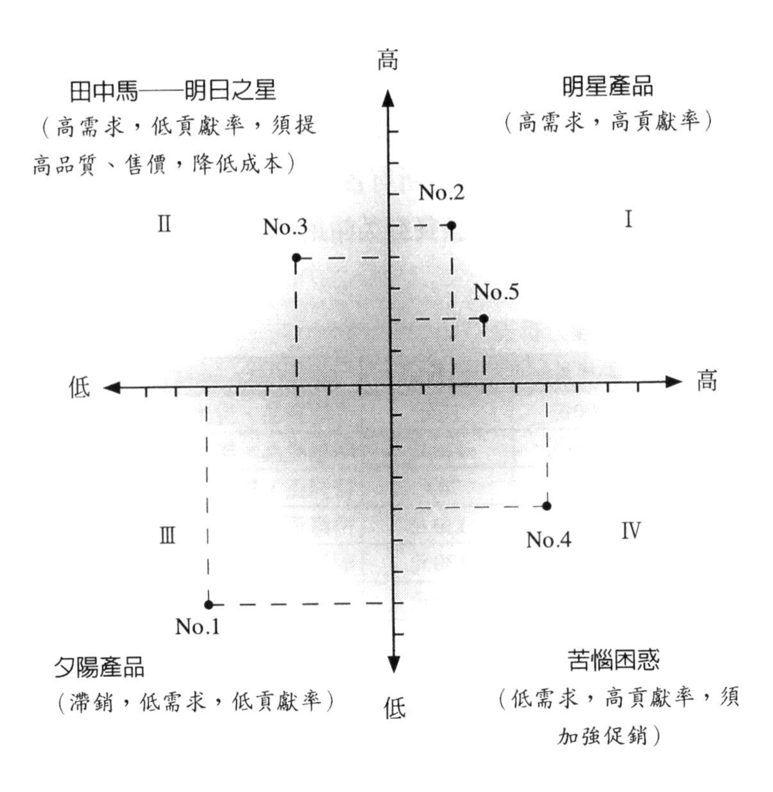

圖9-12　菜單工程圖例

■菜單工程象限座標之意義

1.第一象限（Ⅰ）：高銷售量（高點菜率）；高毛利額（高貢獻率）。

2.第二象限（Ⅱ）：高銷售量（高點菜率）；低毛利額（低貢獻率）。

3.第三象限（Ⅲ）：低銷售量（低點菜率）；低毛利額（低貢獻率）。

4.第四象限（Ⅳ）：低銷售量（低點菜率）；高毛利額（高貢獻率）。

■判斷與修正調整

1.第一象限產品：「明星產品」（Star），此類型產品須繼續維持其品質與口碑，並建立獨特品牌形象。

2.第二象限產品：「明日之星——田中馬（Plowhorse）」，此類型產品銷售量需求率高很受歡迎，但無利潤可言，因此須設法以加強品質方式來調高售價，或設法降低成本，以增加毛利。

3.第三象限產品：「夕陽產品」，另稱苟延殘喘型（Dog），此類型產品不但銷售量不佳，毛利額也不好，應設法考慮加以「淘汰」。

4.第四象限產品：「苦惱困惑」（Puzzle），此類型產品銷售量、點菜率欠理想，但毛利額貢獻率佳，因此須積極加強促銷活動，以擴大銷售量，提高點菜率。

第二節　菜單功能與結構

菜單係餐飲企業經營管理的基石，也是餐廳與顧客互動溝通資訊傳遞之橋梁，不但具有促銷推廣的作用，更是餐廳企業形象的表徵。爲使餐廳菜單發揮其功能，在規劃設計時務必遵循菜單設計的原則與步驟，來進行菜單的設計規劃工作。茲分別就菜單的功能、結構及定價方法分述如下：

一、菜單的功能（The Function of the Menu）

(一)菜單是餐廳經營管理的基石與營運方針

菜單係根據目標消費市場顧客之需求，以及餐廳本身的能力來研發設計，以此作爲餐廳營運的方針與餐廳經營管理的準則。

(二)菜單是餐廳形象、商品特色與等級水準之表徵

菜單的外表、菜單的內容及其供食服務方式均代表著餐廳商品的獨特性，以及餐廳水準的高低。如精緻高級餐廳的菜單，必定有精美的封套或皮質的菜單夾。

(三)菜單是餐廳與顧客溝通的橋梁與合約

餐廳透過菜單可將餐廳商品訊息傳遞給消費顧客，而餐飲服務員也可藉著菜單來爲顧客推薦餐廳特色產品及美酒佳餚。質言之，菜單可作爲消費者與餐飲接待者之間的溝通橋梁，也是餐廳與顧客間的一

種合約。因此，菜單所列的品名、規格、數量務必與實際提供給客人之產品相符合，如鮮果汁務必以新鮮水果汁供應，而不可以罐裝果汁替代。

(四)菜單是餐廳的促銷工具、藝術品及宣傳品

菜單印製精美，設計典雅，不但能增進餐廳用餐之情趣與氣氛，更能帶給消費者美好的餐飲體驗，因此菜單本身不但是件餐廳藝術品，也是宣傳品。餐飲業者可透過菜單來加強其產品的促銷能力。

(五)菜單是餐廳設備及物料採購的依據

餐廳與廚房所需之設備與物料均端視菜單內容來購置，因此菜單可說是餐廳各項生產設備與食品原料之採購指南。

(六)菜單是餐飲成本控制的利器

一份設計完整的菜單，每道菜餚均有標準食譜，其所需物料成本及毛利均相當明確，餐飲業者可藉此菜單來分析餐廳之營運狀況，以作爲餐飲成本控制與餐廳物料管理之工具。

(七)菜單是餐飲服務人員的服務準則及餐具擺設的依據

餐飲業者除了可根據客人點菜之情況來瞭解顧客喜好，作爲餐廳菜單研究改良之參考外，更可針對菜單供食內容，加強服務人員服勤作業技巧之訓練，以提升餐廳服務品質。

二、菜單的結構（The Structure of the Menu）

所謂菜單的結構，係指餐食（Meal）所提供之各種不同菜式的組

合。本單元僅以正餐菜單爲重點，分別就中西餐菜單之結構摘述如下：

(一)中餐菜單的結構

■古代中餐宴會菜單

我國古代素有「五穀爲養、五果爲助、五畜爲益、五菜爲充」的飲食傳統；同時對菜單也有相當的研究，如魏晉南北朝的《食經》、唐代的《食譜》以及清代的《隨園食單》，均是我國早期的菜單。

古代中餐的菜單結構係以「五果、五按、五蔬、五湯」等四大類爲架構組合而成，茲分述如下：

1.五果：係指五種不同的水果。
2.五按：係指五種不同的魚、肉類。
3.五蔬：係指五種不同的根莖葉蔬菜。
4.五湯：係指五種羹湯。

至於清朝末葉之滿漢全席，其菜餚則高達一百零八道菜，可謂「食前方丈」，一直到清末民初，西風東漸，中國官場餐飲文化逐漸受到西方飲食文化影響，無論是上菜順序或宴席菜單內容均具有中西合璧之特色，此乃當時所謂的「改良宴會」，整個宴席菜餚約十五至十六道菜之多。

■現代中餐宴會菜單

通常中式宴席之菜單安排係以前菜、主菜、點心、甜點、水果等五大類爲主要菜色內容，至於上菜出菜順序也是以此五大類爲主，依先冷後熱、先炒後燒之順序。謹就中餐菜單的結構（**圖9-13**）分述如下：

1.前菜（**Appetizer**）：中餐前菜一般係以二冷二熱的菜色爲原則，先上冷盤前菜，再上熱炒前菜，至於西餐則以冷盤開胃前

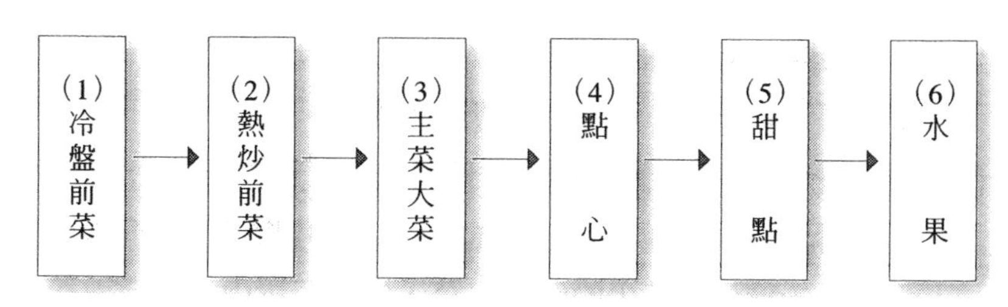

圖9-13　中餐宴會菜單結構

菜爲主。

2.主菜（**Main Courses**）：中餐通常以海鮮、禽肉、獸肉等三大類來安排六大菜即五菜一湯，以「先炒後燒」之順序上桌服務，湯這道菜是所有中餐宴席最後上的一道主菜，而西餐餐桌服務，湯比主菜先上。此爲中西餐服務的最大不同點。

3.點心（**Refreshments**）：中式點心係在主菜之後才上桌，一般是以鹹製品爲主，如叉燒包、蒸餃、燒賣等。

4.甜點（**Dessert**）：甜點通常係以較甜的食材爲餡所製成，如八寶甜飯、甜湯、棗泥鍋餅、芋泥等均是例。

5.水果（**Fruits**）：水果係以時令新鮮水果切盤裝盛供食。

(二)西餐菜單的結構

■古代西餐宴會菜單

西方餐飲文化之全盛時期首推法國LouisXIV當時的宮廷宴席（Grand Couvert），一次宴席即供應將近二百五十至五百道各式各樣菜餚，後來漸漸改爲八道菜，每道菜又包括八樣菜，另外再飾以冰雕或硬脂雕飾物來增進視覺上之美感。

目前的西餐古典菜單（Classic Menu）係由十九世紀法國演變發展而來，此菜單所提供的全餐（Full Course），其菜式爲：

1.開胃菜（**Appetizer / Starter / Hors d'oeuvre**）：開胃菜有兩道，

即冷開胃菜與熱開胃菜等。

2.湯類（Soup）：湯類可分清湯與濃湯。

3.魚類（Fish）：通常係以去骨刺之魚排上桌服務。

4.中間菜（Middle Course / Entrée）：中間菜又稱「湯後菜」，也是一種分量較少的清淡主菜，它係菜單中第一道肉類，通常以雞、禽肉等白肉或甜麵包組成。“Entrée”一詞僅在澳洲稱爲「前菜」，在美國則爲主菜的意思。事實上它是上主菜前的第一道菜。

5.冰酒（Sorbet）——古典西餐主要特色：冰酒爲傳統古典西式宴會菜單中之「休止符」（Pause），使用餐者在中場暫時休息養神以恢復味覺，準備迎接下半段之主菜、爐烤大餐。在法國通常以蘋果白蘭地如卡爾瓦多（Calvado）爲冰酒，目前則以不加糖的水果冰、果汁冰、雪碧冰或冰砂等來替代。

6.肉類主菜（Relevés）：肉類主菜是整個宴會菜單的主軸核心菜餚，其菜餚有兩道，即「冷主菜」與「熱主菜」。冷主菜通常以魚肉、海鮮爲食材，熱主菜則以各種獸肉或野味禽肉爲主，且以炭烤方式爲多，故又稱爐烤菜（Roast / Rotis）。

7.蔬菜沙拉（Salad Vegetable / Legume）：美食大餐之後再吃些清淡的蔬菜、沙拉，以幫助消化。

8.甜食（Sweets / Entremets）：甜食通常有冷、熱兩種，藉以調和口感與滿足感。

9.美味（Savory）小吃：美味小吃通常以乾酪（Cheese）或小塊吐司、餅乾做的Canape此類酒會小吃爲主。

10.甜點：甜點英文“Dessert”，其法文的原意爲「不再供食服務」之意。通常係以水果及堅果類點心爲主，或以巧克力、糖果及薄荷類的可口小甜點供應。

11.飲料及菸草（Beverage & Tobacco）：餐後飲料通常有咖啡、茶或其他飯後酒。在早期歐洲社會則在飯後提供雪茄或香菸，現代菜單已不再供應菸草，以免影響健康。

綜上所述，吾人可發現古典式傳統菜單之供食內容過於豐盛。事實上，目前各餐廳菜單的產品組合均與古典式菜單不同，在菜餚的上菜分量與次數上均予以精簡或合併，以符合現代人的生活習慣及實際需求。

■現代新式西餐菜單

現代西餐新式菜單的結構可分七類，即前菜、湯、魚類或中間菜、主菜、冷菜沙拉、點心及飲料等七大類（圖9-14），至於上菜的順序除非客人特別要求，一般均以此順序上桌服務。茲詳述如下：

1.前菜：前菜通常稱爲開胃菜，可分冷前菜（Hors d'oeuvre Froid）與熱前菜（Hors d'oeuvre Chaud）兩種。一般係先上冷前菜，如蝦盅、煙燻鮭魚均爲冷開胃菜，至於熱前菜則在湯後供應。

2.湯：湯類通常分爲清（Clear）湯與濃（Thick）湯兩種。

3.魚類或中間菜（Entrée）：中間菜之所以稱爲"Entrée"，乃表示「開始正式進入」的意思。通常西式宴會的主菜係由此開始上菜，因此「中間菜」也可說是一種菜單中的「主菜」。中間菜大部分是以魚類爲主，或以海鮮、禽類等白色肉類爲原則，其分量也較正式主菜少些。

4.主菜（Relevés）：主菜係整個宴會菜單中最具特色與吸引力的菜餚，通常是以大塊肉如牛、羊、豬、家禽或野味獸肉爲主。

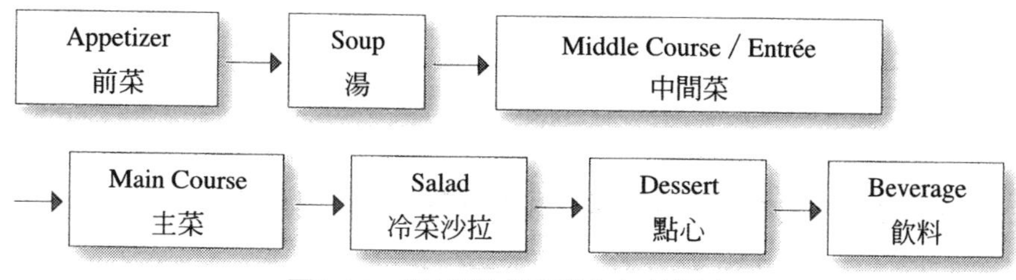

圖9-14　現代西式菜單之上菜順序

其烹調方式也較講究，如燒烤、煎炸等等。爲增進主菜的特色，對於周邊飾物配菜之造型、色彩均十分考究，以襯托出主菜的價值感。

5.冷菜沙拉（Salad）：係以生鮮蔬果或根莖葉之蔬菜調配而成。通常爲搭配主菜供食，因此很多餐廳係在上主菜之前供應此冷菜沙拉。

6.點心：西餐菜單之點心事實上均以糕點、甜食、水果或冰品來服務，如蛋糕、巧克力、慕斯、冰淇淋以及時令水果爲主。

7.飲料（Beverage）：飲料通常係以咖啡、茶爲主，如義式咖啡（Demitasse），且以熱飲爲多。近年來爲配合消費者之需求，除了增列果汁外，尙提供冷飲。

三、菜單定價的方法

菜單定價的方法很多，但基本結構均爲成本與利潤兩大要素。茲分述如下：

(一)成本倍數定價法

係將餐飲成本乘以成本倍數作爲售價，一般以一．五至二作爲倍數來計算。此方法最簡單易懂易算，但並非最理想的定價方式，因爲影響餐飲利潤的因素，除了物料成本、人事成本外，尙有許多影響因子。

(二)利潤定價法

此方法較爲具體可行，也較符合科學觀。利潤定價法係將預期目標利潤與食物成本二者合併當作成本計算，以求出售價。

(三)綜合定價法

此方法係結合上述兩方法，再參酌各項影響價格之因素，予以調整的彈性價格定價法。其優點爲具競爭力、富彈性，以市場需求爲營運導向之價格策略。其方法及步驟如下：

1.計算食品材料總成本：將主材料、輔料、調味料成本相加，求得材料總成本。

2.計算基本價格：以材料總成本乘以二得出基本價格。

3.訂出參考價格：以基本價格與同行價格比較，再酌予增減修正爲參考價格。

4.研討合理價格：將參考價格根據市場消費心理需求合理調整，作爲菜單之定價。

四、菜單的命名

菜單的命名方式很多，無論中西菜單一般均以食物產地、材料名稱、顏色、形狀、口味以及烹調方式來命名。唯中國菜系博大精深，講究餐飲文化與美學，因此其命名除了上述方法外，尚有以語意、喜慶吉祥用語與諧音，以及裝盛器皿來命名，此爲中西菜單命名之最大不同點。茲以較具代表性之菜餚（表9-2）介紹如下：

表9-2　中西菜單命名方式

命名方式	中餐菜單	西餐菜單
人名	東坡肉、宮保雞丁、左宗棠雞、西施舌、麻婆豆腐、畏公豆腐、宋嫂魚羹、玉麟香腰	凱撒沙拉
地名	北平烤鴨、西湖醋魚、無錫排骨、萬巒豬腳	法式蛋捲、義大利麵、德國豬腳

（續）表9-2　中西菜單命名方式

命名方式	中餐菜單	西餐菜單
材料	腰果雞丁、紅蟳米糕、干貝蘿蔔球、蝦仁鍋巴、龍井蝦仁	蝦盅、菲力牛排、牛尾清湯、海鮮沙拉
形狀	口袋豆腐、珍珠丸子、雀巢牛柳、合菜戴帽、鳳還巢	牛角麵包、圓麵包
顏色	五彩蝦仁、三色蛋、雪花雞、四色湘蔬、炒四色	粉紅佳人、紅黑魚子醬
調味料	糖醋黃魚、蜜汁火腿、魚香肉絲、蒜泥白肉、鹽酥蝦	糖醋豬肉、咖哩雞
烹飪方法	油爆雙脆、清蒸鰣魚、乾燒明蝦、煙燻鯧魚	炸雞、烤牛排、炒蛋
裝盛器皿	竹筒蝦、砂鍋魚頭	無
吉祥用語	花好月圓、金玉滿堂、龍鳳串翅、步步高升	無
意義諧音	佛跳牆、夫妻肺片、紅棗蓮子湯、元寶	無

五、中國名菜的典故

中國菜的命名，用詞典雅，含義雋永深遠，富美學與文學之情趣，爲科學與藝術的結晶，這些名菜典故令人無限遐思，回味無窮。茲列舉數則介紹如後：

(一)口袋豆腐

口袋豆腐係屬於川菜，爲一種「釀豆腐」，因其外形酷似上衣口袋，故以其形狀來命名。此外，尚有孔雀開屏，也是以形狀命名之佳餚，至於此菜餚爲何物並未提及，而人們也不在意。此爲一種工藝菜。

(二)宮保雞丁

宮保雞丁係屬於川菜，清朝四川總督丁寶禎（被封爲太子少保，別稱宮保），因酷嗜以曬乾的紅辣椒切段與花椒做配料炒雞丁，故以其人名命名，此美食已成爲川菜之代表。

(三)滿漢全席

滿漢全席係清代乾隆年間皇室重大慶典之國宴，分爲滿席六等、漢席三等，其菜餚乃結合滿族與漢族菜色之大成，用料華貴，烹飪精巧，儀典隆重。其菜餚均循古法烹調，以大小八珍及熱鬧莊重場面和氣氛著稱。

(四)麻婆豆腐

麻婆豆腐係屬於川菜，爲四川成都市北門外有位婦人陳麻婆其所烹調之豆腐，極具辛辣且味美，爲紀念她而命名。

(五)佛跳牆

佛跳牆係屬於福建菜，或稱閩菜之首，此道菜用料講究，計有魚翅、鮑魚、豬肚、海參、干貝等等主料及配料，香氣撲鼻味鮮美，有位文人雅士乃即興吟詩：「罈啓葷香飄四鄰，佛聞棄禪跳牆來」，後人乃將此菜定名爲「佛跳牆」。

(六)叫化雞

叫化雞此道菜爲江浙菜。據說當年有位叫化子，偷了人家一隻雞，但卻窮到連煮的地方都沒有，乃急中生智，將雞開膛，連帶毛以爛泥包起來，放在火上烤，熟後剝開，清香撲鼻，風味奇佳，因而得名。由於此名稱不雅，有人將其作法稍加修改，更名爲富貴雞，如今日新加坡即是例。

第三節　認識飲料單及酒單

「餐飲」一詞英文稱之為“Food & Beverage”，事實上人們飲食文化中，餐與飲是無法分割開來，否則用餐之情趣美也會受影響。語云「酒足飯飽」、「美酒佳餚」乃人類的美食文化與飲食哲學。為滿足消費者之餐飲需求，餐飲業者往往會在菜單主菜旁附註適宜搭配的酒，或在菜單中另附飲料單，或特別提供設計精美的整本飲料單或酒單。本單元謹將飲料單與酒單之意義與種類分述於後：

一、飲料單的意義

所謂飲料單（Beverage List），係指餐飲業者針對顧客需求，提供各種酒精性飲料與非酒精性飲料之全套產品目錄或價目表。酒精性飲料一般可分為下列幾種，如啤酒、烈酒與混合酒等；至於非酒精性飲料主要有：無酒精啤酒、咖啡、茶、碳酸飲料、蔬果汁、奶製品飲料以及各類包裝飲用水等七種。一份設計精美的飲料單不但便於客人點選所需之飲料，且能激發顧客消費之意念，增加餐廳收益。

二、飲料單的種類

由於餐廳的類型與規模不一，其供食方式與客源需求也不同，因此所提供的飲料單也互異，僅就一般常見的飲料單予以歸納為下列幾種，茲介紹如下：

(一)全系列酒單（Full Wine Menu）

所謂全系列酒單，係指高級精緻餐廳所常使用的一本厚達十五至四十頁之綜合飲料單，其特色係將所有酒精性飲料與非酒精性飲料全部彙整在此酒單中，並加以區分爲葡萄酒單與其他飲料單等兩種。

(二)限定酒單（Restricted Wine Menu）

所謂限定酒單，另稱「限制酒單」，其主要特色爲餐廳所提供給客人點選的酒品名較少，僅列出幾種較常見的名牌酒，且其計價方式係以「杯」或「瓶」爲單位。此類酒單在中級餐廳較廣爲採用。

(三)宴會酒單（Banquet Menu）

宴會酒單又稱功能性酒單（Function Menu），係依據各類型宴會之不同需求而設定的酒單，如國內宴席酒單通常是以紅酒、威士忌、紹興酒、啤酒、汽水和果汁爲多。

(四)酒吧飲料單（Bar Menu）

酒吧飲料單通常有兩種，一種是政府核准上市販賣的飲料，另一種是雞尾酒單。大部分酒吧飲料單的酒，一半以上均是以「杯」爲單位計價。

(五)客房餐飲服務飲料單（Room Service Beverage Menu）

所謂客房餐飲服務飲料單，通常係指觀光旅館客房所提供迷你酒吧（Mini Bar）之飲料單。客人可以自行選用，再登錄於飲料單上即可。

(六)雞尾酒單（Cocktail List）

雞尾酒單在國內外餐廳甚受歡迎，尤其是在桌邊服務的餐廳均提供此酒單，以滿足消費顧客之需求（圖9-15）。

COCKTAIL雞尾酒

Pink Lady Cocktail
紅粉佳人 NT$150
Grasshopper
綠色蚱蜢 NT$150
Angel Kiss
天使之吻 NT$150
Screwdriver
螺絲起子 NT$150
Gin Tonic
琴湯尼 NT$150
Singapore Sling
新加坡司令 NT$150
Whisky Sour
威士忌沙娃 NT$150
Rum Alexander
蘭姆亞歷山大（甜）（酸） NT$150
Alexander Cocktail
亞歷山大 NT$150
Knickerbocker
紐約 NT$150

以上產品均為含稅價格
另加10%之服務費
客房服務另加20%之服務費
All price will be added 10% service charge to your bill
Room service will be added 20% serivce charge to your bill

圖9-15 雞尾酒單

資料來源：二階堂飯店提供

一般而言，雞尾酒單可分兩種：

■依基酒而分

此類酒單乃依主要基酒，如琴酒、伏特加、蘭姆、威士忌等，就各系列之主要雞尾酒分別逐一陳列。

■依酒精濃度而分

此類酒單將雞尾酒分爲下列三類：

1.羅曼蒂克（Romantic）——溫和的飲料類。
2.戀戀情懷（Passionate）——較烈的飲料類。
3.熱情如火（Wild）——特別烈的飲料類。

(七)餐後酒單（After-Dinner Drink）

此類酒單通常包括：利口酒、波特酒及白蘭地。

(八)利口咖啡單（Liqueur Coffee List）

此類酒含有濃郁的咖啡香味，酒精含量約二十度左右。此類飲料單僅在少數酒吧等精緻餐廳才提供。

三、酒單（Wine List）

酒單是餐廳全系列葡萄酒的產品目錄，顧客可以從餐廳所提供的酒單中，瞭解各類葡萄酒的特性，並經由酒單的精巧設計與圖文解說來吸引顧客，激發其選用葡萄酒產品之欲求。

酒單所列的葡萄酒（圖9-16）依其製造方法之不同，可分爲四大類：

圖9-16　各類葡萄酒
資料來源：橡木桶提供

(一)不起泡的葡萄酒（**Still Wine / Light Beverage**）

此類葡萄酒另稱爲「佐餐酒」（Table Wine），其酒精濃度約九至十七度左右。若再就其顏色來分，則可分爲下列三種：

1.紅葡萄酒（Red Wine）。
2.白葡萄酒（White Wine）。
3.玫瑰紅酒（Rosé Wine）。

(二)起泡的葡萄酒（**Sparking Wine**）

此類葡萄酒的瓶蓋若打開，會發出「碰」的響聲，因爲此類酒係在發酵尚未終止前，即予以裝瓶，使其在瓶中繼續第二次發酵產生二氧化碳之氣體，故開瓶時會有一種響聲，可增添享用此酒的氣氛。其酒精濃度約九至十四度，產地以法國香檳區（Champagne）最有名。

(三)強化葡萄酒（Fortified Wine）

此類葡萄酒係在葡萄酒釀造過程中，於發酵階段時注入適量的白蘭地，使其中止發酵。因爲此時葡萄酒中所含的糖分尚未分解成酒精及二氧化碳，因此糖分仍保留在酒中，所以這一類型的葡萄酒之特性爲：有甜味、酒精度較高，其酒精含量在十四至二十四度左右。

此類葡萄酒酒單常見的有西班牙的雪莉酒（Sherry）、葡萄牙的波特酒（Port），此外尚有馬德拉（Madeira）、馬拉加（Malaga）等等，均屬於此類強化葡萄酒。

(四)加味葡萄酒（Aromatized / Flavored Wine）

此類葡萄酒係一種添加香料、藥草等添加物之葡萄酒。在酒單中較常見的有義大利和法國生產的紅、白苦艾酒（Vermouth），即爲此類酒的代表，酒精的含量在十五至二十度左右。

第四節　飲料單、酒單的功能與結構

餐廳主要的產品除了「餐食」外，則首推「飲料」，若論其重要性，此二者實無輕重之別，如果係以利潤而言，飲料之毛利則高達60%以上，可謂本輕利厚。因此餐飲業對飲務工作之銷售與管理十分重視，尤其對於飲料單、酒單之製作研發更不遺餘力。本節謹就飲料單與酒單之功能結構分別摘述介紹。

一、飲料單的功能及結構

(一)飲料單的功能

1.增進顧客用餐情趣與氣氛：一份設計精美、圖文並茂的飲料單，本身就是一項藝術品，對於餐廳進餐環境增添不少溫馨氣氛。

2.滿足顧客生理與心理上之需求：顧客前往餐廳用餐，追求的是一種身心的享受。根據美國全國餐館協會之調查，很多顧客在餐廳點酒均是主動的、自發性的，尤其近年來，女性顧客飲酒的人數大幅增加。由是觀之，飲料已成爲餐廳主要產品之一，而此專爲顧客精心規劃的飲料單將更能滿足顧客身心之需求。

3.飲料單是餐廳菜單銷售的輔助工具：爲增加餐廳之銷售量與提高營業額，很多餐廳將飲料與菜單併列成冊，在主菜、副菜或甜點旁邊適時推薦適宜搭配的飲料，此類行銷推廣方法目前廣爲業界所採用。這種菜單、飲料單合爲一體之促銷方式，可方便顧客點選正確合適飲料，對於業者與顧客而言均十分實惠。

4.飲料單是餐廳企業形象之標誌：一份設計精緻的飲料單，乃代表企業本身之經營理念、餐廳服務方式以及產品定位之等級水準。易言之，餐廳等級愈高、服務水準愈優質的餐廳飲料單一定是十分精美，爲一種封套材質精緻之單行本飲料單，而非單張或桌墊式飲料單。

5.飲料單是餐廳促銷的重要工具：飲料單如果設計完善、品名價格合理，將會散發出一種獨特的魅力，吸引顧客主動來點選。

6.飲料單是餐飲成本控制與營運管理的工具：餐廳飲務作業與飲料之採購均以此飲料單爲依據。根據飲料單來規劃所需服務人力安排與物料之購置，並以此作爲成本控制與分析之藍圖。

(二)飲料單的結構

飲料單的內容係包括除葡萄酒外，任何的酒精與非酒精性飲料，其項目類別之排列順序如下：

1.開胃酒（Aperitif）。
2.雪莉酒、波特酒。
3.威士忌（Whisky）：
　(1)蘇格蘭威士忌（Scotch Whisky）。
　(2)愛爾蘭威士忌（Irish Whisky）。
　(3)加拿大威士忌（Canadian Whisky）。
　(4)美國威士忌（American Whisky）。
4.伏特加（Vodka）。
5.琴酒（Gin）。
6.龍舌蘭（Tequila）。
7.干邑（Cognac）。
8.阿夢雅邑（Armagnac）。
9.甜酒（Liqueur）。
10.啤酒（Beer）。
11.雞尾酒（Cocktail）。
12.礦泉水（Mineral Water）。
13.果汁（Fruit Juice）。

(三)飲料單的構成要素

一份完整的飲料單務必包括下列三大要素：

1.飲料品名及其密碼或代號：飲料單由於內容複雜，爲了方便顧客點選飲料，同時也可避免服務員塡錯品名，且便於餐廳會計出納之收銀機作業，國外很多餐廳均在飲料品名給予固定密碼代號，使餐廳飲料單每項飲料均有代碼。

2.飲料特色之解說介紹：餐廳飲料單之命名，尤其是招牌飲料或特色飲料均會詳加描述，藉以吸引顧客注意力，增進顧客對產品之認知，從而激起點選飲料之需求。

3.價格及計價方式：餐廳飲料單的計價方式並不是每家餐廳均一樣，即使同一份飲料單，由於品名不同，其計價方式也不同。因此爲避免徒增結帳之困擾或不必要的糾紛，最好在設計飲料單時，務須標示註明清楚。通常飲料之計價方式有下列幾種：

(1)以「杯」計價。

(2)以「瓶」或「半瓶」計價。

(3)以「公升」爲單位計價。

二、酒單的功能及結構

(一)酒單的功能

1.酒單是餐廳與顧客間最重要的溝通媒介：透過酒單的精巧設計，可以將一些酒的知識與訊息正確傳遞給顧客，同時也可以協助顧客正確選用其所喜愛口味的葡萄酒。

2.酒單可以促進餐廳酒類的銷售：一份精美的酒單及其圖文並茂的解說文字，往往能吸引顧客的注意力，進而說服顧客主動選用所推薦的酒類。

3.酒單可以增進餐廳溫馨的氣氛：一份製作華麗、外型風格獨特的酒單，本身就是一件美的藝術創作，不僅代表著餐廳企業文化，更能增進餐廳環境之氣氛。

4.酒單是餐廳形象與品牌知名度的標誌：高級精緻餐廳的酒單，

無論封套、紙質、印刷、字型及排版均十分考究，使客人接到此酒單即有一種欣愉舒適之感，再加上內文易讀易懂、簡明扼要，必能給顧客留下美好的品牌形象。

5.酒單是餐廳飲料管理的基石：酒單的設計須能滿足顧客之需求，因此餐廳飲務作業規範、服務守則，甚至相關酒類物料設備之採購，均須配合酒單始能發揮效益。

6.酒單是餐廳葡萄酒的商品目錄與合約：酒單是餐廳最重要的葡萄酒類產品的目錄，也可說是餐廳與顧客之間的一種買賣合約。因此酒單內容之敘述，必須與實際提供給客人的服務內涵相符合，否則易使客人有受騙的感覺。

7.酒單是顧客酒類知識的寶庫：顧客可以從酒單中瞭解酒類的相關知識，增進顧客對各類葡萄酒的專業知識，間接培養其對葡萄酒的興趣，增加酒的銷售量。

(二)酒單的結構

所謂酒單（Wine Menu）係指葡萄酒系列的產品目錄或價目表。一份完整的酒單，須有各類葡萄酒之酒名、酒類特色介紹、適宜飲用方式或搭配食物等之描述，以及酒的計價單位，如「杯」、「瓶」、「半瓶」或「公升」等，均須明確標示。

一般酒單之排列，係依各類葡萄酒之特性與產地國來分別編排，其結構內容如下：

1.香檳類（Champagne）。
2.起泡酒類（Sparkling）。
3.白酒類。
4.勃艮地（Burgundy）。
5.波爾多（Bordeaux）。
6.紅酒類。

7.玫瑰紅（Rosé）。

8.德國酒（German Wine）。

9.加州酒（California Wine）。

10.義大利酒（Italian Wine）。

11.招牌酒（House Wine）。

餐飲禮儀

第一節　席次的安排

第二節　餐廳禮儀

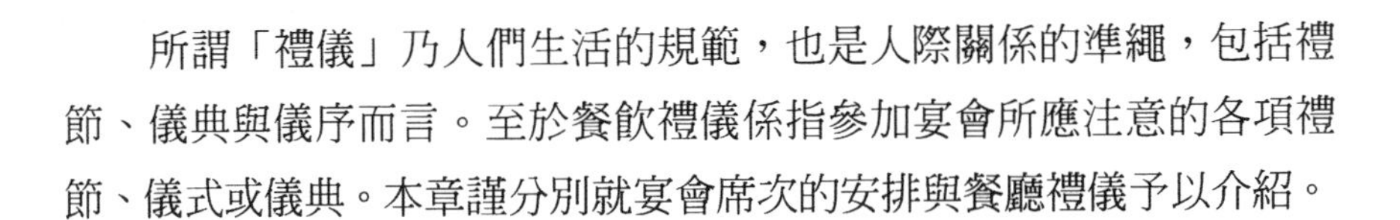

所謂「禮儀」乃人們生活的規範，也是人際關係的準繩，包括禮節、儀典與儀序而言。至於餐飲禮儀係指參加宴會所應注意的各項禮節、儀式或儀典。本章謹分別就宴會席次的安排與餐廳禮儀予以介紹。

第一節　席次的安排

在正式社交場合，不論召開何種宴會，均必須在一、二週前發出邀請函或以電話邀約，對方應邀後即可開始著手準備宴會事宜，如宴會桌擺設形式、安排座位卡……等等。其中以席次之安排最爲重要，若稍不注意，將席次排列錯誤或排列不當，不但非常失禮，且易遭到客人不滿，即使宴會主人招待再殷勤，也無法彌補此不當所造成之損失。因此本單元將爲各位介紹一般席次安排之原則與席次之排列方法，使讀者將來參加宴會或安排席次時不再困惑，而能應付自如。

一、席次安排的基本原則

宴會席次安排得當與否，足以影響到整個宴會之成敗，其重要性自不待言。無論中西宴會均須特別注意遵守基本原則，即尊右原則、三Ｐ原則及分坐原則。茲分述於後：

(一)尊右原則

1.男女主人如比肩同坐一桌，則男左女右，如男女主人各坐一桌，則女主人在右桌爲首席，男主人在左桌爲次席。
2.男主人或女主人據中央之席朝門而坐，其右方桌子爲尊，左方桌子次之；其右手旁之客人爲尊，左手旁之客人次之。
3.男女主人如一桌對坐，女主人之右爲首席，男主人之右爲第二席，女主人之左爲第三席，男主人之左爲第四席，依序而分席次之高低尊卑。

(二)三P原則

所謂三P原則，係指賓客地位（Position）、政治情勢（Political Situation）、人際關係（Personal Relationship）等三者而言。易言之，宴會席次之安排，除須考慮尊右原則外，還需要顧及來賓之社會地位、政治關係，以及主客之間談話、語言溝通、交情背景，甚至於私人恩怨等人際關係，綜合上述三項原則於安排位次時予以詳加考慮，才能造成良好宴會之氣氛。

(三)分坐原則

所謂分坐原則，係指男女分坐、夫婦分坐、華洋分坐之意思，不過在中式宴會席次之安排，夫婦原則上是比肩同坐，其他客人則仍採分坐之原則。

二、席次安排的方法

(一)西式宴會桌排法

■西式方桌排法

男主賓面對男主人而坐，夫婦斜角對坐，讓右席予男女主賓。

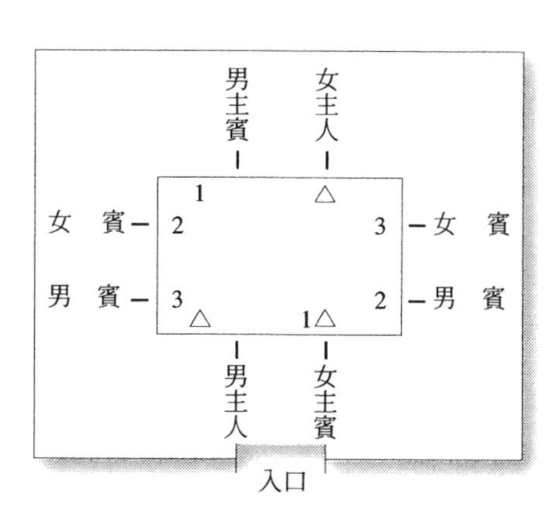

■西式圓桌排法

男主人與女主人對坐，首席在女主人之右。

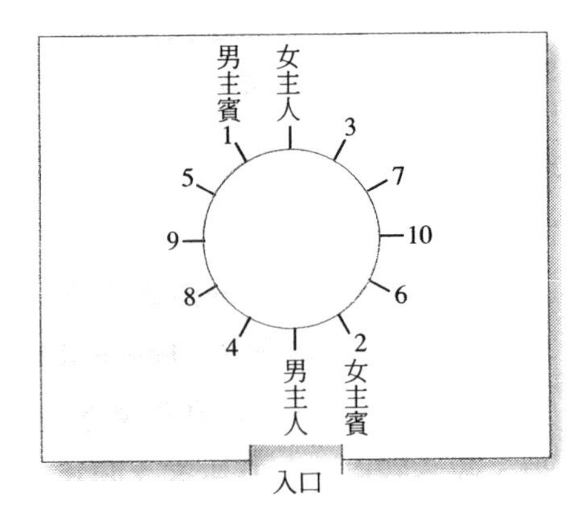

(二)中式宴會桌排法

■中式方桌排法

男女主人併肩而坐，面對男女主賓。

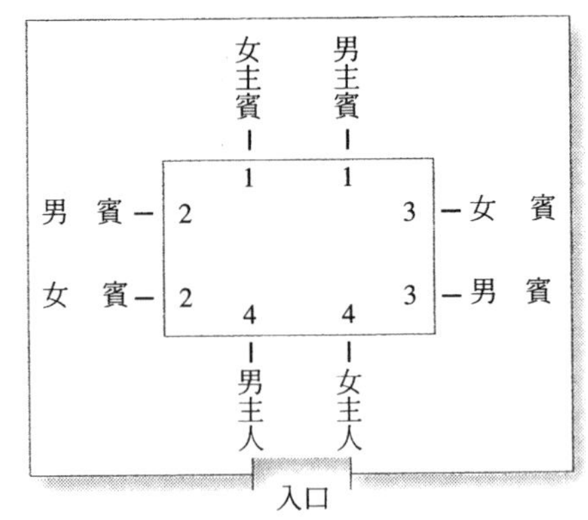

■中式圓桌排法

主人居中，而以左右兩邊爲主賓，自上而下，依次排列。

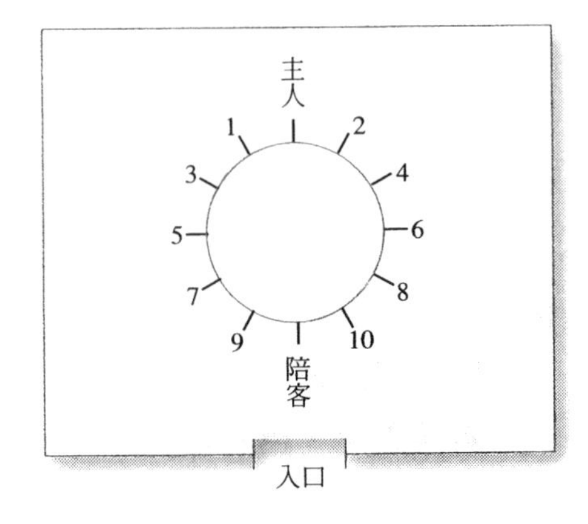

三、桌次排列法

餐桌桌次之排列除了須考慮前述三P原則外，尚須兼顧安全、舒適、便捷之原則，尤其是中式宴會，國人對首席桌之安排較之西式宴會更為講究。

一般而言，座次係以面向入口為首位，背向入口者為末位，若宴請賓客時，通常主人係坐末位，主賓則禮遇其居上座即坐首位。因此身為餐飲從業人員的我們，對宴會桌次之安排應有正確的體認，以免因一時之疏忽而造成無法彌補之憾事。茲以圖示分述如下：

(一)單圓桌之排列法

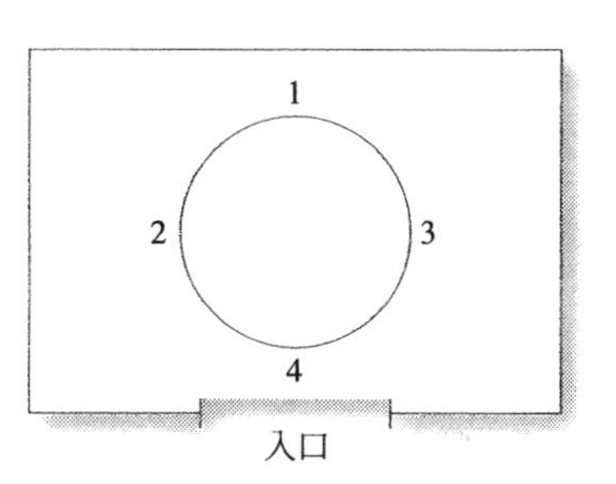

如圖例：

1號席次為首位；
2號席次為次位；
3號席次為再次之；
4號席次為末位。

(二)兩圓桌之排列法

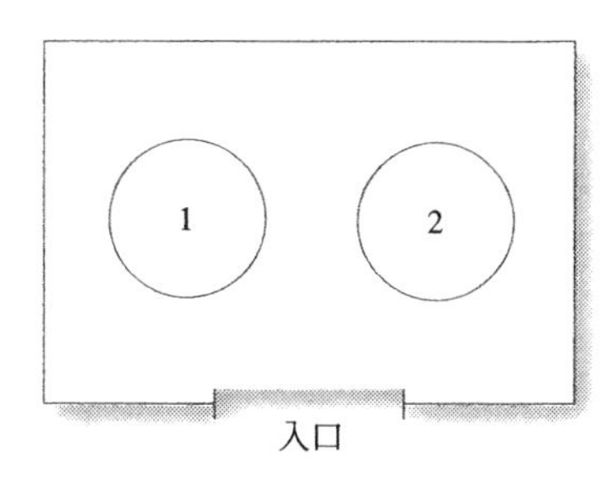

兩圓桌時，以面向入口之右側桌席為首席，左側為次席，如圖例：

1號桌為首席桌；
2號桌為次席。

(三)三圓桌之排列法

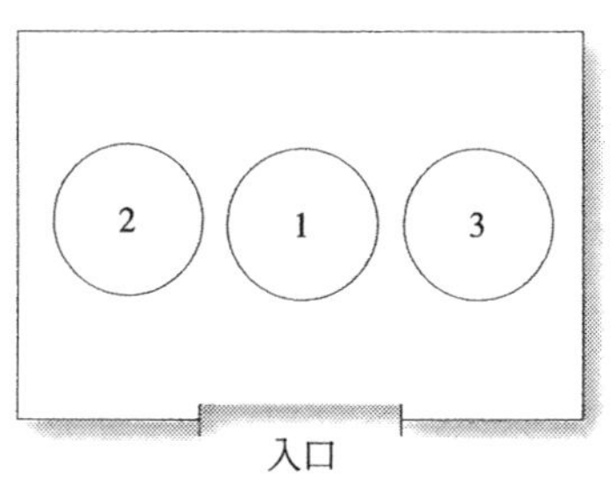

1.貴賓房若併排擺三圓桌時，則以

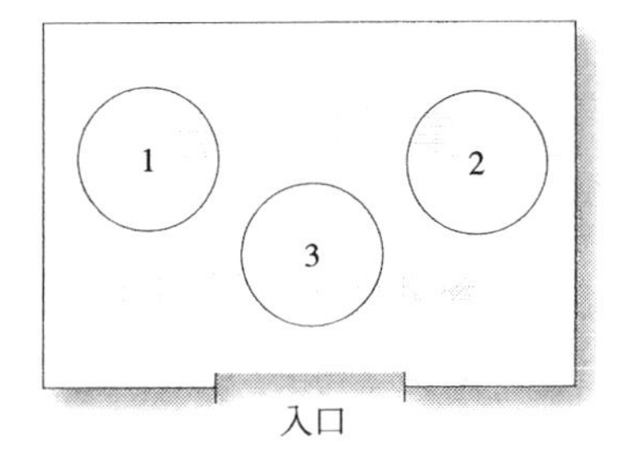

中間桌爲首席，右側桌次之，左側桌爲末席。

2.貴賓房擺三圓桌時，若在入口處擺一桌，則入口處該桌爲末桌，內側靠右爲第一桌，靠左爲第二桌。

(四)四圓桌之排列法

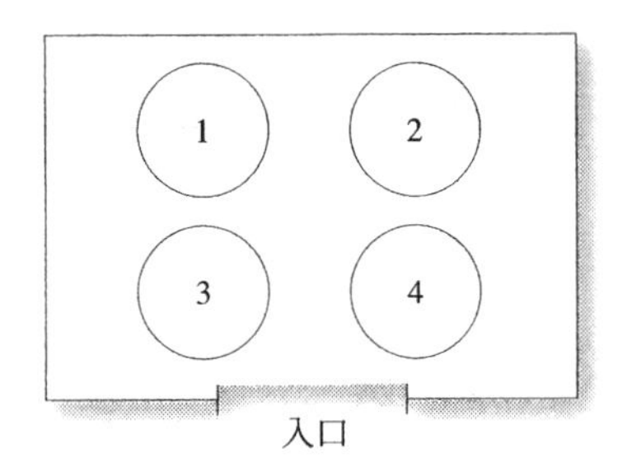

貴賓房若擺四圓桌如圖示，則以靠內餐桌爲尊，近入口者次之。

1號桌爲首席桌；
2號桌次之；
3號桌再次之；
4號桌爲末座。

(五)五圓桌之排列

貴賓房若擺五圓桌，則以中間1號桌爲首席，內排右側爲次席，內排左側再次之，以最近門口左側爲最末桌，如下面兩種排法：

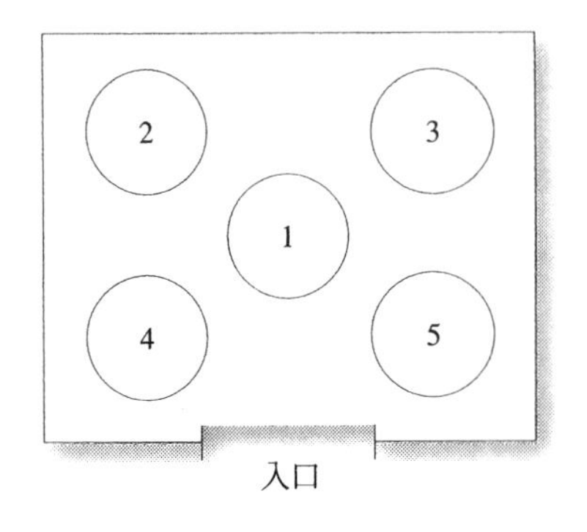

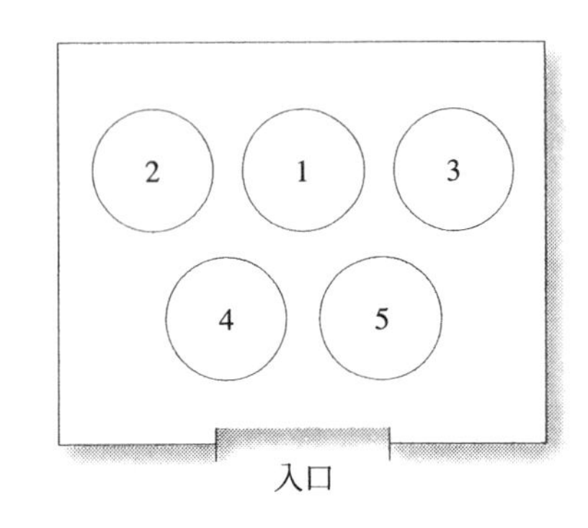

第二節　餐廳禮儀

餐廳禮儀很多，如刀、叉餐具之使用、食物之吃法等等規矩甚多，若稍微疏忽將會貽笑大方，不可不慎。本單元首先將介紹各式餐具之使用方法，再解說餐桌上各種進餐細節與特種食物之正確吃法，期使讀者能培養良好餐廳禮儀。

一、正確的餐具使用法

(一)中餐餐具之使用

1.筷子：筷子的正確使用姿勢，係將筷子併排至食指一、二節，中指第一節之位置上，再將大拇指第一節輕壓至筷子上，再以無名指尖端抵在裡面的一支筷子上，然後再以中指為支點，自然張合。

2.骨盤：係用來裝盛菜餚或菜渣、魚骨頭之容器，切忌將魚骨等殘餘物任意棄於桌面或地上。

3.湯碗：中餐餐桌之小湯碗係專供裝盛湯、羹之類菜餚，不宜作為他用。

4.公筷母匙：中餐一般採合菜方式，以大盤供食，取盤中食物必須用公筷母匙取適量食物於自己骨盤或小湯碗上，再以自己之餐具進餐，勿以自己用過之筷子或湯匙取食。

5.餐巾或口布：其主要作用係防止湯汁、油污等滴沾衣物，此外可用來輕拭嘴邊，但不可用來擦餐具、擦臉或做其他用途。

6.筷子使用的禁忌：使用筷子時，勿拿著筷子東指西指，此外尚須避免下列不雅的失禮行爲：

(1)刺箸：將筷子插入食物中，藉以刺取食物來食用。

(2)迷箸：手持筷子在菜餚上，不知該挑選那一種食物，而猶豫不決。

(3)含箸：將筷子含在口中，藉以將黏在筷子上之食物吃掉。

(4)淚箸：以筷子夾取食物入口時，一面滴著湯汁，一面將菜夾入口中。

(5)剔箸：將筷子當作牙籤來剔牙。

(6)移箸：以筷子來移動碗盤或餐食，以方便自己就近取食。

(7)架箸：將筷子擱放在碗上面。

(8)舔箸：享用佳餚後，意猶未盡而以舌頭舔筷子。

(9)攪箸：爲挑選自己所喜歡的食物，以筷子在菜餚上翻攪，以利挑選想吃的食物。

(10)扒箸：以筷子將碗內之菜餚扒進口中。

(二)西餐餐具之使用

1.原則上多用叉少用刀：刀、叉、匙是西餐最常見之主要餐具，原則上盡量多用叉少用刀。刀有牛排刀、餐刀、魚刀。牛排刀有銳利之鋸齒狀刀尖。餐刀又稱肉刀，刀尖亦呈鋸齒狀，只是較之前者鈍些。魚刀爲較扁而寬之刀面，刀尖不利，無鋸齒。

2.刀、叉之正確使用方法：刀、叉之正確使用方法是右手持刀，左手持叉，刀尖與叉齒朝下，以刀尖切割食物，但不可以刀送食物入口。刀僅作爲切割食物用。

3.叉子：叉子用途最廣，凡一切送入口中之食物除湯外，大部分均以叉取食物入口，如魚肉、蔬菜水果、生菜沙拉及蛋糕等等均是。

4.湯匙與甜點匙不可誤用：西餐匙有湯匙、甜點匙及茶匙之分。

湯匙較大，後兩者較小。圓湯匙濃湯用，橢圓匙是清湯專用，不可混淆使用。飲湯時，用右手拿湯匙「由內向外舀」，再將湯送入口中，湯快用完時，可用左手將湯碗向外傾斜再舀湯。用畢後，湯匙應放置碟上，而不可留置於湯碗內，若湯碗未附底盤，始可將湯匙置於碗內。

5.刀、叉、匙之運用：西餐之禮節，貴在懂得運用刀、叉、匙。通常刀與湯匙放在右邊，叉置於左邊，使用刀叉時，係「由外向內」取用。餐點用畢不可將刀叉擺回原位，應將其併排斜放在餐盤右上角或盤中，握把向右，叉齒向上，刀口朝向自己。（圖10-1）

6.餐巾：餐巾應置於膝上，不可將它繫於胸前或脖子上。餐巾僅供作爲防止沾污衣服或偶爾擦嘴角，不可拿它擦盤子或擦汗，同時須等「女主人」動手攤開使用時，客人才可動用它。

圖10-1　餐點用畢餐具的正確擺法

二、餐桌上的禮儀

(一)進餐之姿勢

1.入座時，一般均從「座椅左側」進入座位，姿勢宜正，不可前俯後仰，甚而側身斜坐。身體距桌緣約10至15公分左右。

2.用餐時，不可將手肘放置桌面，兩臂內縮勿向外伸張，以免觸撞別人。

3.尊長未入座，或主人未招呼前，不宜逕行入座或先行進食。

4.女士手提包勿置於桌上，可放在身體背後與椅背之間。

(二)咀嚼與談話

1.嘴巴勿含滿食物，否則咀嚼不易，形象不雅。

2.口中含滿食物時，勿張口說話，若別人問話時，可俟食物嚥下後再回話，以免噴得到處都是渣滓。

3.手上持刀叉時，或同席客人尚在咀嚼食物時，應避免向其敬酒或問話。

4.談話時，不可隔著左右客人和另外的客人大聲說笑，若與鄰座客人交談，也應該輕輕說話，不宜高聲大笑。

5.一道菜吃到一半，中間停下談話時，應將刀口或叉齒一端靠在盤上，刀柄或柄底端靠於桌上（**圖10-2**），否則服務員可能誤以為你已用畢不再使用而將菜端走。

圖10-2 用餐中暫停或離席時餐具的擺法

(三)敬酒與品評

1.餐桌上，除主人外，其餘客人不必勉強向同席客人敬酒。

2.餐桌上，每位客人面前應備有一杯酒，勿因不飲酒而不要酒。尤其當他人向你敬酒時，絕對不可以拿水杯或果汁代酒回敬。禮貌上應舉起酒杯淺嘗即可。國人對此禮節經常疏忽。

3.敬酒時，舉杯勿高於眼睛，以免阻擋視線，頂多與眼睛同高。

4.作客時，如菜餚係女主人親自烹調，禮貌上應予以品嘗並讚美之，但不必品評自己不喜歡的食物。

(四)餐巾、牙籤與調味品

1.餐巾須等主人攤開使用後，再將它攤開置於膝上。不可用餐巾擦臉或餐具，更不可用來擦鼻涕。
2.宴會中途暫時離席，可將餐巾置放椅面或扶手上，但絕對不可將餐巾放在餐桌上或掛在椅背。
3.進餐時，應盡量避免打噴嚏、咳嗽、呵欠，若一時難抑，可以手帕遮掩或以餐巾應急，不過宜盡量避免之。
4.當想要借用同桌客人面前之調味品時，不可伸長手臂或站起來拿，宜請鄰座客人幫忙傳遞。
5.避免當衆使用牙籤，更不可以手指剔牙。若確有必要，則暫時離座前往化妝室使用。
6.餐會結束離席時，可將餐巾放在餐桌左側。

(五)其他餐桌禮儀

1.進餐中之話題以生活趣聞、輕鬆風雅爲原則，避免討論嚴肅或敏感之爭議性話題，如政治、宗教或公務，以免影響進餐氣氛。
2.主人進餐之速度要盡量配合席間較慢的賓客用餐，以免讓客人感到不安。
3.女士用餐畢，不可在餐桌上當場補妝，應該暫離席前往化妝室再行補妝，以免失禮。
4.宴席進行中，避免中途離席；用餐畢，主人尚未離座，賓客不宜貿然起身先行離席，否則將十分失禮。
5.宴會類型很多，如國宴（State Banquet）、大型宴會（Grand Banquet）等較正式之宴會，服飾要以整潔大方高雅爲原則。男士以深色西裝或黑色禮服爲宜；女士則可穿著高雅禮服或套裝，但不可著長褲。

三、餐廳服務接待禮節

1.客人進入餐廳時，應面帶微笑親切地打招呼。
2.接受點菜遞菜單時，應以女士優先，應對聲音要清晰，並要有禮貌。
3.與客人交談時，必須正視對方的眼睛，目光以不離開臉部爲原則。
4.服務時不要背對客人，或依靠著牆或餐具架。
5.除非必要，不得聆聽客人間的談話。
6.僅在服務範圍內與客人交談。
7.服務時以主賓、年長者或女士優先，主人殿後。

四、一般食物的吃法

(一)湯類與飲料

1.喝湯時宜先試溫度，不可以口吹氣，更不可發出「嘶嘶」聲，取湯時避免過滿而濺污衣物。
2.喝咖啡或紅茶時，勿以茶匙或咖啡匙舀送入口，茶匙、咖啡匙係供作爲攪拌用。飲用時，須將紅茶包與匙置於碟上，再以右手持耳把飲用。
3.喝果汁等飲料時，切忌大口牛飲；取用杯子要拿右手邊的杯子。

(二)麵包類食品

1.吃麵包或吐司時要取用左手邊之麵包，同時絕對不可用口咬，或整個吞入口中嚼食。麵包應先用手撕成小片，再以小片送進口中。
2.麵包若要塗果醬或奶油，須先以奶油刀取適量奶油或果醬在麵包碟或餐盤上塗抹，以免碎片或麵包屑掉落餐桌上。
3.不可將麵包浸肉汁或醬汁等調味料食用。

(三)魚肉類食物

1.魚肉類食物，要邊切邊吃，切一口吃一口，不可全部切成小塊再吃。
2.口中之魚骨或骨刺，可以拇指與食指自合攏之唇間取出。
3.正式場合不宜用手去骨，同時魚類取食不可翻身。一邊吃完時，可以刀、叉先去魚頭，再將魚脊髓骨之一端以叉挑起，逐漸提高整個骨頭，再以刀與叉將之夾起，置於盤側，然後再邊切邊吃。

(四)麵條與沙拉

1.麵條類食物，可先用叉子捲幾圈，大約一口量即可，然後再以叉送食物入口，不可一部分入口，而一部分尚未離盤就以口吸食，非常不雅觀。
2.通心粉或沙拉可用餐叉，叉起食物進食。如沙拉太大塊，宜先用刀切成小塊再以叉吃。至於盤中剩餘豆粒，仍以叉取食，不可用手取食。

五、特種食物的吃法

(一)用手取食等食物

1.炸洋芋片、玉米、芹菜、培根、餅乾或蜜餞等較不易沾手之食物可以用手取食。

2.吃小蝦、龍蝦腳爪，可以用手去殼食之；烤雞也可以用手拿來吃；不過，凡是用手取食之食物，應注意用拇指與食指兩隻指頭，不可「五爪」俱張。

(二)雛雞、野禽、乳鴿等食物

雛雞、野禽、乳鴿等食物，宜先用刀割其胸脯及兩腿之肉，但不可翻身，可先剖成兩塊，在切肉時，左手持叉，要用點力，將肉按住固定妥，否則一不小心，炸雞、龍蝦便會滑溜出盤外，手肘要放穩在桌上，然後再以刀尖切割。

(三)水果類食物之吃法

1.吃水果時，水果的核或渣應吐在手中，再放置盤上，不可直接當衆吐在盤碟上。

2.西方人吃葡萄之方法有二：一為左手握葡萄，右手以刀尖取出種子，再以右手送入口；另一種吃法，係將整粒葡萄放入口中咀嚼，吞食其果肉及汁，一般均不吐核。

營業前的準備工作

餐飲業爲提升其服務品質，建立企業良好形象，對於服務前各項準備工作均十分重視，力求完美無缺，以滿足顧客視覺、聽覺、嗅覺、味覺、觸覺及心理上等多元化的需求，亦即滿足顧客的「五感一心」。

餐廳服務前的準備工作很多，主要可分爲餐廳環境的清潔維護工作（House Work）以及各項服務前準備（Mise en Place）等兩大項工作，例如依餐廳標準作業程序（Standard Operating Procedures, SOP）來完成場地布置、餐桌平面圖、檯布鋪設、餐具清潔整理、工作檯準備等工作，即所謂的「服務準備」，英文稱之爲Put in the Place，也就是說一切準備就緒。當上述兩大項工作完成後，即召開「服務前的會議」（Briefing），檢查服裝儀容、宣布注意事項等工作後，始正式完成餐廳服務前的準備工作。

第一節　餐廳清潔與整理

氣氛乃顧客所追求的進餐情境，但它必須在一個充滿清潔衛生的乾淨環境下始能孕育而生。因此餐飲服務人員必須在第一位客人光臨前，即做好餐廳內外環境之清潔維護工作，並將服務所需的各項設備、器皿，以及相關備品予以整理、分類或補充，以便能提供客人最適性的優質服務。謹將餐廳清潔與整理工作分述如下：

一、餐廳內部環境設施的清潔整理

餐廳內部進餐環境的清潔與設施功能是否完善，均足以影響顧客在餐廳的用餐情境，進而關係到餐廳企業的形象，因此在營業前務必做好下列清潔維護工作。

(一)地毯、地板

餐廳地毯要以吸塵器徹底清潔乾淨，並定期以洗滌機來消毒清洗地毯。若是一般木質或石質地板，除了吸塵器清潔外，尚須以打蠟機打亮。

(二)天花板

1.餐廳天花板須定期維護清潔，擦拭前須先戴上口罩，將鋁梯固定，以溼抹布將灰塵拭乾淨，但避免太用力，以免塵埃落下或飛入眼睛。
2.若有殘留污垢，可以去污劑沾抹布清除之。
3.天花板廣播喇叭或音響罩須仔細擦拭，以免積塵太多而導致金屬表面氧化生鏽。

(三)牆壁

餐廳牆壁要以扭乾之溼抹布擦拭，若有污垢則以去污劑去除。如果牆壁爲壁紙，則須小心擦拭，以免損毀壁紙或造成顏色褪失。

(四)玻璃、鏡面

餐廳大門玻璃、窗戶玻璃或鏡面飾物，務必保持晶瑩亮麗一塵不染，可使用專用清潔劑如穩潔等，先噴灑少許後，再以乾淨的軟質布拭淨即可。

(五)木質家具大門

1.餐廳木質家具須特別注意擦拭保養，它往往是餐廳最能彰顯氣氛與格調的配備，爲避免掉漆失去光澤，須經常打蠟以保持光亮。

2.木質家具若有掉漆或損壞，須通知主管請人修護後再保養。

3.一般木質家具最好以熱溼抹布扭乾再擦拭，效果最好。然後再定期上蠟保養即可。

(六)銅質飾條或飾物

1.餐廳大門門把或飾物若是銅質，則須永遠保持光亮之色澤，因此每天營業前務必要以銅油來擦拭，以保持光彩亮麗。

2.若銅質飾物有縫或凹凸處，可使用刷子沾銅油拭亮。

3.不可留下油漬於銅器或銅質金屬面上，須另以乾淨布徹底擦亮爲止。

(七)電話

1.餐廳通常備有館內電話與公共電話，須注意聽筒、話筒、電話線及機座之清潔，保持美觀衛生。

2.聽筒及話筒部分須以酒精棉擦拭消毒，但不可以清潔劑直接噴灑或以溼布直接擦拭，以免受潮而導致雜音。

3.電話機座及電話線可使用穩潔等清潔劑來擦拭。

(八)花卉盆栽

1.餐廳室內之盆花或花卉植物須小心維護照顧，且每天要澆水，尤其是在室內冷暖氣之空調下，花卉植物很容易枯黃失水。

2.若有枯葉、凋零之葉片或花卉須加修剪，以免給顧客留下不良的印象。

二、餐廳外部環境之清潔整理

1.餐廳外部環境往往是顧客的第一印象，它可以美化整個用餐氣氛，同樣的也會破壞客人的用餐體驗。因此餐廳外部周圍的環境如走道、地板、外牆、招牌，甚至於停車場環境或標示牌等等，均須加以定期保養維護外，每天營業前仍須加以清潔打掃，此乃餐廳的門面，不可等閒視之。

2.餐廳客用化妝室在營運前，須特別加以清潔整理乾淨，不可殘留水漬於地板、牆壁或洗手檯鏡面等處。此外，化妝室備品如擦手紙、洗手乳、衛生紙或相關備品要適時補充，並定時更換清香劑。

3.一般觀光旅館餐廳之清潔工作大部分係由房務部協助派員來維護清潔工作，不過餐廳服務員也應隨時注意平時之清潔與整理，藉以提供客人良好的進餐環境，提升餐飲服務品質。

三、餐廳營運前設備與設施之檢查

餐廳氣氛之營造必須配合餐廳本身之特性，基本上須注意餐廳之燈光、空調、音響等設施之功能是否正常、應修繕的部分是否立即處理、場地桌椅擺設是否美觀、動線是否流暢？上述各項設施與設備務須詳加檢查，以利餐廳營運工作之順利推展。

1.空調：餐廳營運前半小時，務必先將空調系統之開關打開，使其先行運轉以調節餐廳內部之溫度。

2.燈光：餐廳營運前半小時可先將部分燈光打開，柔和的燈光可增進餐廳視覺上之美感，同時可讓客人知道餐廳已開始營運，以吸引其注意力。

3.音響：餐廳爲增加客人進餐氣氛，同時提高服務人員之工作士氣，可播放輕音樂等背景音樂。

4.動線：餐廳桌子必須安排在最佳視線之位置，以客人進出方便爲原則。

第二節　餐具之清潔與整理

餐廳營運前之準備工作，其主要目的乃確保餐廳服務工作之順暢，提供客人高品質的接待服務與安全衛生之舒適進餐環境。因此在餐桌擺設前，通常會將餐具再檢查並擦拭一遍，以確保餐具光亮潔淨。謹將餐具清潔擦拭之作業要領摘述如下：

一、餐具擦拭清潔作業流程

1.先備妥數條乾淨、柔軟的布巾。
2.準備蒸薰餐具之裝熱開水容器，其大小如香檳桶般即可。
3.待擦拭餐具集中在一起，可分置於托盤或工作檯。
4.將布巾對摺成爲三角形，以增加面積及長度，便於擦拭用。

二、餐具擦拭清潔作業要領及步驟

餐具擦拭作業之步驟依序爲：蒸薰、擦拭、檢查、存放等四步驟，謹分別就刀、叉、匙、杯、盤之擦拭作業，摘述如下：

(一)餐刀的擦拭

1.以右手取餐刀，手持刀柄，先將餐刀之刀身置於熱開水容器上方，以蒸氣蒸薰一下或浸泡約一至二秒（**圖11-1**）。
2.將餐刀移於左手，以布巾包裹刀柄，刀口朝左。
3.將右手置於布巾右端內層，抓取布巾擦拭刀刃、刀身（**圖11-2**）。再以右手用布巾握住刀身，以左手端布巾擦拭刀柄。

4.擦拭完畢，再檢查確認是否乾淨。

5.將擦拭乾淨的餐刀，置放於餐具存放櫃，分類置放，如餐刀、牛排刀、魚刀等等。

(二)餐叉的擦拭

1.以右手取餐叉，手持叉柄，先將餐叉之叉身置於熱開水容器上方，以蒸氣蒸薰一下，或浸泡約一至二秒。

圖11-1　餐具要先蒸薰，以利清潔擦拭

圖11-2　以布巾擦拭刀刃、刀身

2.將餐叉移於左手，以布巾包裹叉柄。

3.將右手置於布巾右端內層，抓取布巾擦拭叉尖、叉縫。再以右手用布巾握住叉身，以左手端布巾擦拭叉柄。

4.擦拭完畢，再檢查確認是否乾淨。

5.將擦拭乾淨的餐叉，置放於餐具存放櫃，分類置放，如餐叉、沙拉叉、甜點叉等等。

(三)湯匙的擦拭

1.以右手取湯匙，手持匙柄，先將餐匙之匙身置於熱開水容器上方，以蒸氣蒸薰一下，或浸泡約一至二秒。

2.將餐匙移於左手，以布巾包裹匙柄。

3.將右手置於布巾右端內層，抓取布巾擦拭匙身，再以右手用布巾握住匙身，以左手端布巾擦拭匙柄。

4.擦拭完畢，再檢查確認是否乾淨。

5.將擦拭乾淨的餐匙，置放於餐具存放櫃，分類置放，如圓湯匙、橢圓匙、點心匙、茶匙等等。

(四)餐盤的擦拭

1.以右手取餐盤，手指勿伸入盤面，先將餐盤正、反面置於熱開水容器上方，以蒸氣蒸薰一下，或浸泡約一至二秒。

2.將餐盤移於左手，以布巾持握之。

3.將右手置於布巾端內層，抓取布巾覆於盤面上轉動擦拭餐盤正面及盤緣。

4.再將餐盤反面放置在左手布巾上，然後以右手抓布巾來擦拭盤底面。

5.擦拭完畢，再檢查確認是否乾淨。

6.將擦拭乾淨的餐盤，置放於餐具存放櫃，分類置放，如主菜盤、沙拉盤、甜點盤、麵包盤等等。

(五)杯子的擦拭

1.以右手取杯子，手持杯腳，將杯子舉起面對光源來檢視是否破損及其污損程度，以免擦拭時因破裂而不慎刮傷。
2.將右手持杯腳，杯身置於熱開水容器上方，以蒸氣蒸薰一下，約一至二秒時間即可（圖11-3）。若杯身很髒必須浸泡，則要特別小心，徐徐放入，以免爆裂。
3.將杯子移於左手，以布巾包裹握住杯腳。右手端取布巾塞入杯內，以右手拇指及其餘四指夾住布巾及杯口，以左、右手旋轉擦拭杯身內外及杯座。
4.擦拭完畢，將杯子舉起，面對光源檢視是否乾淨（圖11-4）。
5.將擦拭乾淨的杯子，分類置放於餐具存放櫃。

三、餐具清潔整理應注意事項

1.清潔擦拭玻璃杯皿，避免用強烈或異味的清潔劑，或不適當的

圖11-3　杯子擦拭前先檢查有無破損，再蒸薰後才擦拭

圖11-4　擦拭完，將杯子面對光源檢視是否乾淨

洗滌，以免影響或遮蓋酒或飲料的品質與風味，如肥皂水。

2.最有效的杯子清潔整理準備方法爲先「蒸薰」（Steaming），再以乾淨布擦拭即可。

3.蒸薰杯子的熱水容器約三分之二的熱開水即可，若再加入少量的「醋」，將更有助於清除污垢。

4.蒸薰杯子時，可以鋁箔紙蓋住容器上方，並且在中央挖一個小孔，使蒸氣散發出來以便於薰杯。

5.杯子儲存放置時要正立，若爲防止塵埃或污物，可以在杯口上方以乾淨的布或紙予以蓋住即可。若是杯子倒置可能會沾上放置點的任何味道，至於高掛杯架上也容易沾染油煙或異味。

6.任何餐具須依規定分類放置，除了便於快速服勤，增進效率外，更可避免餐具因不當存放而破損。

7.餐盤、杯皿等餐具若發現有缺角、裂縫等破損情形，須立即更換並報廢，絕對不可再使用。此類破損餐具容易孳長細菌造成食物中毒，同時也影響餐廳之形象。

8.餐具清潔維護工作應該利用營業以外的時間來進行清潔維護，如開店營運前、下午空班，或晚上打烊後來進行。

第三節　工作檯之清潔與整理

餐廳服務前之準備工作，除了餐廳內外環境之清潔、餐具之擦拭整理外，每位服務員必須將其服務責任區所需器具備品等服勤相關物品，逐項加以清潔整理，並置放在工作檯備用，以利餐飲服務作業之順暢運作。爲了使讀者對餐廳工作檯之功能及其準備工作有正確的基本認識，將分別予以詳加介紹。

一、工作檯之意義

工作檯（Service Station）另稱爲服務櫃、服務站、服務桌（Service Table）、服務檯（Service Console）、備餐檯（Sidestand）、餐具櫃（Sideboard）；法文稱之爲服務桌（Table de Service）。餐廳設置工作檯之主要目的爲：減少服務員往來於餐廳與廚房之間的時間與精力浪費，藉以方便服務員有效率地提供客人最迅速便捷的貼心即時服務。

二、工作檯的規格

工作檯之設置係爲便於服務員有效率執行並完成其工作責任區之餐飲服務工作（圖11-5），但是基於每家餐廳特性不同，服務方式也互異，因而所需之服務工作檯之規格、設計需求也不同。茲分述如下：

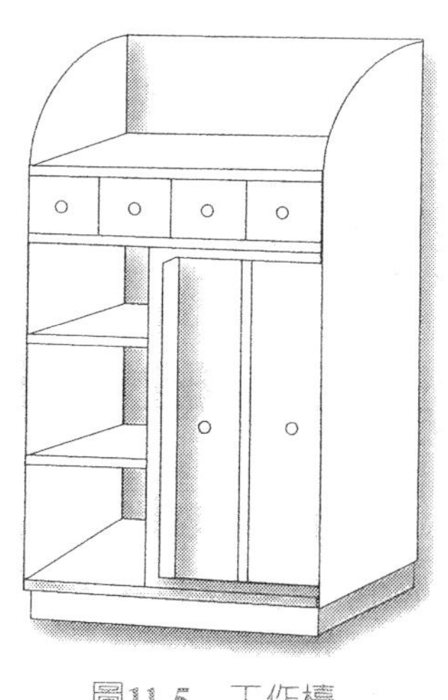

圖11-5　工作檯

1.一般而言，通常工作檯之高度與廚

房工作桌均同高，大約80公分，檯面上常擺著餐桌服務所須準備供應之物品，以及冰塊、奶油、奶水、調味料、溫酒壺、保溫器。工作檯上層是抽屜有小格子架兩個。小格子架內鋪一條粗呢布，以防餐具放置時發出聲音，再將所有餐桌所擺設的餐具依序放在這裡，通常自右到左放著湯匙、餐叉、甜點湯匙、小叉、小刀子、魚刀、魚叉等餐刀叉，以及特殊餐具或服侍用具。

2.刀叉餐具存放架下面一層，係用來存放各種不同尺寸之餐盤、湯碗及咖啡杯底盤。最下面一層則作爲存放備用布巾物品，如桌布、口布、服侍巾……等棉、麻織品。

3.有時候在工作檯旁邊或後面另訂做一個有活動門之小櫥櫃，以便存放換下待洗之餐巾或桌布。工作檯層架上須墊白布巾，可利用舊的桌布來墊底板，但口布或餐桌巾不可拿來使用做墊布。在一些規模大的宴會中，餐廳工作檯更要擺些玻璃杯皿及托盤以備用。

4.工作檯之層架通常爲三層，有些是採開放式，有些則採半開放式，即半邊加門，另外半邊採開放型。

5.有些餐廳爲求充分運用其設備，能機動性移動，特別在工作檯裝置輪子，或以輕便的托盤架（Tray Stand）來補助工作檯之不足（圖11-6）。

圖11-6　托盤架
資料來源：寬友公司提供

三、工作檯之清潔整理工作

爲求有效率提供高品質的餐飲服務，餐廳服務人員必須在營業期間能全心投入於顧客之服務，而不能浪費時間於備品或準備供應品上面，因此務必在餐廳開店之前即完成工作服務檯各項清理準備工作。

謹就工作服務檯之清潔整理工作之步驟依序說明如下：

(一)擦拭工作檯

1.先以扭乾之溼抹布擦拭工作檯外表及上層檯面。

2.移出工作檯內布巾、備品及墊布。

3.工作檯內部格層架，以乾淨抹布擦拭或以抹布蘸清潔劑去污。

(二)更換乾淨墊布

俟工作檯擦拭乾淨後，再將乾淨的墊布予以鋪設在餐具存放處之層架，或放置刀、叉、匙之抽屜格內。

(三)補足定量的餐具、備品

1.整理餐盤、餐刀、餐叉、餐匙及服務用備品，依序分類清點整理歸類存放。

2.補足所需之數量。可先填物品領料單，再到庫房領取。

(四)擦拭保溫器、水壺及各式佐料瓶罐容器

服務用之不鏽鋼水壺或玻璃瓶罐容器之外表，須保持清潔亮麗光澤。

(五)備妥服務臂巾

餐桌服務無論是端送熱盤、倒茶水、飲料，均需要輔以服務臂巾（Arm Towel / Service Towel），尤其是高級餐廳每位服務員均須配戴服務巾。

(六)補充各式調味料、佐料醬及備品

餐桌上所需之備品，如牙籤盅、糖罐、鹽罐、胡椒罐、番茄醬罐，均須詳加檢查並補充，以保持一定容量。

四、工作檯應備的物品

服務員的工作服務檯通常須準備下列物品備用：

(一)進餐所需餐具、盤碟

所有客人在餐廳進餐所需之餐具如各類餐盤、餐刀、餐叉、餐匙、奶油刀、甜點叉匙、茶和咖啡匙。至於中餐廳則須備有筷子、湯匙、筷子架等等之餐具。

(二)服務用叉、匙、開瓶器

服務用叉匙較一般叉匙尺寸大，其主要用途爲幫客人分菜時使用，其他服務用器具如開瓶器、除麵屑器具等。

(三)玻璃杯皿

如水杯、果汁杯、啤酒杯、烈酒杯、紅白酒杯等各類酒杯及裝酒器。

(四)茶及咖啡服務用器具

此類器具有保溫器、奶盅、糖罐、咖啡杯皿等等。

(五)餐廳布巾

餐廳常見的布巾計有：餐巾、桌巾、桌裙、小檯布、服務巾、墊

布等等。

(六)其他

1.菜單、酒單、點菜單、便條紙、杯墊、筆。
2.各式托盤或保溫器。
3.調味品、佐料、牙籤等營業所需物品。

第四節　布巾類之選購、整理與準備

餐廳營運所需之布巾主要有餐巾、檯布、服務巾、桌裙、桌墊或稱靜音墊（Silence Cloth）等多種布巾。由於餐廳營運項目及類別不同，所需布巾之品名、規格、數量也互異，有些餐廳如速食餐廳、外帶餐廳或速簡餐廳則較少使用布品，至於較高級桌邊服務的餐廳，則相當重視。謹分別就餐廳布巾之選擇與運用概況介紹如後：

一、餐廳布巾之選購原則

餐廳布巾品質的良窳不僅影響餐廳的形象，也會增加成本費用的支出，因此對於布品的選購務必要多加留意，並遵循下列原則：

(一)配合餐廳的特色與營運形態

選擇餐廳布巾之色調、式樣、編織方式時，務須配合餐廳整體規劃設計，始能營造出餐廳的獨特性與高雅的氣氛。

(二)須考慮布料材質的適宜性

1.餐廳所需之布巾類別不同，所需布料材質也不一樣，因此要特別加以注意。

2.布的質料有純棉（Cotton 100%）、混紡、人造纖維。其中以純棉質感、吸水性較佳，其次爲混紡，其棉花成分50%以上，至於人造纖維之吸水性則較差。

3.餐巾、檯布之布料以純棉質感及吸水性最好，至於餐巾宜避免採用人造纖維之布料。

(三)須考慮耐用性與經濟性

1.餐廳布料之選用除了考慮質地、顏色之美觀外，還要考量其經濟效益與使用年限。

2.各類布品使用年限與耐洗次數有關，例如：

(1)全棉白色餐巾、檯布耐洗次數平均爲一百五十次。

(2)全棉染色餐巾、檯布耐洗次數平均爲一百八十至兩百次。

(3)混紡餐巾、檯布之耐洗次數最多，約二百五十次。

3.有色之布料易褪色，不易修補及替換，容易造成外觀色調不一致的失調感，此爲有色布巾之最大缺失。

二、餐廳布巾之整理與準備

營運前，餐飲服務員須將責任區所需之布品加以清點、整理，並做好各項準備工作，茲分述如下：

(一)布巾的整理工作

1.清點核對：餐飲服務員須依工作檯所需之布品項目及數量清單

逐一清點、檢查、核對，務必確認品名、規格、數量是否正確無誤。

2.分類存放：清洗整燙完畢的布品，須分類整理再存放於工作檯。為避免不慎污損，最好以塑膠袋分別打包儲存。

(二)布巾的準備工作

1.檯布鋪設：

(1)檯布鋪設之前，需要先清潔桌面。

(2)檢查桌子的穩定度，確保餐桌之平穩。

(3)鋪上靜音布或海綿墊底布。

(4)最後才將檯布鋪上，並確定摺痕在正中央或四邊下襬長度要等長，檯布面要平整。

(5)調整修飾四邊角，再經檢視無誤後，始算完成。

2.餐巾摺疊：

(1)餐桌必須在營業前即完成基本擺設，同時須先摺好一些餐巾備用。

(2)餐巾摺疊的方法很多，但可依餐廳本身之類型與特色來選擇合適之款式。

(3)餐巾摺疊之基本原則為簡單、高雅、衛生，不必花費太多時間於複雜的摺疊款式上，如法式高級餐廳最喜愛的波浪型摺法即是例。

(4)一般餐巾摺法可分杯花與無杯花兩大類。

三、餐廳布巾送洗作業流程

餐廳布巾若一經使用過或有污損必須立即更換並送洗，以確保用餐環境之清潔與衛生，給予客人良好的第一印象。關於餐廳布巾送洗之作業流程及其注意事項，摘述如下：

(一)分類

1.餐飲服務人員須將更換下來待洗之布巾，依種類、規格大小、顏色之不同分類清點。

2.送洗布巾乾、溼要分開處理，尤其是特別潮溼的要分開放置。

3.髒布巾禁止堆積超過三小時，否則容易長黴、孳生黴斑，尤其是白色布巾更甚。

4.特別污損的布巾要另外挑選出來放置，以便特別洗滌處理，如沾染油湯、雜漬者。

(二)檢查

1.特別注意檢查檯布、餐巾是否有破損或特別污點，若有需要可另行打結做記號，以提醒洗衣單位特別處理或修補。

2.注意送洗布巾內是否有異物夾雜在裡面，如魚刺、牙籤、尖銳物品或殘渣。

(三)打包

1.將所有需要送洗的檯布、餐巾、轉檯套分別打包。

2.檯布、餐巾每十條一捆。

3.特別溼或髒的布巾，需要分開打包，以免造成污染。

(四)填寫布品送洗單

根據所打包清點之數量、規格，填妥送洗單並簽名。

基本服務技巧

第一節　餐巾摺疊

第二節　架設及拆除餐桌

第三節　鋪設及更換檯布

第四節　操持各式托盤、服務架或服務車

第五節　餐具服務

所謂基本服務技巧係指為營造餐廳客人的進餐氣氛，滿足其用餐體驗而提供的各種餐食所需的用具，及呈現此餐食的方法與技巧。舉凡各類餐具之服務、餐巾摺疊、托盤操作、檯布鋪設與更換等均屬之。

由於餐廳類別性質不同，訴求對象互異，因此所提供的服務方式皆是針對滿足顧客特殊需要及不同狀況的需求而設計，所以並沒有那一種服務方式或形式是最好的，只要符合餐廳營運需求，並能滿足顧客欣愉用餐體驗，即為最好的餐飲服務。

第一節　餐巾摺疊

餐巾係放在餐桌上給客人使用，同時對於餐廳用餐環境及餐桌布設均有美化的功能，能增進餐廳進餐氣氛，或使整個宴會布置更加生動活潑、光鮮亮麗。

餐巾的材質有布質與紙質兩種，在較正式的用餐場合大部分是以布質餐巾為多。至於餐巾的摺疊方法相當多，但最重要的是端視餐廳本身營運性質、餐廳環境擺設、服務人員的技巧，以及可供用來摺疊餐巾的時間而定。本單元謹就餐巾的緣起、餐巾摺疊的類型、餐巾摺疊的基本原則與方法，分別摘述臚陳於後：

一、餐巾的緣起

餐巾俗稱「口布」，又稱席巾、茶巾、茶布等，英文稱之為 "Napkin"、"Serviette"。清朝皇帝用膳所用的餐巾則稱之為「懷擋」，質地非常考究，繡工精細，花紋多采多姿，有各種福祿壽喜等吉祥圖案。此餐巾用法與目前使用方式不大一樣，它係將餐巾上角的扣套，套在衣扣上，作為保潔防止弄髒衣襟之用，可見餐巾在我國已有相當的歷史。

至於國外餐巾最早在羅馬時代曾被使用，是繫在脖子下，作為進餐取食前擦拭手指用。到了十六世紀，餐巾才正式在餐廳出現，不過其主要目的，係為了防止弄髒當時流行的廣邊、漿硬的大衣領，因此以餐巾繫在脖子，以防用餐污損衣領。至於餐廳的外場負責人，則將餐巾披掛在左肩上，以象徵其職別，此作法極類似我國古代餐廳店小二，習慣性將餐巾披在肩上一樣。

餐巾在當時皇室也被用來包裹刀、叉，再放置在金質的船形容器上，供皇室權貴進餐使用，後來才在法國逐漸發展出系列的精巧餐巾摺疊，並且在其上面灑些香水增添情趣。

二、餐巾摺疊的類型

餐巾摺疊的方法很多，大致上可歸納為杯花與無杯花兩大類。謹摘述如下：

(一)杯花

所謂「杯花」，係指將餐巾經由專業化摺疊技巧完成，再將摺疊好的餐巾置入玻璃杯者，稱之為杯花（圖12-1）。目前常見的杯花款式有：花蕾、蠟燭、扇子、玫瑰、蘭花、花束、孔雀等多種。

圖12-1　杯花

(二)無杯花

所謂「無杯花」另稱「盤花」，係指經由專業化摺疊完成的餐巾

圖12-2　無杯花

即可直接放置餐桌上或餐盤上擺設，不必再借助其他杯皿即可挺立者，稱之爲無杯花（圖12-2）。如：主教帽、扇子、星光、酒店型、雞冠型、帆船、三明治、土地公，以及「法國摺」等多種。

法國摺（French Fold）在歐美餐廳甚受歡迎，日本稱之爲「波浪」（Wave），在國內有人稱之爲樓梯，或取其意義稱之爲「步步高升」。

三、餐巾摺疊的基本原則

餐巾摺疊的方法雖然五花八門，但是在摺疊餐巾時，務須遵循下列幾項原則：

(一)乾淨衛生原則

1.餐巾摺疊好放在餐桌除了美觀裝飾外，最主要的目的是供客人進餐時使用，因此要力求清潔衛生，此乃餐巾摺疊最重要的原則。

2.餐巾摺疊之前，務必要先將桌面清理乾淨，並將雙手洗滌乾淨，以免污染餐巾。

3.餐巾若有污損或破損，須報廢不可再使用。

(二)簡單方便原則

1.餐巾摺疊之款式，最好簡單高雅方便即可。因爲在摺疊處理時，愈簡單款式手部接觸次數將愈少，也較符合衛生原則。

2.餐廳服務前的準備工作很多，時間又有限，如果餐巾摺疊款式太複雜，可能會造成時間上之浪費，不符合經濟效益。

3.餐巾要便於顧客拆卸使用，若摺疊過於複雜，客人拆解會造成不便，同時摺紋太多不但欠美觀、衛生，顧客使用上也不方便。

(三)美觀高雅原則

1.餐巾之質料要柔軟、吸水，避免使用尼龍人造纖維（TC）之布料。最好爲純棉布料縫製。

2.餐巾之顏色以高雅亮麗、素色爲原則，唯須考量餐廳整體之布置，力求和諧及氣氛之營造。

3.餐巾摺疊時，須選擇避免縫製之邊緣暴露在外的款式，才會更美觀高雅。

(四)統整和諧原則

餐廳所使用之餐巾色調、摺疊方式，務必考量一致性之統整原則，亦即同一進餐室所使用之餐巾、色系要力求一致性，避免同一餐室有各種不同款式或色調之餐巾擺設。

四、餐巾摺疊的方法

餐巾摺疊的方法不勝枚舉，謹就幾種較爲常見之餐巾摺疊方式介紹如下：

(一)杯花系列

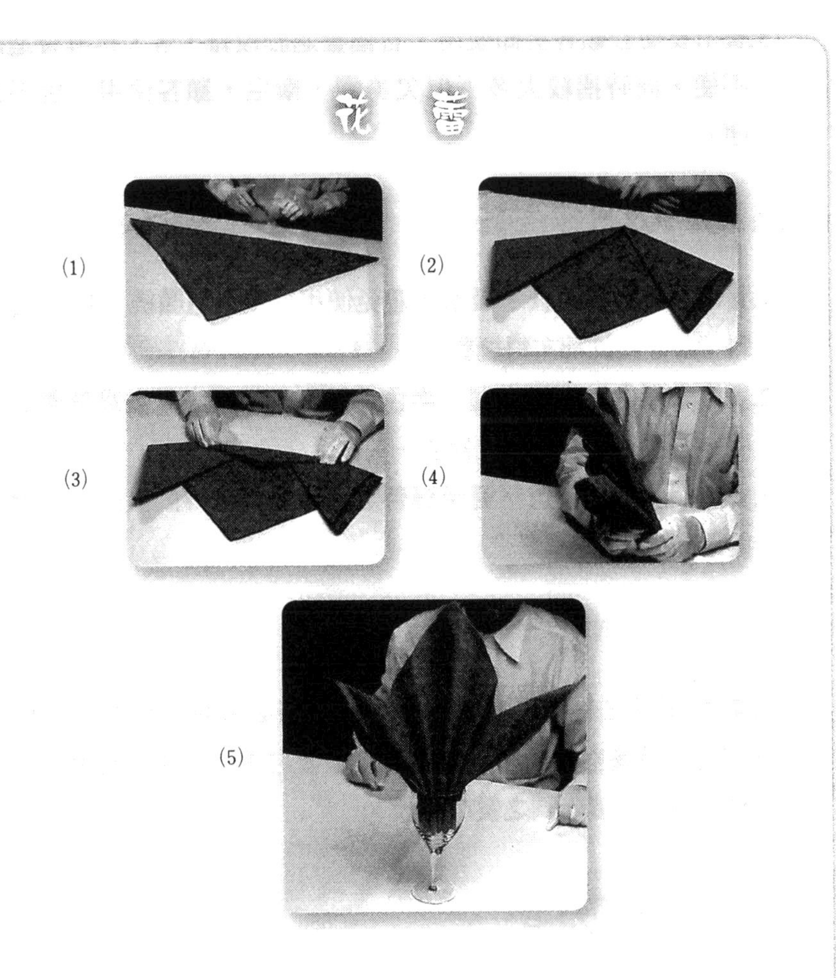

(1)先將口布摺成三角形，直角在上，斜邊在下。

(2)以斜邊中點為支點，將左右兩斜角往距直角頂約四分之一邊長處，摺成三角形。

(3)下面尖端處，往上摺成小三角形。

(4)翻到背面，摺段摺。

(5)修整後放入杯中即完成。

蠟燭（燭光）

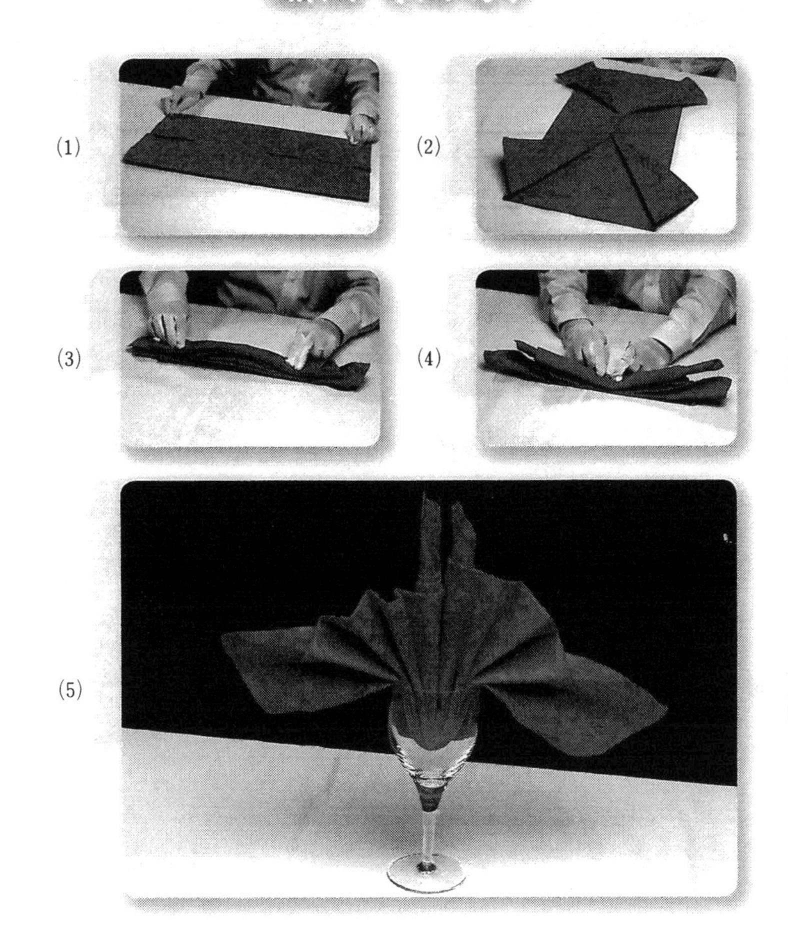

(1)口布上下兩邊，各向中央線對摺。

(2)對摺後，向外側翻出四個角。

(3)一側摺段摺成扇形。

(4)另一側用捲的方式，捲成柱狀。

(5)取中心點，兩邊對彎再放入杯中即完成。

扇子

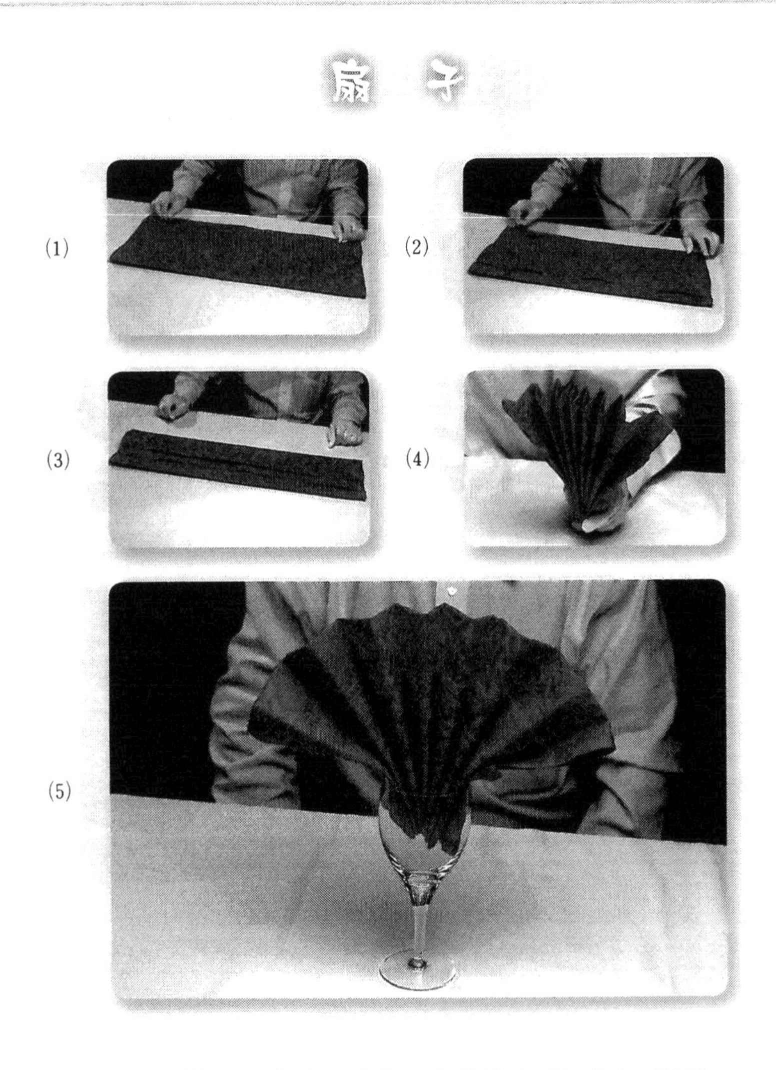

(1)口布向下對摺，成爲二分之一寬的長方形，開口朝下。

(2)上半摺往上摺，使摺邊距長方邊約5公分。

(3)下半摺再往上摺，使摺邊距第一摺邊約3公分。

(4)摺段摺成扇形。

(5)底端壓緊後，置入杯中即完成。

玫　瑰

(1)

(2)

(3)

(4)

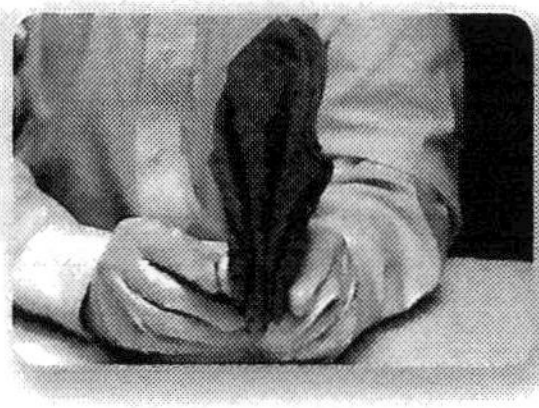

(5)

(1)口布摺成四摺的正方形，以菱形方式擺放，四摺開口朝下。

(2)將前二摺，由對角線往上摺成三角形。

(3)再將其餘二摺，由對角線自背面往上摺成三角形。

(4)自三角形底部斜邊之一端，向另一端摺段摺約五至六摺。

(5)壓緊底端，再拉出左右兩花瓣及中間之花蕊，置入杯中即完成。

蘭花

(1)口布摺成四摺的正方形，以菱形方式擺放，四摺開口朝左。

(2)由下端往上摺小摺約六至七摺，成蝴蝶狀。

(3)捏緊中間，將四摺開口朝上，尾端四分之一處，往上彎摺做底部。

(4)將上端四摺開口，左右各二瓣拉成花瓣形狀。

(5)底部壓緊後置入杯中即完成。

(二)無杯花系列

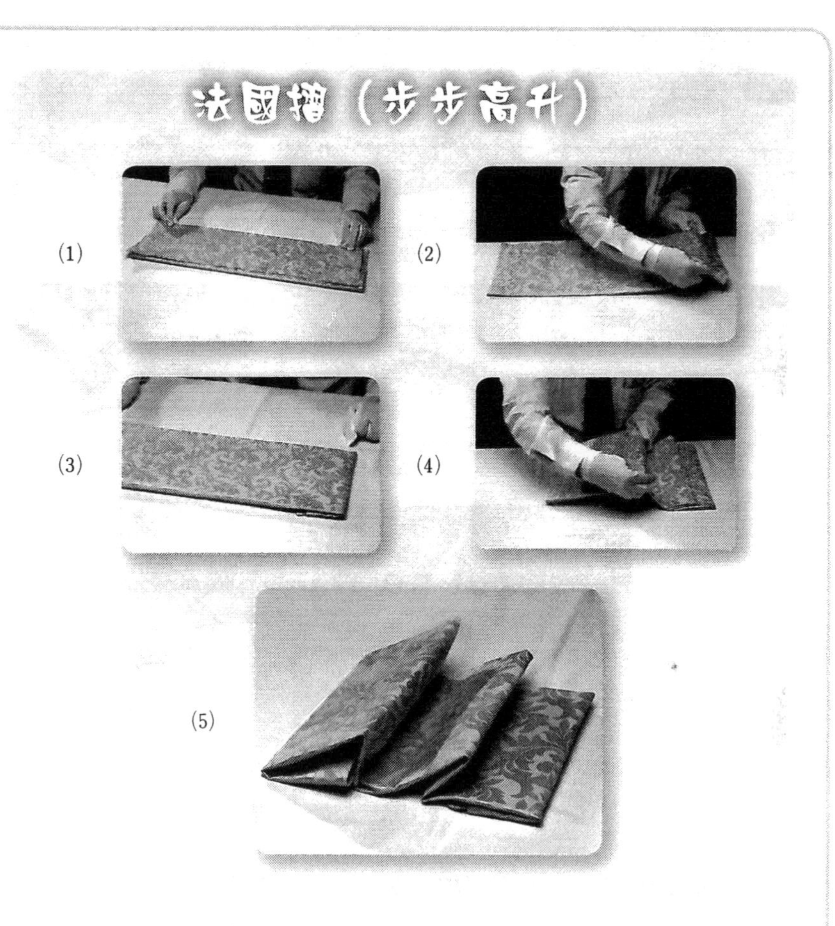

(1)口布反面朝上，平放桌上，並將正方形口布上下端朝內摺成三分之一長條摺。

(2)將口布一端取八分之一長，往下摺第一摺。

(3)接著於口布八分之四位置，再摺第二摺。

(4)然後在口布八分之六位置，再摺第三摺，並將剩下約八分之一的口布往內摺，鋪平即可。

(5)將三摺之摺線壓平修整即完成。

主教帽

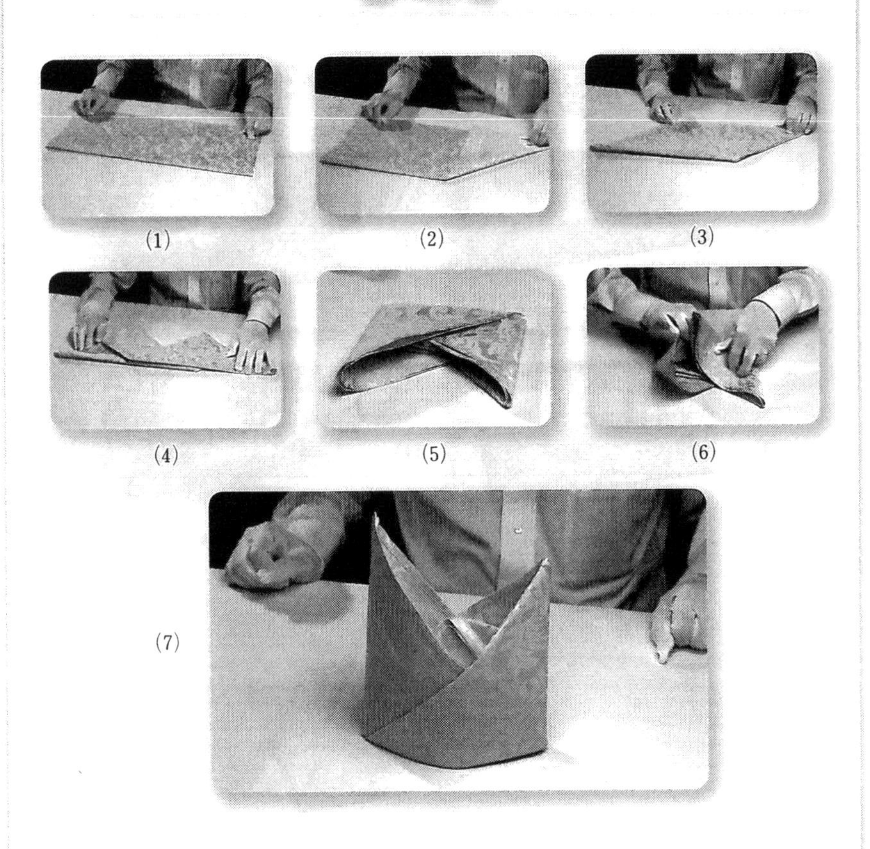
(1) (2) (3) (4) (5) (6) (7)

(1)口布反面朝上，上下對摺二分之一，成為長方形。

(2)長方形對角端點，朝中間線內摺，構成兩個三角形之平行四邊形。

(3)將此平行四邊形的口布翻面平放。

(4)將較長一雙平行邊對摺，並拉出另一三角形之頂角。

(5)將一側邊角向上往內摺入。

(6)翻面，以同前方法，將另一側邊角摺入。

(7)將底部展開，使其站立即完成。

扇　子

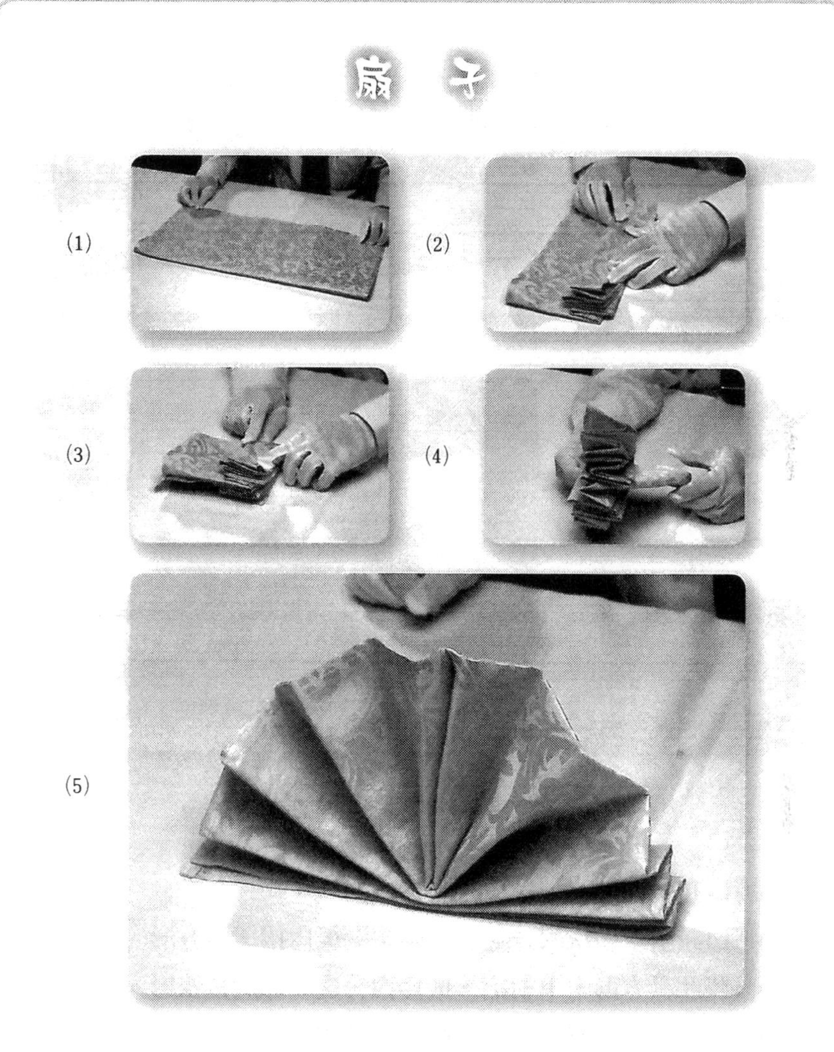
(1)
(2)
(3)
(4)
(5)

(1)口布反面朝上，再對摺成二分之一寬長的長方形。

(2)自口布一端開始摺段摺至距另一端約四分之一處止。

(3)將段摺部分壓緊，再向後對摺。

(4)再將外露部分之摺邊開口對角，往中間段摺底端摺夾入摺縫中。

(5)捏緊摺夾部位後，將其展開即完成。

星　光

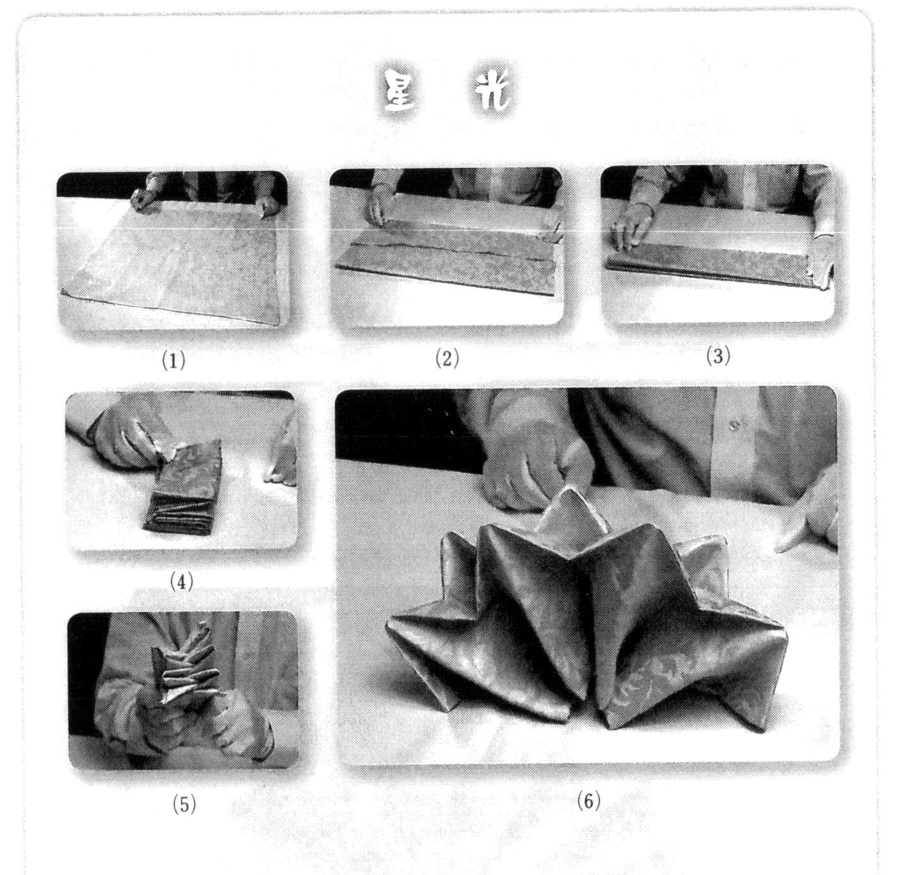

(1)將口布反面朝上，平放桌面。

(2)將口布上下各取四分之一長向中間線內摺成長方形。

(3)再將此長方形上下對摺，成為四分之一寬的長條形。

(4)取八分之一摺寬，由一端朝另一端摺段摺成扇形。

(5)一隻手握緊扇形三分之二處，另一隻手將兩側邊角及內角往外拉出並摺成三角形狀。

(6)捏緊修整後，展開此扇形即完成。

酒店型（自助餐型）

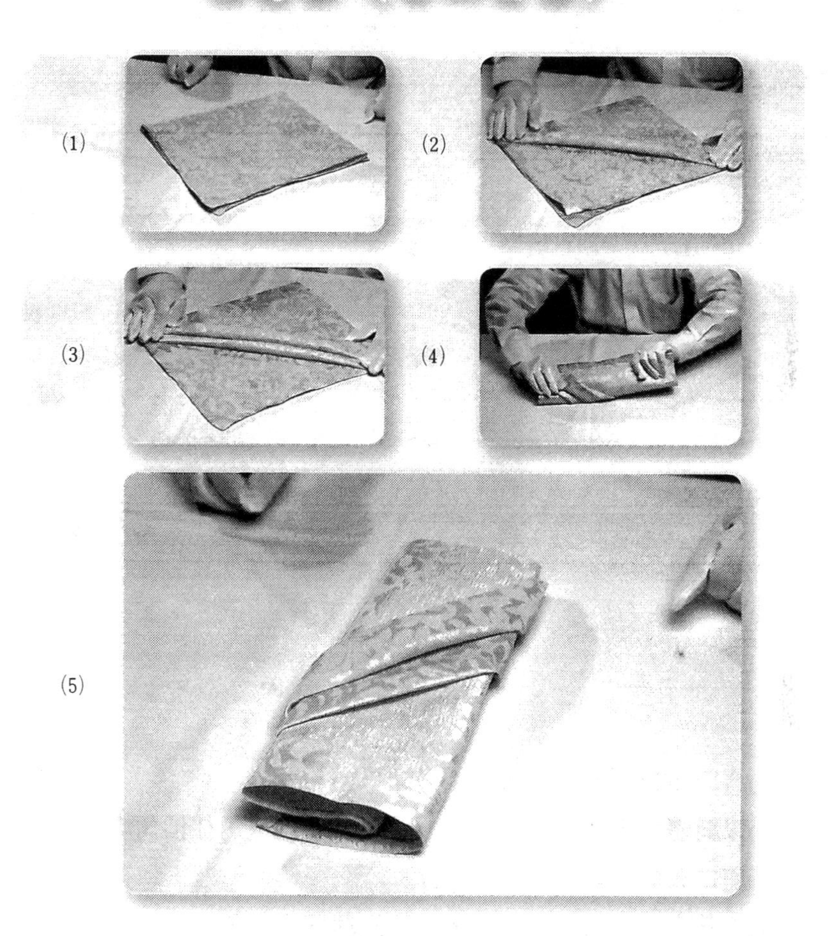

(1)將口布對摺再對摺，四摺開口朝上，以菱形方式平放桌面。

(2)將開口摺片最上層的第一片，向下捲摺至對角線上。

(3)第二片向下摺入第一片之後面，露出部分的寬度與捲摺同寬。

(4)將對角兩側向後各摺入四分之一寬長。

(5)將摺痕修整壓平即完成。

帳棚（三明治）

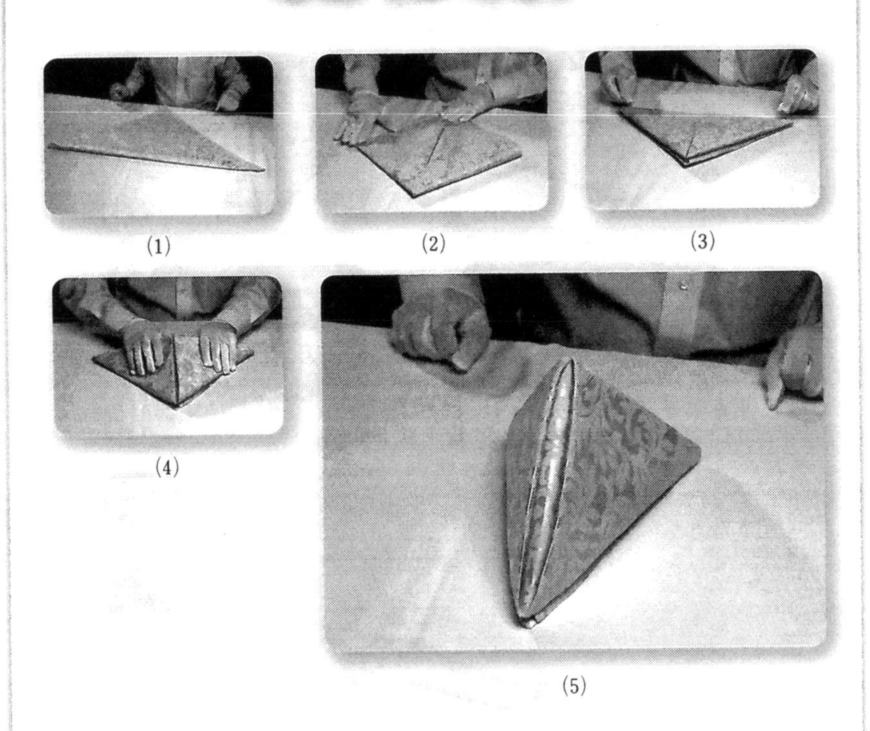

(1)　(2)　(3)　(4)　(5)

(1)將口布對摺成三角形，頂角朝下。

(2)以斜邊中央位置為中心點，將左、右兩邊角往頂角處內摺，使口布成為菱形。

(3)將菱形對角線下半部口布，往後翻摺成三角形。

(4)再將三角形，以頂點及斜邊中心點之摺縫為軸，將左右二邊朝後摺入。

(5)捏緊修整後，展開即完成。

土地公

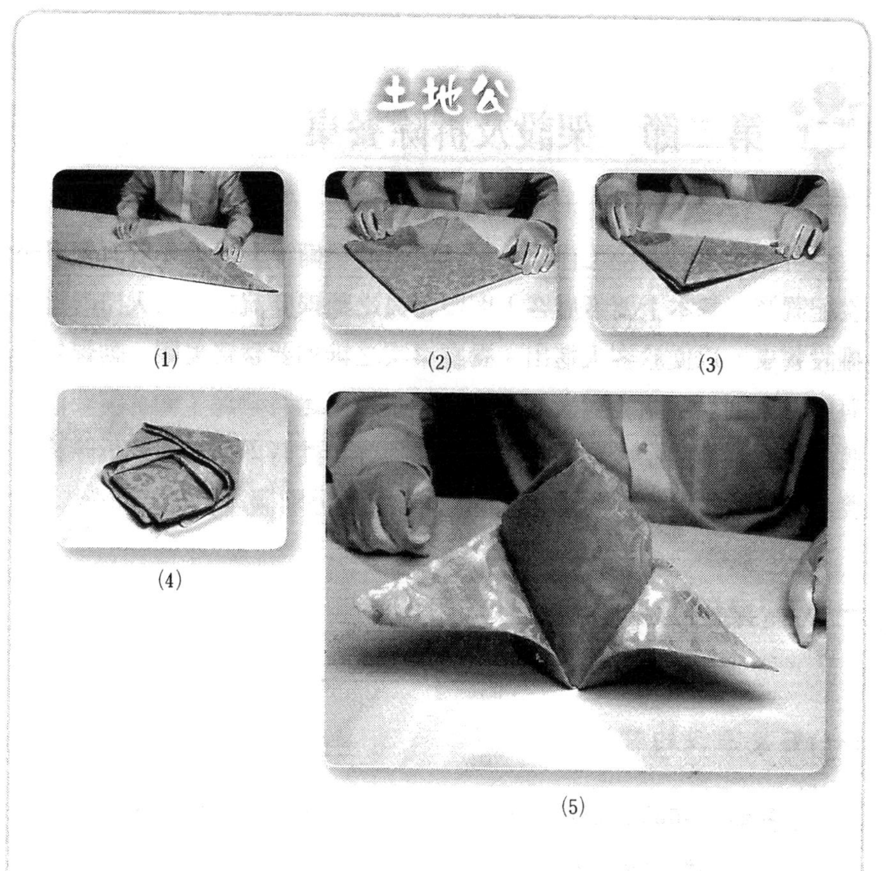

(1)　(2)　(3)

(4)　(5)

(1)將口布對摺成三角形，頂角朝下。

(2)以斜邊中央位置為中心點，將左、右兩邊角往頂角處內折，使口布成為菱形。

(3)將菱形對角線下半部口布，往後翻摺成三角形。

(4)再將三角形以頂點及斜邊中心點之摺縫為軸，將左、右兩邊朝上翻捲，並將兩邊角相互夾住。

(5)夾緊後，將正面左、右各一片摺片往外翻即完成。

第二節　架設及拆除餐桌

餐廳服務的準備工作之一，乃餐桌的準備。餐廳須先擬訂餐桌座次配置圖，基本上要考慮客人與服務員之動線要流暢，出入口附近勿擺設餐桌，以便於客人進出。餐廳桌次之排列要整齊美觀，動線井然有序爲原則。基本上餐廳的座位均固定，不過有時爲了顧客需要而須將原來餐桌椅異動，如臨時增加餐桌椅等，此時即須架設或拆除移走餐桌。謹就餐桌架設及餐桌拆除之作業要領分別摘述如後：

一、餐桌的架設作業

(一)餐桌架設的時機

1.餐廳服務前必須針對本日訂席，製訂餐桌座次配置圖，並據以安排調整或架設新餐桌次。

2.餐廳因爲顧客臨時要求而需要加設餐桌椅。

3.其他特殊原因而架設餐桌，如餐桌不穩、桌腳折損，均須立即更換新餐桌。

(二)餐桌架設所需的器具

1.活動腳架。

2.桌面。

3.轉檯底座。

4.轉檯。

5.檯布。

6.轉檯套。

(三)活動式腳架的長方餐桌架設要領及步驟

1.將長方餐桌自存放區搬至餐廳準備定位。

2.將活動腳架放下，並加固定扣穩。

3.檢查餐桌的穩定度，若桌腳高低不均，則須將椅腳調整或以軟木片予以墊平穩。

4.清潔桌面並鋪上檯布，即完成長方餐桌之架設。

(四)活動式腳架的中式圓餐桌架設要領及步驟

1.先將活動腳架及圓桌面自存放區搬到餐廳準備定位。

2.先取活動腳架，加以分開安置在指定位置。

3.將圓桌面，以翻滾方式自存放區移到餐廳定點位置，置放在活動腳架上面。此時須詳加確認是否將桌面底部凹槽卡進桌腳架上之凸起部位。

4.檢查桌面穩定度，確認平穩無誤。

5.如果不加轉檯，則可先清潔桌面後鋪上檯布，即完成餐桌架設之作業。

(五)固定式桌腳的中式圓餐桌架設要領及步驟

大部分高級餐廳的圓桌均以固定式銅質桌腳爲多，以方便客人進餐入座。此類餐桌均設有轉檯，有些餐廳轉檯還加裝轉檯套，更顯得高雅大方（**圖12-3**）。謹將其架設要領步驟分述如下：

■先鋪設圓桌檯布

1.鋪設檯布時，雙手先將檯布拉開，再向前端拋出，使檯布攤

圖12-3　套上轉檯套之中餐圓桌

平，使檯布中心十字摺痕落在餐桌中心點。

2.然後再調整檯布下襬，使其垂下長度一致對稱即可。

3.最後再檢查檯布是否整潔，是否有破損或污點，經確認無誤即告完成檯布鋪設工作。

■安置轉檯底座（軸承座）

圖12-4　轉檯底盤

1.先檢查轉檯底座滑輪是否可做三百六十度旋轉、是否轉動靈活、功能是否正常，如果試轉不順，可稍加調整或添加一、二滴潤滑油即可。

2.將轉檯底座擦拭清潔，避免污垢或油漬沾污檯布而有礙觀瞻。

3.確認功能正常且擦拭乾淨後，再將轉檯底座平穩安置在已鋪設檯布的餐桌正中央位置（**圖12-4**）。放置底座時要再三確認正中央位置後，始輕輕放下，以免位置不對而再重新調整之困擾。

4.通常圓桌直徑若超過150公分（5呎）者，均須增置轉檯（轉盤），轉檯直徑約50至70公分，轉檯距桌緣大約30公分較適宜。

■套上轉檯套

1.先取一面轉檯，另稱轉盤，英文稱之爲Lazy Susan或Turn Table。確認是否乾淨，是否有破損缺口。

2.確認轉檯潔淨無瑕疵，此時可將轉檯套予以套上，如果轉檯套無鬆緊帶，則須將套子結帶繫緊，確認完全平穩、扎實始可。

3.檢查確認轉檯套攤平、牢固即完成。

事實上，如果轉檯面很美觀、材質高貴，則不一定要使用轉檯套，唯高級餐廳或宴會，均會加裝轉檯套，始較爲正式且大方美觀。

■鋪放轉檯

1.將已套好轉檯套的轉檯，或經檢查確認清潔無污損之轉檯，輕輕置放在轉檯底座上面。

2.再以手輕壓檯面並加轉動，以確認是否平穩、轉動功能是否順暢正常。

3.經確認無誤，再將桌面以抹布擦拭一遍，以免留下手印或指紋，尤其是未加轉檯套之轉檯面。如果是玻璃或麗光板之檯面，只要手指碰觸就會留下污痕，因此最後善後處理甚重要（圖12-5）。

二、餐桌拆除作業

(一)餐桌拆除時機

1.當宴會結束後，須立即展開收拾餐具、桌面整理及將臨時加設之餐桌拆除復原，並歸定位存放。

2.當餐廳營業時間結束，須清理桌面、打掃清潔地板時，須先移

圖12-5　中餐圓桌玻璃面轉檯

動或拆除餐桌，以利善後清潔整理工作之進行。

3.餐廳爲因應顧客臨時要求而拆除多餘餐桌。

(二)餐桌拆除所需器具

1.布巾車或布巾袋。
2.轉檯存放車（圖12-6）。
3.抹布。
4.其他手工具如起子、鉗子等等。

圖12-6　玻璃轉檯存放車
資料來源：寬友公司提供

(三)活動式腳架長方餐桌拆除要領及步驟

■先將檯布收起

1.乾淨檯布須先摺疊好再歸定位存放或置放在布巾車上。至於使用過且污損之檯布則放在布巾車污衣袋或布巾袋中準備送洗。
2.布巾收拾前須檢視是否有菜餚殘渣、牙籤等異物，並將乾、溼布巾分開放置，以免交互污染。

■鬆開活動腳架固定扣，再將桌腳收回

1.活動腳架均附有固定扣，拆除長方桌時，須先鬆開一端兩腳架之固定扣，再將兩支桌腳收回，輕輕將桌面放下置於地板上。
2.然後再鬆開另一端桌腳之固定扣，並將腳架收回。

■依規定置放於指定位置

將桌腳均收回的餐桌，依規定整齊堆放於指定位置，此拆除作業始告完成。

(四)活動式腳架中式圓餐桌拆除要領及步驟

■先將檯布收起

收拾檯布之要領同前所述，唯須特別注意依據檯布乾、溼及污損情節輕重來嚴加分類送洗。

■將圓桌面收起

1.將圓桌面先往上抬起，使桌面底部凹槽與桌腳凸起部位分離，再將桌面移下。
2.以滾桌方式將桌面置存於指定位置，即完成餐桌拆除的作業。

(五)固定式腳架中式圓餐桌拆除要領及步驟

■先將轉檯收起

1.以雙手握持轉檯左右兩邊，再向上抬起，使轉檯脫離底座。
2.取下轉檯布套集中置放於布巾車待送洗。
3.將轉檯依規定放置在轉檯存放車或存放架上。如果是玻璃轉檯務必小心搬運，輕輕放置在指定存放位置。一般大型餐廳均備有玻璃轉檯存放車來收藏這些轉檯。

■收取轉檯底座

1.以雙手握持底座左右兩邊，再向上抬起，使轉檯底座離開桌面，以免收取時不慎刮破或污損桌面及大檯布。
2.將取下的底座集中置存於定點存放區，不可任意棄置地板上，以免不慎碰撞受傷或絆倒。

■收取圓桌檯布

1.檯布收取後不可任意置放在地板上，須先將乾、溼檯布或有特別污損之檯布，予以分別放置在布巾車或污布巾袋以便送洗。
2.檯布若有殘菜、牙籤、骨頭須先剔除後，再將檯布集中送洗。

■整理清潔桌面

以乾淨抹布將桌面清潔擦拭乾淨，座椅歸定位擺整齊，此拆除餐桌作業即告完成。

第三節　鋪設及更換檯布

現代餐飲業爲求有效經營管理，提供高品質之服務，對餐桌之擺設極爲講究，除了考慮器皿本身之用途外，更須注意其材質、體積、尺寸、色澤之搭配，使得原本僅供進餐之平凡桌子，頓時宛如一個統一和諧之藝術體。在整個餐桌擺設之作業流程中，最重要的是檯布鋪設與更換，茲就檯布鋪換應注意之事項及技巧分述於後：

一、檯布鋪換作業應注意之事項

1.檯布尺寸乃視餐桌大小而定，不過通常均有標準尺寸規格，因此餐飲服務員須依本身工作責任區之餐桌來準備各類不同尺寸之檯布以備用。

2.檯布標準數量多寡，係依各餐廳營業情況而定。一般而言，每桌除桌面鋪設外，應另準備一至二條置放在工作服務櫃備用。

3.檯布更換之主要時機，乃當餐桌一經客人使用，不論是否髒污，一律須重新更換，或是發現檯布有污損現象時，不論客人是否使用過，均應立即更換，以免因而影響客人對餐廳之評價。

4.更換後檯布須分開置放，以免新舊檯布雜陳，影響衛生及服務品質。

5.檯布更換動作要乾淨利落，以一次作業完成爲原則。

二、檯布鋪換作業要領

1.鋪設檯布之前，須先以手輕壓桌面，檢視其穩定度，若餐桌不穩，則須先加以調整修正或以軟木片墊桌腳，然後再將雙手洗淨。

2.鋪設或更換檯布前須先確保桌面乾淨。

3.檯布尺寸大小要合適、正確。

4.檯布正面朝上，布邊摺縫處爲反面要朝下。

5.以摺痕爲基準，使檯布中間摺紋剛好在餐桌正中央。

6.垂落桌邊之布長要平均，通常爲12至18吋。但以垂下桌面約30公分（12吋）最好，剛好落在椅面上方。

7.鋪換檯布姿勢要端莊、優雅，動作要熟練，手臂勿高舉。盡量避免動作太大影響到鄰座客人。

8.最重要一點是須特別注意勿使桌面露出爲原則，以免影響觀瞻，破壞餐廳美感與高雅氣氛。

三、檯布鋪設的基本步驟及要領

檯布鋪設本身不但是一種藝術，更是一種專業技術。其本身標誌著餐廳服務品質之水準，因此餐飲從業人員必須熟悉檯布鋪設的基本要領與步驟才可。茲分述如下：

步驟一：檢查餐桌清潔與穩定度

檯布鋪設的第一步驟必須先檢查餐桌是否乾淨平穩。可以用手掌輕壓一下桌面，確定乾淨平穩，始可開始鋪設檯布。

步驟二：選取正確尺寸的新檯布

爲便於鋪設檯布，摺疊好的正確尺寸檯布先置放在桌緣，且檯布開口摺邊朝向自己，正面向上。

步驟三：站立桌前正中央位置

1.鋪設檯布時，爲便於操作且避免影響到鄰座客人進餐，應站在餐桌中央正前方約10公分距離的位置。

2.兩腳姿態採一前一後，重心力求平穩爲原則。

步驟四：打開並夾緊新檯布

1.首先將檯布打開平放桌緣，開口摺邊朝向自己。

2.以雙手拇指與食指夾緊第一層檯布；食指與中指夾緊第二層檯布（圖12-7）。

步驟五：鋪設檯布，用力拋擲攤開檯布

1.拋擲檯布時，雙腳須一前一後站穩。

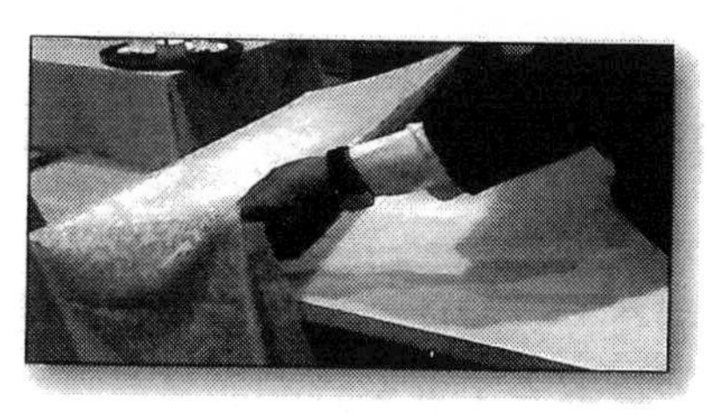

圖12-7　打開並夾緊新檯布

2.身體微向前傾，身體重心落在前腳。

3.拋擲檯布時，先將雙手夾緊檯布再將檯布往上提約10至15公分，身體微向前傾，手臂用力向前將最下層檯布朝桌子另一端拋出，同時雙手略往下壓可順利將空氣壓出，並使檯布能完全覆蓋住整個餐桌，且檯布摺痕剛好落在餐桌另一端桌邊。

4.然後鬆開食指與中指，身體微向後傾，以拇指與食指夾緊第一層檯布輕輕往後拉，直到檯布完全攤開覆蓋整個桌面爲止（圖12-8）。

圖12-8　用力拋擲檯布，使其落在餐桌另一端，再輕輕往後拉

步驟六：調整修正檯布

1.檯布鋪好之後，務須使檯布中心摺痕落在餐桌中央，且與餐椅中央對齊。

2.檯布四邊之下襬，其垂下之長度要等長。

3.檯布下襬四桌腳部位，要以拇指與食指拉住下襬往同方向理順拉襯。爲避免移動桌布，可將左手按住桌角，再以右手來修整。

4.整個餐廳檯布鋪設與修整要力求整齊一致美觀。

四、更換檯布的方法與步驟

不論是鋪設或更換餐桌檯布，一般而言，其基本動作是一樣的，只是更換檯布之時機往往是在餐廳客人進餐時間或營業時間爲之，因此爲避免影響客人進餐氣氛或破壞餐廳高雅之藝術美感，通常檯布之更換以不露出桌面爲原則，其次再講究鋪設之純熟優美動作。謹將檯布更換之基本步驟及要領依序說明如下：

步驟一：將舊檯布遠端移至餐桌邊緣

1.首先以雙手輕輕地將舊檯布朝自己慢慢拉下，使舊檯布的遠端（另一端）剛好拉至餐桌邊緣。

2.移動舊檯布的動作要輕巧，勿太用力。絕對嚴禁露出桌面，更不允許將舊檯布整個拉下來再重新鋪換新檯布，此舉相當不雅觀且嫌粗魯。

步驟二：選取正確尺寸新檯布，平放桌緣

爲避免錯誤、浪費時間，更換檯布之前須正確選取合適、無破損之新檯布，正面朝上，開口摺邊朝向自己，放置桌邊備用。

步驟三：站立桌前正中央位置，準備更換檯布

1.站在餐桌前方約10公分之距離，盡量避免妨礙到鄰桌客人。

2.站好鋪設位置後，雙腳姿勢採一前一後，重心力求平穩。

步驟四：打開並夾緊新檯布

1.將新檯布左右打開，開口摺邊朝自己，平放桌緣。

2.以雙手拇指與食指夾緊第一層布；食指與中指夾緊第二層布。

步驟五：鋪換檯布，用力拋擲攤開檯布，夾取舊檯布

1.拋擲檯布時，雙腳須站穩，身體微向前傾，重心落在前腳。

2.雙手微撐開並將檯布往上提高約10至15公分，檯布中央摺痕對準餐桌中央後，再用力朝前將檯布拋擲出。

3.務使最下層檯布能完全覆蓋住遠端整個桌面，且垂下的下襬約30公分。

4.鬆開食指與中指，並以小指與無名指夾取底層舊檯布後，再往上提高約10至15公分，身體稍微向後傾，同時將新舊檯布往後拉，直到上層新檯布完全覆蓋整個桌面爲止。

5.將小指與無名指夾住的舊檯布鬆開，並順手抽出舊檯布。

步驟六：調整修正新檯布，並將舊檯布摺疊送洗

1.舊檯布抽出後，不可任意棄置地板上，須加摺疊放置專用布巾袋或布巾車待送洗。

2.新檯布鋪設更換後，須再檢視中央摺痕是否對稱，下襬是否等長、桌腳布邊要理順，其要領同檯布鋪設。

第四節　操持各式托盤、服務架或服務車

餐飲業爲提升餐廳服務品質，加強服務的效率，使客人能夠享受溫馨、迅速、賓至如歸的優質餐飲服務，每位餐飲服務人員平常應多加強專業知能與服務技巧的訓練。尤其是對各式托盤之持托要領與技巧，以及服務車或服務架之操作，務須勤加練習，期使各項動作與技巧能精湛純熟。唯有如此，才能提供客人高品質的典雅溫馨之舒適餐廳服務。本節謹分別將各式托盤之操持要領，以及餐廳服務車或服務

架之操作，分別介紹說明如下：

一、托盤的種類

圖12-9　圓形抗滑托盤
資料來源：寬友公司提供

(一)依形狀分

1.圓托盤（**Round Tray**）：圓托盤其尺寸大小不一，通常直徑約12至18吋為多。所有各種托盤中，以此類托盤使用頻率最大，用途也最廣（**圖12-9**）。

2.方托盤（**Rectangular Tray**）：方托盤尺寸有多種，通常長度約在10至25吋。此托盤主要用途係作為搬運較重、量較多之餐具或菜餚時使用。

3.橢圓托盤（**Oval Tray**）：橢圓托盤之尺寸大約12至18吋之間。此類托盤主要用途通常係在高級餐廳或酒吧用來端送飲料或食物用。

(二)依質料分

圖12-10　方形與圓形塑膠托盤

1.金屬托盤（**Metal Tray**）：此類托盤常見的有不鏽鋼、銅、鍍金、鍍銀等金屬為材質的托盤。

2.塑膠托盤（**Plastic Tray**）：
塑膠托盤係以一種耐高溫的合成聚脂製成，如市面上各餐廳最常使用的抗滑托盤即是例。這類托盤的優點為質輕、硬度高、耐熱、易洗，並且不容易傳熱。目前大部分餐廳均使用此類托盤為多（**圖12-10**）。

3.木質托盤（Wooden Tray）：此類托盤較少爲人使用，主要原因爲成本較高、維護不易且使用年限較短。唯高級古典餐廳或茶藝館仍喜愛採用此類較傳統、藝術化之木質托盤。

二、托盤持托的要領

托盤的操作通常有兩類基本方式，即單手托盤端法與雙手托盤端法。無論是那一類方式的托盤操作，其持托的基本要求均應力求安全、平穩、自然、美觀。謹將其操作要領分別敘述於後：

(一)單手托盤端法

此種托盤端法使用時機最多（如平托法），也最受餐飲業推崇使用。因爲服務人員在餐廳服務時，必須保有一隻可靈活運用的手才可以，如桌邊服務，或持托盤經過人群時，也可以另一隻空閒的手作爲保護托盤的前導。因此每位餐飲服務人員平常須勤加練習，使其熟能生巧，應用自如。此類托盤端法可分兩種：

a.平托法（一）

b.平托法（二）

c.平托法（三）

圖12-11　平托法

資料來源：康華飯店提供

■平托法（Hand Carry）

平托法另稱低搬法或手托法，係所有托盤端法當中最常見、也是使用時機最頻繁的方法（圖12-11）。其操作要領如下：

1.一般係以左手來端托盤。左手掌平伸微向內彎，左手拇指朝左，四指分開微向上彎，以掌心及手指來托住托盤，力求平穩。唯重心仍落在手掌心上方。

2.平托法搬運操作托盤時，為確保托盤的穩定度，雙肩要平，勿聳肩或側彎，盡量使肩膀向後挺。因為若肩膀向前彎，容易使托盤搖晃重心不穩。

3.左手上臂緊靠身體腰際，上臂與前臂成垂直狀約90度角，五指張開微向上彎。

4.勿使托盤重量倚靠在前臂，而是在手掌部位，否則托盤很容易翻覆或傾倒。

5.當以平托法搬運器皿經過擁擠之人群時，務必要以另一隻手來護持托盤前方，以免碰撞他人。

綜上所述，所謂「平托法」也就是以手掌心為重心，五指為輔的一種「低搬法」。不過有些人則喜歡以指尖來替代伸平微彎的手掌來撐托托盤，認為此「指尖托法」較為靈活方便，如美國，至於歐洲或其他國家則較不鼓勵此方式。事實上，只有自己親身體驗，勤加練習，才能選定那一種方式較適合自己使用。

■肩托法（High Carry）

肩托法又稱高搬法或高舉法，此方法較適合以大托盤如長方托盤等來搬運較笨重的東西，或是穿越人群時使用（圖12-12）。至於小圓托盤則不太適合此肩托法。謹就肩托法之操作要領分述如下：

1.抬舉托盤時，先使托盤凸出於托盤架或工作檯邊緣約6吋，較方便將手

a.肩托法（一）

b.肩托法（二）

c.肩托法（三）

圖12-12　肩托法

資料來源：康華飯店提供

掌平伸置放在托盤之下托舉托盤。

2.肩托法手部的姿勢爲：左手拇指朝前，四指撐開在後，以手掌心爲支點。將托盤高舉至肩膀與耳際之間的高度，盡量使托盤朝身體緊靠，並以右手扶握托盤右前緣。

3.肩托法手臂的位置相當重要，上臂盡量緊靠身體，使手肘固定於適當位置。此方式可增加支撐力，手臂之負荷量也較輕，不易疲乏。

4.若以肩托法搬運笨重物品時，應該避免以臂力將托盤直接舉起，以免扭傷或發生意外。肩托法搬運重物的要領爲：

(1)抬起托盤前，先將此托盤移出工作桌，使其凸出離桌緣約15公分（6吋）之距離。

(2)身體稍微蹲低，彎曲膝蓋，再將手掌伸平，置放於托盤邊緣，另一隻手握住托盤，再慢慢站立起來，藉著肩膀來支撐，利用雙腿及背部之力，將重托盤舉起，而不是靠手臂之力道。

(3)肩托法手臂之位置，盡量使上臂緊靠身體較不易疲勞，能增加支撐力；至於手部的姿勢爲拇指在前，其餘四指微張朝後。

(二)雙手托盤端法

雙手托盤端法係適用於搬運量多質重之餐食或器皿時使用，如速食餐廳、速簡自助餐廳或一般大眾供食餐廳較廣爲使用。謹將其操作要領分述如下：

1.將較高、較重，或盛裝湯汁、液體之器皿容器先置於托盤中央靠近自己身體的位置。

2.將較小較輕之物品分置托盤四周。

3.托盤搬運之物品不可堆砌太高，避免高於鼻梁以免發生危險；也不可因負荷太重而影響走路姿勢。

4.以雙手分持托盤兩端，拇指在上握住托盤邊緣，其餘四指置於托盤兩側底端。

三、服務架或服務車

餐廳爲求服務之效率，除了以托盤來搬送餐具、菜餚外，有時也會以服務車來協助搬運，並以服務架來擺放餐具或菜餚，以分攤工作檯之工作量。茲摘述如下：

(一)服務架

服務架係一種活動式之邊桌，其性質類似工作檯。它是一種可摺疊的活動式工作架，展開固定後再放置大型托盤於上面，以供桌邊服務或收拾餐具擺放（圖12-13）。其操作時須注意以下幾點：

圖12-13　服務架

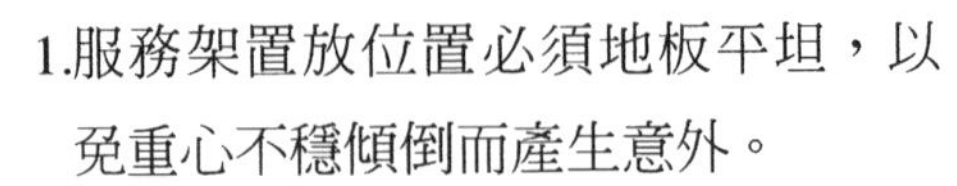

1.服務架置放位置必須地板平坦，以免重心不穩傾倒而產生意外。

2.活動架之帆布綁帶要確定無裂痕或破損。

3.活動架展開後，要檢查其支架的穩定度。若不平穩可先墊軟木片。

4.確定穩固後，再將大托盤放在支架上方以擺放收拾之餐具。若是作爲現場桌邊服務，則須另鋪上白色檯布，再擺放其他餐具備品，並將自廚房端出的菜盤、餐盤端送到服務架，作爲旁桌服務用。

(二)服務車

服務車（Service Trolley）之種類很多，其功能用途不一。一般而言，有些是供作搬運餐具、菜餚、收拾檯面餐具用，如General Purpose Service Cart，係一種多功能服務用手推車。此外有些是用來準備食物、現場烹調表演廚藝用，如法式服務現場烹調車、點心前菜車、沙拉車、保溫餐車等多種，此類餐廳手推車已在本書「餐廳設備」中介紹過，不再贅言。謹就多功能服務車操作時應注意事項摘述如下：

■注意安全，防範意外

1. 勿裝載過重，或將器皿堆砌過高。
2. 須檢查車輪及煞車是否正常（**圖12-14**）。
3. 每一種手推車均有特定功能與用途，勿任意變更用途使用。
4. 若裝置有瓦斯桶及瓦斯開關，則須事先詳細檢查是否點火開關正常，瓦斯是否有外洩。
5. 操作服務車時要注意速度勿太快，且要留意用餐室環境及硬體的限制，以免造成意外或客人的不便。

圖12-14　服務車要確保車輪及煞車系統正常

資料來源：上賓公司提供

■注意整潔、美觀

1. 服務車如現場烹調車、酒車、保溫餐車，其主要目的乃在吸引顧客，增進餐飲銷售量。因此務必隨時保持整潔、亮麗美觀，始能吸引客人。

2.即使是工作服務車或一般服務車，在搬運餐具時也要注意整潔、衛生，以免影響或破壞餐廳客人進餐的情緒或氣氛。

■完善齊全的設備與全套的器材

爲確保服務車能發揮其服務或促銷的功能，每部服務車所須配備的器材或設備必須齊全，始能適切地執行所賦予的任務。

第五節　餐具服務

餐廳服務所需的餐具種類很多，如陶瓷類、金屬類、玻璃類等各式餐廳器皿。不過每一種餐具均有其特定用途與功能，不可誤用。因此，餐飲服務人員除了要瞭解餐廳各類器皿之名稱，還要進一步熟悉其正確用途及其操作技巧，唯有如此，才能夠提供客人所需的服務。本單元謹分別就餐具服務的基本原則及餐具服務的技巧，詳加介紹如下：

一、餐具服務的基本原則

餐具服務工作的主要原則要依據客人所點的菜單、宴席類型、菜餚的需要，以及客人進餐的舒適與方便。除此之外，有些餐廳爲配合其餐廳本身的營運特色或需求，因此在餐具服務之作法上可能並不完全一樣。謹就餐具服務應循的基本原則分述如下：

(一)餐具須依菜單內容來調整及服務

許多食物需要它們自己特別的服務用器具，如果隨便亂用，不僅會讓客人感到不便，更有損餐廳的形象。例如客人點叫牛排，桌面上卻僅有魚刀；或是客人僅點一客義大利麵，但桌面上仍擺放基本擺設的許多其他餐具，而未能及時調整餐具，類似情景乃因未能遵循依菜單內容來適時提供正確餐具之例證，而此現象也是導致顧客滿意度低落的原因之一。

(二)裝盛食物的餐具須視菜餚性質、形狀及分量而定

清代文人袁枚《隨園食單》一書中，特別指出美食與美器的搭配，「宜碗者碗，宜盤者盤，湯羹宜碗」，另外在宴會十美中也特別提到「器具美」。可見我國自古以來對於餐具之使用，須考量菜餚本身的特性外，還要顧及其分量之多寡，再據以選用適宜的裝盛餐具來服務。例如中餐菜餚糖醋黃魚須搭配大型16吋之腰盤，西餐主菜則須以10至12吋主菜盤來供食；若是供應蝦考克（Shrimp Cocktail）則須使用專用高腳考克杯，並附上襯盤、茶匙及考克叉供食服務。

(三)裝盛食物的餐具須與菜餚的色彩相搭配

餐具與菜餚的顏色搭配一般均習慣採用強烈對比的配色方法，如黑白、紅白等色調之搭配，藉以利用裝盛容器來襯托出菜餚之色澤美、質地美與形制美。

(四)餐具的質地須與菜單或宴席規格、價值相稱

一般餐廳所使用的餐具與高級特色餐廳所提供的餐具，其材質並不一樣。在高級餐廳的菜單與宴席，其規格較講究精緻化，單價也相

對偏高，因此餐廳所提供的餐具也較高級，如水晶杯、骨瓷、銀器、象牙筷、鍍金龍頭筷架等高級餐具服務。至於一般餐廳則採用一般二氧化矽的普通玻璃杯、瓷盤、不鏽鋼刀、叉、匙等餐具爲多。

如果一般餐廳能提供較高級的餐具，深信客人一定會感覺到物超所值；反之，若是高消費的特色餐廳卻提供質地差的餐具服務，必定會引起客人抱怨與不滿，身爲餐飲從業人員須特別注意到這一點，以免因一時失察而造成顧客的不良印象與負面評價。

(五)餐具供應須整套服務，齊全的組合搭配

餐廳提供客人使用中空器皿，如糖盅、冰桶、保溫鍋等餐具，均須附專用蓋子始能正確搭配，絕對不可隨便使用不相稱的蓋子替代；有些中空餐具如大湯鍋服務時，則要附上湯杓；大型調酒缸（Punch Bowl，即潘契酒缸，現泛指大而深的玻璃缸，用來做攪拌飲料時盛用之），則須另附上大型酒杓；供應咖啡或紅茶服務時，咖啡匙或茶匙也要一併附上，此乃餐飲服務人員在餐具服務時應遵守的基本服務規範。

(六)餐具服務力求安全、衛生、美觀

餐廳任何餐具務必要擦拭乾淨，尤其在服務客人之前要再三檢查確認乾淨無破損之後，才可提供給客人，如果發現杯、盤或刀叉匙有污損，則應立即更換新的餐具給客人。餐廳營業中，服務人員若需要端取餐具服務時，務必要注意下列幾點：

1.營業中，搬運或端送餐具時，務必要使用托盤或餐盤，其要領爲先在托盤或餐盤上面鋪平乾淨服務巾或口布，絕對避免徒手抓取餐具，或以布巾包裹餐具端送到餐桌給客人。
2.拿取餐具的基本原則要注意不可用手觸摸到客人進食會吃到的

餐具部位，如杯口、刀叉匙尖端、餐盤正面內緣等地方。

3.正確餐具的端拿方法爲：端餐盤時拇指僅扣盤緣，其餘四指置於盤底支撐（圖12-15）；拿取玻璃杯要端取底部或高腳杯之腳座；端取扁平餐具時僅准許端持柄端，不可觸及刀刃、匙面或叉尖等部位。

圖12-15　餐盤正確持法

二、餐具服務的技巧

餐具服務除了要遵循前述各項基本原則外，還要熟練正確服務叉、服務匙的操作，以及其他各種分菜餐具如魚刀、杓子的正確服務方法，茲分述如下：

(一)服務叉與服務匙的服務作業

服務叉匙的運用，爲當今餐飲服務人員應備的一種分菜技巧，尤其是高級歐式餐廳的服務，經常需要運用此分菜叉匙來爲客人服務。如何使分菜服務的動作既優雅又迅速，則有賴正確的操作技巧及平常的精熟學習演練。

一般而言，服務叉匙的操作方式可分爲三種，即指握法、指夾法以及右匙左叉法等，謹就其操作步驟及要領介紹如後：

■指握法

指握法操作較方便，適用於夾派食物、舀取湯汁，深受國內外餐廳歡迎並廣爲採用，謹就其操作步驟及要領分述如下：

步驟一：將服務叉與服務匙置於右手掌上

1.先將服務叉匙一對，正面朝上，柄端置放在右手掌上。

2.服務叉在服務匙上方，叉尖朝上，除非夾取較大型或圓形狀食物時，爲便於操作空間加大，始將叉尖朝下（圖12-16）。

3.服務叉、服務匙柄端斜放橫置於中指、無名指與小指之上，唯須注意勿使叉匙柄之末端超出小指之外。易言之，叉匙柄端要與右手小指底部對齊勿外露（圖12-17）。

指握法步驟一

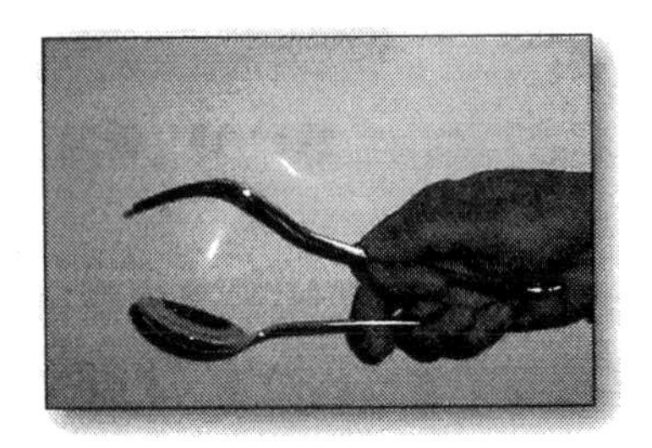

圖12-16　圓形食物指握法

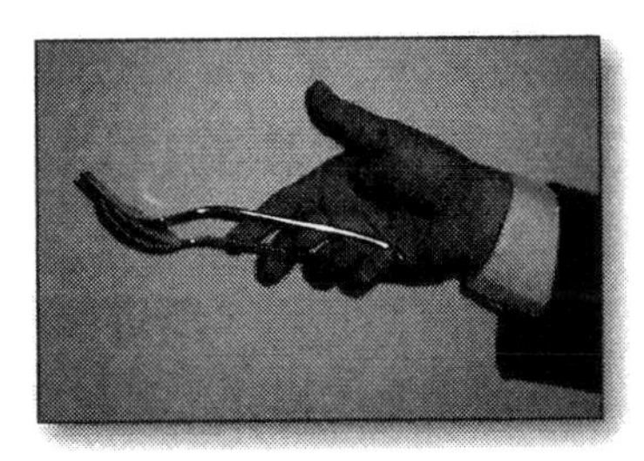

圖12-17　叉匙端與小指底部對齊，勿外露

步驟二：將食指伸入叉匙之間，以拇指與食指夾住服務叉

1.將食指伸入叉匙之間（圖12-18），以拇指與食指之指尖固定並夾住服務叉（圖12-19）。

2.以小指夾住並控制叉匙柄末端，期使叉匙末端結合在一起，並試著將固定支撐好的叉匙予以舉起，並使叉匙上下搖動，練習至熟練爲止。

3.操作時，避免使拇指與食指在滑動或移動時，超過服務叉匙握柄部位的上半段，即勿超過握柄的一半，否則叉匙取食服務之動作將會受影響。

指握法步驟二

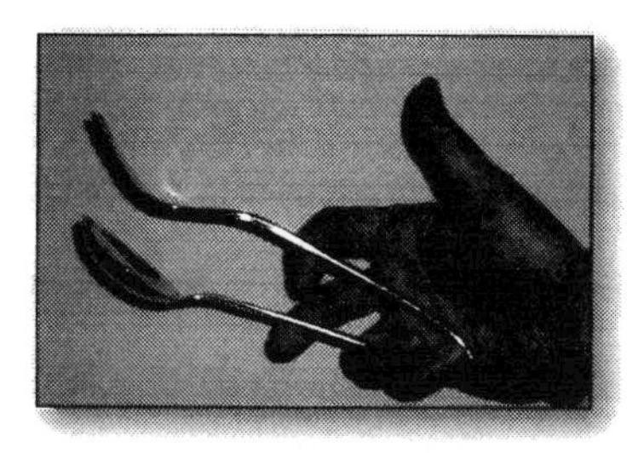

圖12-18　食指伸入叉與匙之間

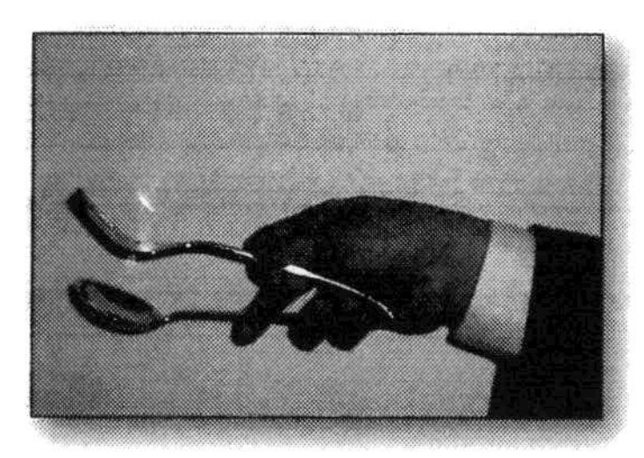

圖12-19　以拇指與食指之指頭夾住服務叉

步驟三：實際操作夾取食物的分菜服務

1.服務時，先以服務匙挑起並托住食物。

2.以服務叉從上方固定，緊夾穩定食物（圖12-20）。

3.如果所夾取的食物體積極小或極薄，此時可將食指自叉匙之間移開，以便於穩定夾緊食物，放下食物時，才將食指伸入叉匙之間，以便於將叉匙分開放下食物。

指握法步驟三

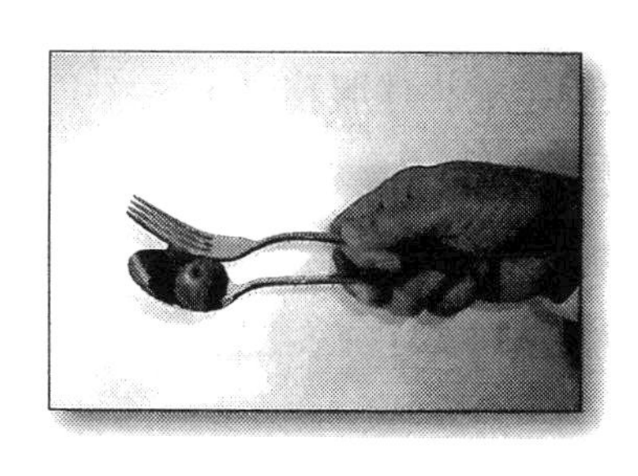

圖12-20　以服務匙挑起食物，服務叉由上方固定

■指夾法

指夾法在使用上較靈活，適於夾取圓形食物，唯操作上較之指握法難度高，需要多花時間始能運用自如。謹就其操作步驟及要領摘述如下：

步驟一：將服務叉與服務匙置放在右手掌上

1.先將服務叉匙一對，正面朝上，置放在右手手掌心上面。

2.服務叉在服務匙上方，叉尖朝上。如果所要夾取食物爲圓形或體積較大的食物，可將叉尖朝下。

3.將服務叉、服務匙斜放橫置於中指、無名指與小指之區位，不過服務匙係置放在中指與小指之上、無名指之下，藉無名指與中、小指來固定服務匙之柄端，並使匙柄末端與小匙底部對齊勿外露（圖12-21）。

指夾法步驟一

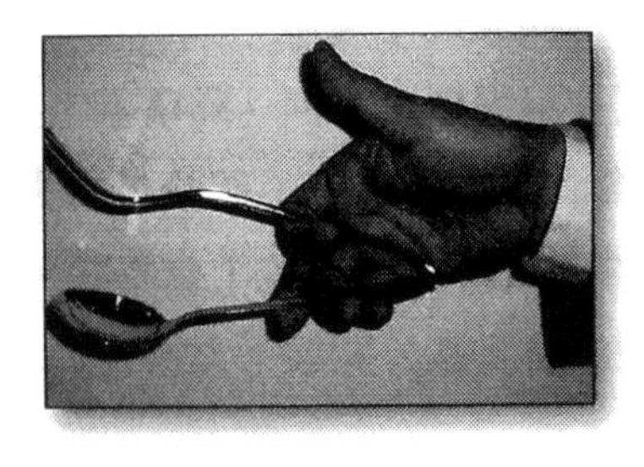

圖12-21　服務匙置放中指、小指之上，無名指之下

步驟二：以拇指與食指夾住服務叉

1.以拇指與食指之指尖固定並夾住服務叉。

2.以無名指與小指固定服務匙。

3.操作時，係以中指與拇指之力道爲主，小指爲輔來控制叉匙之分合與上下動作（圖12-22）。

指夾法步驟二

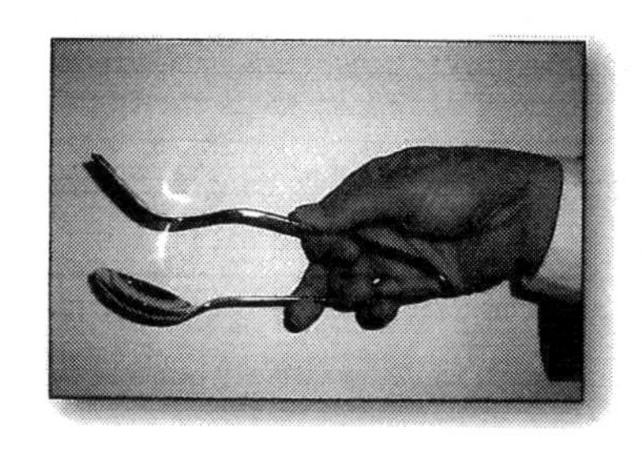

圖12-22　以拇指與食指固定服務叉

步驟三：實際操作夾取食物的分菜服務

1.服務時，先以服務匙與服務叉來挑選食物，再以服務匙托住食物。

2.以服務叉由上方以下壓方式來夾穩食物（圖12-23）。

3.夾取食物後，先將手往自己的方向拉回，確定平穩再繼續此夾取分菜服務。

指夾法步驟三

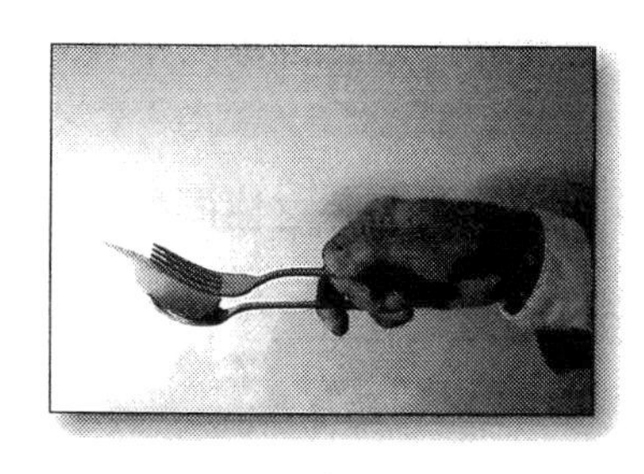

圖12-23　服務叉由上方以下壓方式來夾穩食物

■右匙左叉法

此類服務方式是在歐式餐廳現場烹調或邊桌服勤時，最常見的一種叉匙餐具服務（圖12-24）。此方式之優點為：

1.操作方便，運用自如。

2.適於派送長型、大型，或體積較重之食物。

3.服勤動作較典雅。

圖12-24　右匙左叉的服務方式

步驟一：備妥邊桌、服務叉匙、餐盤及檯布

1.先將事先備妥的邊桌鋪上乾淨的檯布。

2.準備好一對服務叉、服務匙。

3.空餐盤置於邊桌備用。

步驟二：左手持叉，右手拿匙來夾取食物

1.以左手握住叉柄末端，再以右手握緊匙柄之尾端。

2.叉匙之正面朝向自己。

3.夾取食物時，重心要在叉匙中央位置，再以叉匙緊夾穩固食物後，才可徐徐舉起食物，以免因重心不穩，致使食物掉落桌面。

4.餐飲服務員平常要多加練習左右手之協同配合，始能爲客人提供最優質的叉匙分菜服務。

(二)魚刀分菜服務作業

餐廳服務人員分菜服務時，若菜餚較大或質地較軟如嫩豆腐，此類食物之分菜則不大適合以叉匙來夾取食物，以免破壞菜餚本身的形制美。此時若以刀身較寬的魚刀兩支來取代服務叉匙，則分菜服務的效果將更好，謹就魚刀分菜服務的操作步驟及要領分述如下：

步驟一：將兩支魚刀置放在右手掌心上面

1.將兩支魚刀正面朝上，刀刃朝外，柄端置放在右手掌上。

2.魚刀柄端部分靠近中指、無名指及小指之上面，唯須注意勿使刀柄末端超出小指底部而外露。

步驟二：將食指伸入兩支魚刀之間，以拇指與食指夾穩

1.以拇指與食指之指尖固定並夾住上方之魚刀。

2.藉著食指將兩支魚刀上下分開，並以小指固定兩支魚刀的刀柄末端，須注意刀柄末端勿超出小指底部而露出在外。

3.操作時，可先試著上下移動食指與拇指所夾住的魚刀，但兩支魚刀末端不可分開，須以小指夾穩。此動作要多勤加練習，一直到確定熟練爲止。

步驟三：實際操作夾取食物的分菜服務

此要領與指握法之服務技巧一樣，唯一不同的是以魚刀替代叉匙而已。此外，在運用魚刀來分菜服務尚須留意下列幾點：

1.菜餚質地若是非常柔軟，可先將魚刀扁平刀面伸入菜餚底部，再徐徐舉起置放在客用餐盤。當食物接觸到盤子時，即可移開魚刀。

2.夾取食物時，宜力求保持菜餚外觀造型之完整，不可因夾取分菜服務而破壞其形制美。

(三)湯杓及調味料的服務作業

湯杓的分菜服務大部分在中餐服務較爲常見，至於調味料杓的服務則以西餐爲多，茲分別敘述如後：

■湯杓服務作業

通常在中餐廳有許多菜餚需要提供湯杓分菜服務，如宴席的甜

湯、海鮮粥、魚翅羹等等多種菜餚，均要以湯杓來分菜服務，謹就其操作步驟及要領分述如下：

步驟一：端送菜餚上桌，呈現並介紹菜色

1.依據客人人數備妥足量的湯碗，置放在服務工作檯或邊桌上備用。

2.將湯類菜餚先呈現在餐桌，並加以簡單介紹菜餚特色。

3.如果是一般餐食服務，則此步驟可省略，直接進入第二步驟的分菜服務即可。

步驟二：分菜服務

1.將湯類之菜餚置放工作服務檯，如果是大衆化一般餐廳，則可直接在餐桌上分菜。

2.舀取湯汁菜時，可先舀取菜餚，再舀湯汁。力求每份的量要均勻適中，以免分派不均。

3.舀取湯汁菜時，量要適中勿溢出杓子外緣，大約杓子容量的八分滿即可。

4.舀取食物的方向，應由外往內，朝自己方向來舀取食物。

5.舀好後，爲避免湯汁滴落桌面，可先將杓子底部在湯汁菜盛器之開口端邊緣稍微輕輕刮一下，以去除杓底多餘的附著汁液。

6.將舀取之食物分別倒入小湯碗內，再以托盤端送到餐桌，由客人右側上桌服務。

■調味料杓的服務作業

西餐服務作業中，有很多食物必須另外提供調味料或醬汁，如生菜沙拉必須另外提供各式醬汁（Sauce）給客人選用，此時即需要以醬汁盅（Sauce Boat）及杓子來爲客人服務，謹就其作業的服務步驟及要領分述如下：

步驟一：準備好醬汁盅、杓子及底盤

1.以左手掌心持托附有底盤的醬汁盅（圖12-25），尖嘴開口朝右。

2.底盤上須墊上布巾，再將醬汁盅放置在布巾上，以免服務時醬汁盅滑動或傾倒。

圖12-25　附底盤的醬汁盅

資料來源：寬友公司提供

步驟二：服務醬汁

1.自客人左側提供醬汁，徵詢客人意願。

2.將底盤傾斜壓低，剛好位在客人餐盤上方相距約5公分之距離；右手持杓子柄端，其位置大約在醬汁盅開口之上方。

3.以杓子由外往內，朝自己的方向來舀取及服務醬汁。

4.舀好醬汁後，須先在醬汁盅開口上方稍微停頓片刻，並輕輕將杓子底部在醬汁盅開口邊緣刮拭一下，再將醬汁淋灑在客人菜餚上面。

餐桌布置與擺設

所謂「餐桌布設」英文稱之為“Table Setting”或“Place Setting”，其意思係指餐桌布置及餐具擺設。由於中西餐的餐食內容不同，用餐方式互異，因此餐桌布設方式也不盡相同，唯其基本原則均一樣，係以菜單內容、用餐方式與場合為餐桌布設的依據，並以提供客人安全衛生、舒適便利之服務為考量。

第一節　中餐的餐桌布置與擺設

客人前往餐廳用餐的動機與目的不一，有些顧客係為美食果腹，有些係因社交應酬或宴請賓客。由於每位顧客的需求不同，其用餐場地之布置與餐桌布設要求也互異。此外，雖然同為中餐廳，但每家餐廳均有其獨特的餐具與擺設方式，所以業界間對於餐桌布設之作法乃不盡一致。謹在此分別就一般中餐廳最常見的中餐小吃、中餐宴會及貴賓廳房的餐具擺設，以及目前職訓局餐旅服務檢定中餐餐桌布設要領，分別介紹如後：

一、中餐小吃餐具擺設

中餐小吃所需的餐具主要有骨盤、味碟、口湯碗、湯匙、筷子、茶杯、餐巾紙等等器皿（圖13-1）。中餐小吃的餐具較少，其擺設方式以整潔美觀、方便實用為原則，通常餐桌之餐具擺設以一至四人份為多。謹就中餐小吃餐具擺設的順序及要領，說明如下：

圖13-1　中餐小吃餐具擺設

(一)骨盤

1.餐具擺設的順序，最先要放置「骨盤」，將骨盤置放在餐位正中位置，作爲餐具擺設定位用。

2.骨盤上之標幟（Logo）正面朝上，骨盤距桌緣約二指幅寬（3至4公分）。

3.同桌骨盤間距須等距，其標準間距約45公分。

4.骨盤之尺寸規格約6至7吋（約15至18公分），通常係以6吋（約15公分）之麵包盤作爲骨盤使用，不過若以7吋盤替代則較美觀大方。

(二)味碟

1.味碟通常置於骨盤右上方或正上方，標幟朝上。

2.味碟與骨盤之間距約一指幅寬（約1至2公分）。

(三)小湯碗或湯匙底座

1.小湯碗另稱「口湯碗」，置於骨盤左上方，位於味碟左側約一指幅寬之位置。

2.小湯碗與味碟之間距，剛好在骨盤中央上方。

3.較正式中餐小吃，小湯碗暫不擺設，待上羹湯時，才由服務員將湯碗擺上桌爲客人服務湯菜。

4.湯匙底座擺置於骨盤左上方，即前述口湯碗放置處。

(四)湯匙

1.湯匙置放在口湯碗內時，正面朝上，「匙柄朝左」（圖13-2）。

2.湯匙若置於湯匙底座時，正面朝上，但「匙柄朝右」（圖13-3）。

圖13-2　湯碗內，湯碗匙匙柄朝左

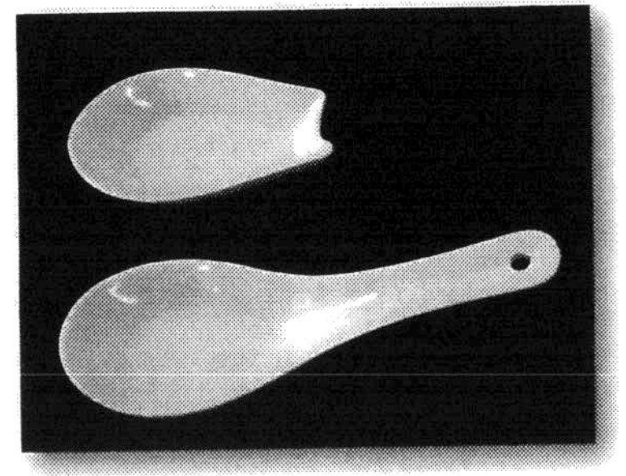
圖13-3　湯匙底座之匙柄朝右

(五)筷子

1.筷子直放，置於骨盤右方，距離骨盤約一指幅寬。
2.筷子正面標幟朝上，筷子尾端向上，筷子頭距桌緣約一指幅寬。

(六)茶杯

1.茶杯倒扣於骨盤上，杯底朝上。
2.茶杯標幟要朝向客座。

(七)餐巾紙

將摺疊好的餐巾紙置於骨盤左方約一指幅寬的位置。

(八)芥末醬、辣椒醬

將芥末醬或辣椒醬置於桌面中央位置。

(九)其他備品

1.牙籤盅置於芥末醬左側，或飯後再呈上也可以。
2.聯單夾（帳單夾），置於距桌緣約二指幅寬之位置。

3.煙灰缸標幟朝向客座，缸內放置火柴，標幟朝上（目前餐廳均已禁煙，大部分餐廳均已不擺放煙灰缸）。

4.擺放意見卡時，可置放桌面靠近牆或較內側位置。

5.擺設菜單時，以四十五度開口立於檯號座前方，菜單封面朝向大門入口。

(十)椅子

當各項餐具均擺設完畢，最後再將椅子定位，使椅面前緣靠齊桌布下垂處即可。

二、中餐宴會餐具擺設

圖13-4　中餐宴會餐具擺設

中餐宴會係一種較正式的社交應酬場合，因此其所使用的餐具無論在質或量等各方面，均較中餐小吃的餐具多且質優（圖13-4）。通常中餐宴會所須擺設的餐具，每桌約十至十二人份爲多。中餐宴會餐具擺設原則，除了重視美觀實用外，尙須注重整體美與和諧感。茲分別介紹如下：

(一)骨盤

中餐宴會骨盤之擺設要領同前中餐小吃骨盤擺法，唯其骨盤最好以7吋盤較大方。

(二)味碟

味碟之擺設要領同前中餐小吃味碟擺法。

(三)銀筷架

圖13-5　雙生筷架湯匙與筷子的擺法

1.銀筷架另稱「龍頭筷架」或稱「雙生筷架」（圖13-5），擺銀筷架時，須將龍頭對準味碟直徑，橫置於味碟右方或骨盤右上方。
2.龍頭與味碟之間距約二指幅寬。
3.銀筷架「左端」可擺湯匙；「右端」可作爲筷架用。

(四)銀湯匙

1.將銀湯匙擺在龍頭架上，匙柄垂直，尾端朝向客座。
2.湯匙係置放在龍頭架左端之匙座上，正面朝上。

(五)筷子

1.宴會所使用的筷子通常均加筷套，將筷子直架於龍頭上，置於湯匙右方。
2.筷套標幟朝上，並使開口端向上，筷套底端距桌緣約一指幅寬（1至2公分）。

(六)小湯碗

小湯碗擺設要領同中餐小吃之擺法。

(七)湯匙

湯匙擺設要領同中餐小吃之擺法。

(八)水杯（高杯）

水杯或高杯（Highball）置於味碟正上方約一指幅寬之位置，或置於筷架右側一指幅寬之位置，其底部與筷架正好成一直線。

(九)餐巾

1.將事先摺疊好的餐巾置於骨盤上。
2.餐巾標幟或開口處須朝向客座。

(十)味壺

1.味壺通常係指醋壺與醬油壺而言，擺設之前須先在味壺底盤置放杯墊，以防弄溼或污損壺底。
2.擺設時，醋壺置放在底盤右端，醬油壺在左端，壺嘴一律朝右，再將味壺組置放在餐桌中央位置。

(十一)芥末醬、辣椒醬碟

芥末醬及辣椒醬碟放置在餐桌中央，位於醋壺前方。

(十二)花瓶

花瓶擺在餐桌中央，位於醋壺後方。

(十三)煙灰缸

1.煙灰缸擺設現在較少，若有必要提供，則以二至三人共用一個煙灰缸爲原則。
2.煙灰缸上之標幟朝向客座或走道。

(十四)牙籤盅

牙籤盅置於餐桌中央，擺在味壺左方即可。

(十五)椅子

椅子擺設要領同中餐小吃。若宴會場地不大，爲避免太擁擠，可將椅面推入餐桌，使椅背與桌緣靠齊即可。

三、貴賓廳房餐具擺設

圖13-6　貴賓廳房餐具擺設

貴賓廳房係私人小型宴會之場所，因此餐桌布設所需餐具也最講究，無論餐具的質與量均較一般宴會精緻且量多、種類雜。係因私人宴客場所並不一定十分正式，其擺設方式往往須根據客人需求而定。謹就目前較常見的貴賓廳房餐具擺設的順序及其作業要領分述如下（圖13-6）：

(一)檯布

1.貴賓廳房餐具擺設的第一步驟係先鋪設大圓桌檯布，務使檯布中央十字形摺紋落在餐桌中央處。
2.調整檯布時，務使桌布下襬等長，且加以修整成圓弧狀。

(二)轉檯底座（轉圈）

1.轉檯底座在鋪放前，須先確認是否運轉功能正常，並注意底座是否已擦拭乾淨，以免污損檯布。

2.底座經檢查後，再將其置放在已鋪上檯布之餐桌正中央位置。

(三)轉檯

1.以雙手將轉檯提起，並使其平置於轉檯底座上，然後以雙手輕壓並轉動，藉以確認是否平穩正常。

2.確認無誤再以抹布輕拭檯面清除指紋。

(四)銀盤

1.銀盤數量須與宴席座位數相同。

2.貴賓廳房餐具擺設係以「銀盤定位」，其定位順序以時鐘12點→6點→3點→9點的位置排列，以銀餐盤作爲定位基準點。

3.銀餐盤標幟朝上，置於餐桌距桌緣約兩指幅寬之位置。同桌所有銀盤之間距務必等距，最好的標準間距約18吋寬（45公分）。

(五)骨盤

骨盤置於銀盤上，標幟朝上。

(六)味碟

味碟係擺在骨盤右上方或正上方，距骨盤約一指幅寬，其要領同前宴會、小吃擺設。

(七)銀筷架

銀筷架橫置於味碟右方約二指幅寬，其龍頭要對準味碟中心直徑。

(八)銀湯匙

銀湯匙擺在龍頭架上，匙柄垂直，尾端朝向客座。

(九)筷子

1.將筷子附加筷套，再直接置放於銀筷架上，位於湯匙右方。
2.筷套標幟正面向上，筷套開口在上，套底朝客座距桌緣約一指幅寬（1至2公分）。

(十)水杯（高杯）

水杯或高杯擺在味碟正上方約一指幅寬的位置，或放置於筷架右側約一指幅寬位置。

(十一)酒杯

1.酒杯擺在銀湯匙上方，其位置剛好在水杯右下方。不過在非正式宴席上，中式小酒杯有時直接併排分置轉檯面兩側，與公杯併列。
2.通常中餐使用的酒杯，係指小型的紹興酒杯，即俗語所謂的「小酒杯」。
3.目前國人盛行於用餐中搭配紅酒，若須擺設葡萄酒杯時，則其排列順序及要領爲：
 (1)先將紅酒杯置於水杯右斜下方。
 (2)再將小酒杯擺在紅酒杯右斜下方位置。

(十二)公杯（分酒杯）

每桌擺設公杯二至四個，嘴角朝左，併排分置於轉檯上，距轉檯邊緣約一指幅寬位置。

(十三)小湯碗

1.小湯碗置於骨盤左上方，位於味碟左側一指幅寬的距離，與味碟併列成直線。

2.在貴賓廳房所使用的小湯碗之材質較優，通常以瓷碗或銀碗為之。

(十四)毛巾碟

毛巾碟直擺於骨盤左側，底端與骨盤下緣對齊。

(十五)餐巾

將摺疊好的餐巾（口布）放在骨盤正中央，餐巾標幟或開口朝向客座。

(十六)味壺、芥末醬碟及辣椒醬碟

1.味壺、芥末醬碟、辣椒醬碟等調味料碟同前宴會擺法，置於餐桌轉檯上，調味醬匙柄朝右。

2.原則上味壺等調味碟，每桌擺設一套即可。

(十七)煙灰缸／火柴

1.每桌擺設煙灰缸四個，平均每二至三人共用一個。

2.煙灰缸擺在兩份客座餐位之間，且與酒杯平行。

3.同桌煙灰缸擺設間距務須等距整潔，其標幟要朝向客座；火柴則置於缸內右側，正面標幟向上。

4.目前公共場所均禁煙，因此有些餐廳原則上並不主動擺設煙灰缸，除非客人要求再提供。

(十八)牙籤盅

牙籤盅置於芥末醬碟左側。

(十九)盆花

1.貴賓廳房餐桌桌面布設最後一項步驟爲「擺設盆花」。
2.盆花擺在餐桌轉檯正中央位置。盆花的功能主要在美化及綠化用餐環境，增添柔美氣氛（圖13-7），因此上菜前，須先將盆花移走，才開始上菜服務。

(二十)椅子

最後一項工作乃將椅子定位，其要領同一般宴會布設。

以下謹就中餐小吃、宴會及貴賓廳房等各類餐桌布設列表比較，如（表13-1）。

圖13-7　擺設盆花增添柔美氣氛
資料來源：康華飯店提供

表13-1 中餐各類餐桌布設之比較

類別 項目	中餐小吃	中餐宴會	貴賓廳房	備註
1.檯布	—	—	○	
2.轉檯	—	—	○	
3.銀盤	—	—	○	
4.骨盤	○	○	○	
5.味碟	○	○	○	
6.銀筷架	—	○	○	
7.銀湯匙	—	○	○	
8.筷子	○	○	○	
9.杯子	茶杯	水杯	水杯	
10.酒杯	—	—	小酒杯、公杯	
11.小湯碗	○	○	○	
12.毛巾碟	—	—	○	
13.餐巾	餐巾紙	○	○	
14.味壺	—	○	○	
15.芥末醬、辣椒醬碟	○	○	○	
16.煙灰缸	○	○	○	不主動擺設，除非客人要求
17.牙籤盅	○	○	○	
18.飾花	—	花瓶	盆花	

備註：1.以上中餐擺設係以一般常見的中餐餐具擺設及交通部觀光局「旅館餐飲實務」規範爲資料整理而成。

2.爲提升服務品質，目前有些餐廳均以貴賓廳房之擺設運用在一般中餐宴會擺設及中餐小吃擺設中，不過每家餐廳的規定均不同，本表僅供參考。

四、餐旅服務技術士檢定「中式餐桌擺設」

國家證照考試「餐旅服務技術士技能檢定」，關於中餐宴席餐桌基本擺設之規定，其作業先後順序及其要領，說明如下（圖13-8）：

(一)圓桌面架設

先取圓桌面，自存放區以滾桌面方式移至操作區，再將圓桌面平放於餐桌，並檢視桌面穩定度。

(二)鋪檯布

將檯布平鋪於桌面，務使中央十字形摺紋正好落在圓桌中央，最後再調整桌布下襬成圓弧狀。

(三)骨盤定位

餐桌擺設首先須以骨盤定位，將骨盤置於距桌緣約二指幅寬之位

餐具名稱	單人份擺設參考圖
1.茶杯 2.筷架 3.筷子 4.小味碟 5.口湯碗 6.瓷湯匙 7.中式骨盤 8.口布	 ⑥ ④ ⑤ ① ② ⑧ ⑦ ③

備註：依「餐旅服務技術士技能檢定」規定口布應有六種不同款式。

圖13-8　六人份中式宴席基本餐桌擺設

置來定位。

(四)擺味碟

味碟擺在骨盤右上方，其間距約一指幅寬，正面標幟朝上。

(五)擺口湯碗及湯匙

1.口湯碗另稱小湯碗，置於骨盤左上方，位於味碟左側，其間距均為一指幅寬。
2.湯匙置於碗內，匙柄「朝左」，正面朝上。

(六)擺筷架及筷子

1.將筷架橫置於味碟右側，其間距為一指幅寬。
2.筷架須對準味碟直徑，使其擺設呈一直線。
3.將筷子放置在筷架上，筷子正面標幟朝上，尾端距桌緣約一指幅寬。

(七)擺茶杯（水杯）

1.茶杯或水杯擺在筷架右側，開口朝上，標幟朝向客座，其間距約一指幅寬。
2.茶杯或水杯底端須與筷架呈一直線。

(八)擺口布（餐巾）

1.最後一項步驟係將摺疊好的餐巾置於骨盤正中央。
2.餐巾開口或標幟朝向客座，經修整後即完成單人份餐具擺設。由於技檢規定須同時擺六人份餐具，其餐巾款式也彼此互異。易言之，須先摺好六種不同款式餐巾備用。

五、中餐餐桌布設應注意事項

(一)餐桌擺設之前須先檢查桌椅之穩定度

爲確保顧客用餐環境之安全，餐桌布設之前須以雙手輕壓桌面，在確認桌椅平穩、安全無虞的前提下，才正式進行餐桌餐具擺設工作。

(二)確保餐具之清潔衛生

1.服務人員擺設餐具時，須注意勿以手指碰觸客用餐具「入口處」，如杯口、碗內、匙面、筷子尖端等處（圖13-9）。

錯誤的持法（一）

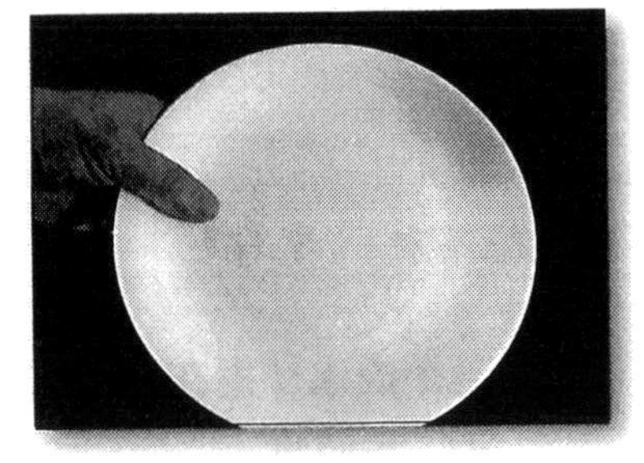

錯誤的持法（二）

圖13-9　擺設餐具勿碰觸「入口處」

2.如果餐具不愼掉落地板，切忌拾起擦拭再使用，務必更換新餐具。

3.餐具擺設之前先檢查，確認是否乾淨、無破損或裂痕。

4.端取餐具一律使用墊有布巾之托盤，避免徒手端取餐具。

(三)講究整潔、美觀、實用、舒適之原則

1.餐桌餐具擺設，餐具之間距要「等距」，同桌餐具擺設要有一致性，如餐具花色、尺寸規格等等。

2.餐桌擺設所需器皿種類雜、數量多，但並不一定要如數全部陳列上桌。例如有些貴賓服務之餐廳，湯碗係在上湯羹菜時才擺上桌，由服務員來爲客人現場服務。

(四)餐桌擺設定位要明確

1.中餐圓桌擺設定位的方法除了貴賓廳房以銀盤外，通常係以骨盤作爲基點來定位，較常見且方便，此外也有人以座椅來定位。

2.中餐圓桌定位順序可依時鐘「12點→6點→3點→9點」的方位來定位。

(五)杯皿擺設須由左往右、由大而小

傳統中餐餐具所使用的杯皿，不外乎以茶杯、小酒杯爲主，但如今西風東漸，飲食習慣也受影響，國人中式宴會飲用紅酒者相當多，因此紅酒杯漸漸取代紹興酒杯（即小酒杯）。

此時餐桌杯皿之擺設，務必要顧及服務人員斟酒服務及客人取用之方便，所以杯皿擺設應依「水杯→紅酒杯→小酒杯」之高低大小順序陳列之。

(六)餐桌擺設盡量遵循手不跨越，以客爲尊之原則

客人進餐所常使用的餐具，如筷子、湯匙、水杯、酒杯、骨盤、味碟、湯碗及口布等，盡量成套齊全供應，每人一份，避免讓客人跨越鄰座去端取。

(七)中餐西吃刀叉餐具擺設須符合西餐禮儀

1.右刀左叉原則，若隨菜所附餐刀，須置於筷子右側。

2.不使用餐刀時，食用水果所附餐叉須置於骨盤右側。

第二節　西餐的餐桌布置與擺設

現代化的餐廳，除了重視餐廳內部裝潢、格局規劃，以及外部造型設計外，對於餐廳餐桌擺設也相當講究，藉以增添餐廳柔美氣氛，使客人步入餐廳即能產生良好的第一印象。

西餐餐桌擺設方式，往往因地而異，不過其基本原則均一樣，係根據菜單餐食內容、餐廳服務方式與場合來做適當調整，俾以提供客人溫馨、舒適的完美用餐體驗。謹分別就餐桌布設的基本原則、餐桌布設形式，以及作業要領臚陳於後：

一、西餐餐桌布設的基本原則

西餐餐具種類繁多，每種餐具均有特定用途，因此餐桌擺設之前，務必依據菜單內容來準備所需餐具，再依傳統規範及餐廳制式規定來擺設餐具。謹就餐桌布設的基本原則分述如下：

(一)確認餐具與餐桌之安全、衛生、整潔、統一

1.餐桌擺設之前，須依餐桌用餐人數、菜單餐食內容、服務方式來選取所須陳列之餐具，並加檢視是否乾淨、無破損、餐具款式花色是否一致。

2.餐桌擺設之前，務必先檢查「餐桌穩定度」，以雙手輕壓桌面，確認穩定度無安全之虞始可，否則要先調整桌腳使其平穩。

(二)餐桌餐具擺設要先定位

1.餐具定位之前，須考慮到要擺設多少套餐具或多少個"Covers"，再據以著手定位工作。"Cover"一詞可定義為「一套餐具」或「一個擺設」。質言之，係指餐廳為每位客人所擺設的整套進餐餐具而言；若是整桌的餐具擺設則稱為"Table"。此外，"Cover"也可作為餐廳可容納客人的人數或座位。

2.餐廳餐具擺設定位的工具，計有：展示盤（Show Plate）（圖13-10）、餐盤、餐巾、椅子等多種，但椅子定位較不方便。

圖13-10　餐桌擺設以展示盤來定位

(三)餐具擺設以左叉、右刀匙；點心餐具擺餐盤上方

1.餐叉直擺餐盤或餐巾左邊；餐刀、湯匙直擺餐盤或餐巾右邊。刀刃朝左，叉尖與匙凹面朝上。

2.西餐甜點所需的點心叉，橫置於餐盤正上方，叉柄朝左；點心匙橫置於點心叉上方，匙柄朝右橫放桌上。

(四)左右餐具先外後內、點心餐具先內後外

1.所謂「左右餐具先外後內」，係指客人最先會使用之餐具要擺在最外側；較後使用之餐具則置於內側近餐盤處。至於點心餐具使用係由內而外。

2.餐桌餐具擺放要領：由內而外等距（約1公分）擺放。

3.客人餐具使用時係「由外而內」；服務員擺設餐具順序係「由內而外」。

4.若供餐服務的點心不只一種，如尙有蛋糕、甜點或水果時，可於服務前再另外擺放即可。餐桌不必同時擺放兩套點心餐具。

(五)左右每側餐具，以不超過三件爲原則

1.餐桌擺放餐具，一次不要同時放置「六件」的扁平餐具。易言之，餐盤左右每側勿同時一次擺設三件以上之扁平餐具，唯湯匙例外，以免占用桌面空間且欠美觀。例如歐洲特色餐廳，通常僅擺設前兩道菜的餐具於桌面，其餘所需餐具則待上菜服務前，始爲客人增補之。

2.在美國及德國較講究服務工作效率之餐廳，有時在宴會場合爲追求效率而犧牲美觀，將餐桌供食所需爲客人準備的餐具一次同時擺上桌。

(六)避免規格尺寸相同的餐具同時陳列桌面

1.扁平餐具除了「大餐叉」外，餐桌勿同時擺設相同的餐具。

2.如果餐廳政策係採用「通用型」餐具，則此原則將不適用，例如大衆化平價餐廳，爲節省成本與便利，較喜歡採用此通用型餐具。

(七)特殊餐具不預先擺設

1.爲講求餐桌美觀，通常較特殊的餐具除了魚刀、魚叉外，通常並不事先擺設在餐桌上。

2.例如開胃菜的蝦考克（Shrimp Cocktail）所須使用的考克叉（Cocktail Fork），可在上菜時附在襯盤上，一併端上桌服務即可。

(八)餐具擺設力求整齊劃一，餐具間距要等距

1.餐具擺設力求整體美，尤其同桌餐具款式力求一致。

2.餐具擺設時，餐具距桌緣通常爲2公分，國外爲1吋；餐具間距要等距約1公分，國外爲3/4吋，但並非爲絕對值。唯餐廳內部須統一規定，力求一致性。

(九)酒杯擺設以左上右斜，由大而小順序排列

1.餐桌酒杯擺設，一次不可超過四個杯皿。

2.不可同時擺放兩個形狀大小相同的杯子。

3.酒杯之排列最大者置於左上方，最小者放在最右下方（圖13-11），以便於服務員斟酒。

4.擺放玻璃杯皿係以最靠近主餐盤的大餐刀爲基準點，置於大餐刀之正上方。

(十)鹽罐與胡椒罐必須預先擺設在餐桌中央

1.西餐餐桌擺設的調味品當中，僅有「鹽罐與胡椒罐」是唯一必須預先擺放在餐桌中央位置的調味品（圖13-12）。

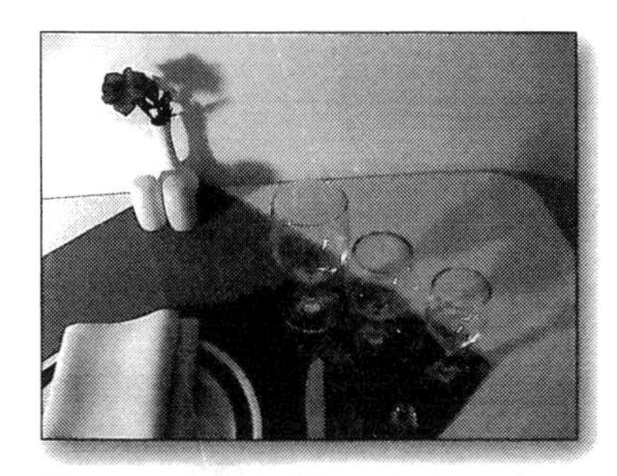

圖13-11　酒杯擺設由大而小；左上右斜

圖13-12　鹽罐、胡椒罐之正確擺法

2.餐桌擺設所謂的"Center Pieces",係指餐桌擺設時餐桌中央的備品、飾物,除了鹽罐、胡椒罐外,尚有花瓶、煙灰缸及牙籤盅等物品。

(十一)座位每一套餐具擺設至少要有18吋寬,16吋深

1.餐桌餐具擺設,必須給客人適當的空間。
2.每一套餐具擺設,至少其空間有18吋(45公分)寬、16吋(40公分)深。
3.通常一個擺設其空間爲寬度18至24吋,深度爲16吋。

二、西餐餐桌擺設的主要形態

西餐餐桌擺設的形態無論國內外的餐廳,其擺設方式均不大相同,其主要原因乃在於每家餐廳經營政策及其菜單內容互異,因此爲客人所提供的標準餐具擺設(Standard Covers)也就有差異。

西餐餐桌擺設的基本形態主要有三種:基本餐桌擺設、單點餐桌擺設及套餐餐桌擺設等。至於一般常見的早餐餐桌擺設、特殊菜單餐桌擺設,乃屬於上述基本型與單點擺設之應用。茲分述如後:

(一)基本餐桌擺設（Basic Table Setting Simple Cover）

所謂「基本餐桌擺設」，係指餐廳餐桌僅擺設最簡單且不可缺少的基本餐具，待客人點菜後再調整或增補餐具，如咖啡簡餐等類型餐廳擺設即屬之。

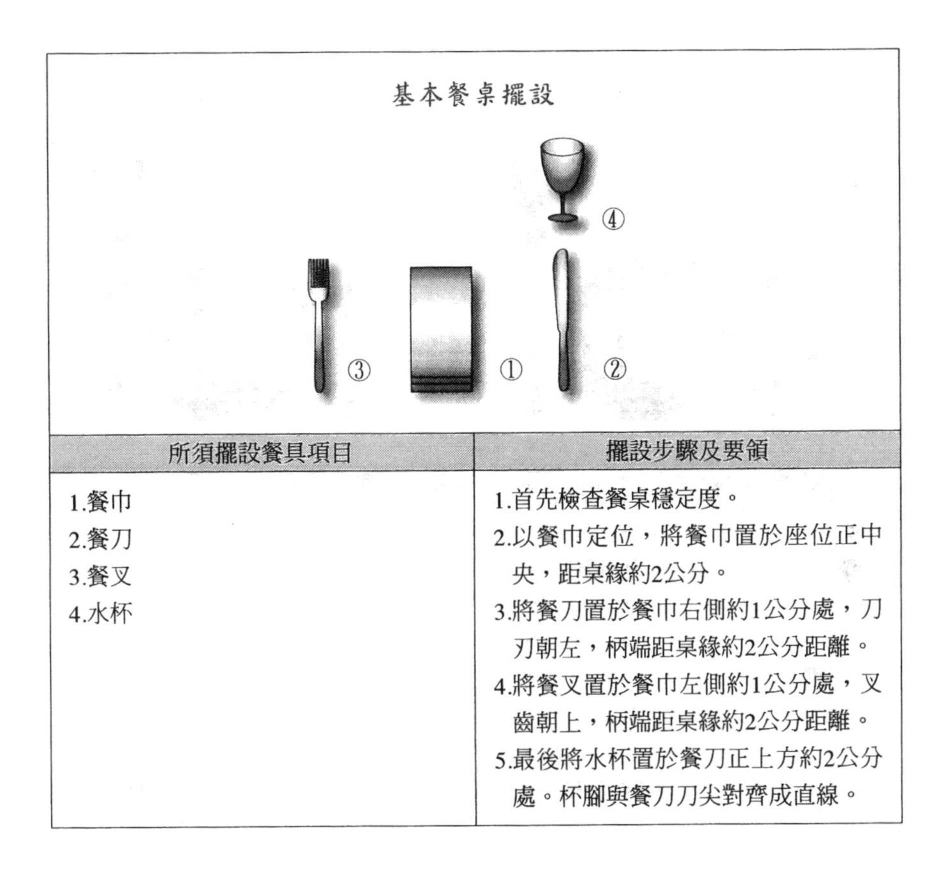

基本餐桌擺設

所須擺設餐具項目	擺設步驟及要領
1.餐巾 2.餐刀 3.餐叉 4.水杯	1.首先檢查餐桌穩定度。 2.以餐巾定位，將餐巾置於座位正中央，距桌緣約2公分。 3.將餐刀置於餐巾右側約1公分處，刀刃朝左，柄端距桌緣約2公分距離。 4.將餐叉置於餐巾左側約1公分處，叉齒朝上，柄端距桌緣約2公分距離。 5.最後將水杯置於餐刀正上方約2公分處。杯腳與餐刀刀尖對齊成直線。

(二)單點餐桌擺設（À La Carte Table Setting / À La Carte Cover）

一般單點餐桌擺設較適用於法式或俄式服務的餐廳，俟客人點菜後，再將所須提供的額外餐具在菜餚上桌前擺設即可，如此可節省服務人力與時間。

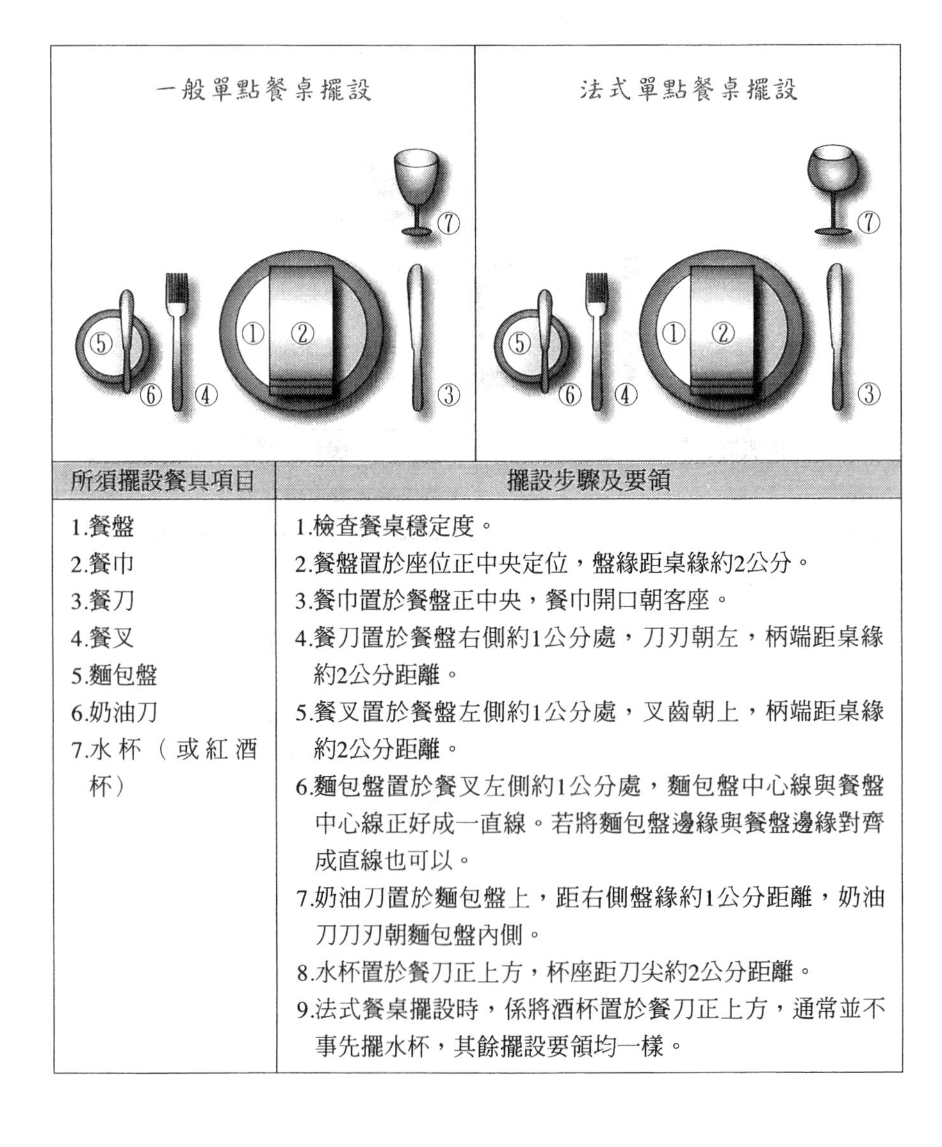

所須擺設餐具項目	擺設步驟及要領
1.餐盤 2.餐巾 3.餐刀 4.餐叉 5.麵包盤 6.奶油刀 7.水杯（或紅酒杯）	1.檢查餐桌穩定度。 2.餐盤置於座位正中央定位，盤緣距桌緣約2公分。 3.餐巾置於餐盤正中央，餐巾開口朝客座。 4.餐刀置於餐盤右側約1公分處，刀刃朝左，柄端距桌緣約2公分距離。 5.餐叉置於餐盤左側約1公分處，叉齒朝上，柄端距桌緣約2公分距離。 6.麵包盤置於餐叉左側約1公分處，麵包盤中心線與餐盤中心線正好成一直線。若將麵包盤邊緣與餐盤邊緣對齊成直線也可以。 7.奶油刀置於麵包盤上，距右側盤緣約1公分距離，奶油刀刀刃朝麵包盤內側。 8.水杯置於餐刀正上方，杯座距刀尖約2公分距離。 9.法式餐桌擺設時，係將酒杯置於餐刀正上方，通常並不事先擺水杯，其餘擺設要領均一樣。

(三)套餐（全餐）餐桌擺設（Set Menu Table Setting / Full Dinner Table Setting）

所謂套餐或全餐餐桌擺設，係指將宴會菜單所需供食服務用的餐具，在賓客到達之前即預先擺設在餐桌上。此類套餐全餐服務擺設較適用於美式、英式及宴會服務。

套餐是否附前菜，其擺設方式也不同，如套餐餐桌擺設（一）為不含前菜之擺設方式，套餐餐桌擺設（二）為含前菜之擺設方式：

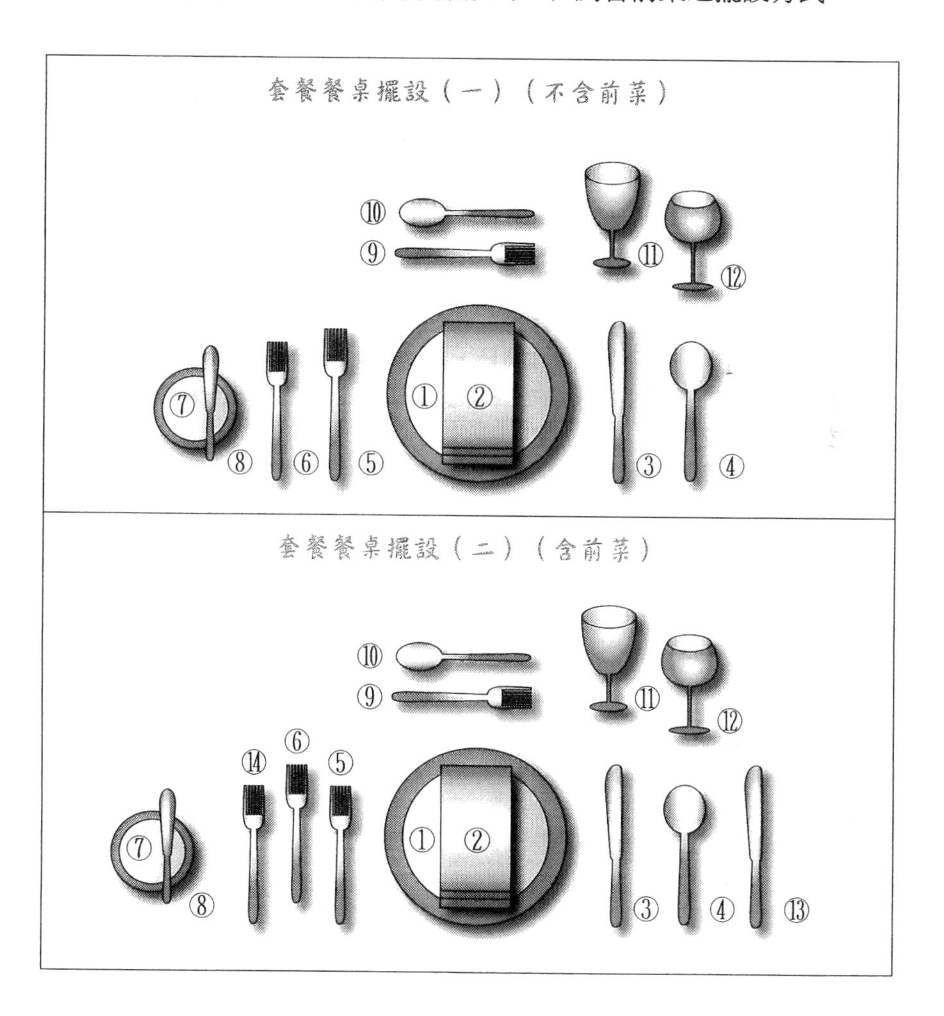

所須擺設餐具項目	擺設步驟及要領
1.餐盤 2.餐巾 3.餐刀 4.餐匙 5.餐叉 6.沙拉叉 7.麵包盤 8.奶油刀 9.點心叉 10.點心匙 11.水杯 12.酒杯 13.小餐刀 14.小餐叉	1.檢查餐桌穩定度。 2.餐盤或展示盤（Show Plate）定位，標幟朝客座。 3.餐巾置於餐盤或展示盤正中央。 4.餐刀置於餐盤右側，要領同前。 5.餐匙置於餐刀右側約1公分間距，正面朝上，柄端距桌緣約2公分。 6.餐叉置於餐盤左側約1公分間距，叉齒朝上，柄端距桌緣約2公分。 7.沙拉叉置於餐叉左側，約1公分間距，叉齒朝上，柄端距桌緣約2公分。 8.麵包盤置於沙拉叉左側，約1公分間距，麵包盤中心線與餐盤中心線，正好成一直線。若將麵包盤與餐盤邊緣對齊成直線也可以，唯須統一規定。 9.奶油刀置於麵包盤上，要領同前。 10.點心叉置於餐盤正上方約1公分間距，叉齒朝上，柄端朝左；甜點匙置於點心叉上方，匙柄朝右。 11.水杯置於餐刀正上方，杯座距刀尖約2公分間距。 12.酒杯置於水杯右下方約四十五度，距水杯約1公分間距。若尚有其他酒杯，則以右斜方式直線放置，以「左大右小」、「左上右斜」方式放置，以整齊統一為原則。
備註： 以上餐具1至12項係不含前菜之套餐餐桌擺設，若含前菜，則須另加小餐刀與小餐叉，如前圖（二）即是例。	備註： 1.以上擺設係以不含前菜之套餐餐桌擺設步驟。如果另加前菜，則須再增列小餐刀與小餐叉。此外若甜點為水果，則要將點心匙更換為小刀，刀柄朝右。 2.展示盤、服務盤或秀菜盤均指Show Plate。

三、早餐餐桌擺設

西餐早餐餐桌擺設可分為歐陸式早餐與美式早餐之餐桌擺設兩種，茲分述如下：

(一)歐陸式早餐餐桌擺設（Continental Breakfast Table Setting）

歐陸式早餐通常僅供應果汁、麵包以及咖啡、茶、牛奶等飲料。因此歐陸式早餐所需餐具擺設較美式簡單。

歐陸式早餐擺設

所須擺設餐具項目	擺設步驟及要領
1.餐盤 2.餐巾 3.餐刀 4.餐叉 5.咖啡杯皿（杯、盤、匙） 6.鹽罐、胡椒罐、花瓶	1.先檢查餐桌穩定度。 2.餐盤定位後，再依序擺設餐巾、餐刀、餐匙，要領同前。 3.咖啡杯皿置於餐刀右側，咖啡杯底盤緣距餐刀約2公分間距。 4.咖啡杯耳把朝右，咖啡匙橫置底盤，匙柄朝右。 5.最後再將鹽罐、胡椒罐、花瓶置於餐桌中央。

(二)美式早餐餐桌擺設（American Breakfast Table Setting）

美式早餐另稱全套早餐（Full Breakfast），其餐食內容較歐式早餐豐富，此二者之最大不同爲美式早餐有供應蛋類及肉類，如煎蛋、火腿、培根等餐食。

美式早餐擺設

所須擺設餐具項目	擺設步驟及要領
1.餐巾 2.餐刀 3.餐叉 4.麵包盤／奶油刀 5.咖啡杯皿（杯、盤、匙） 6.鹽罐、胡椒罐、花瓶	美式早餐之擺設步驟及要領除了下列幾項外，其餘均與歐陸式早餐擺設一樣，謹摘述如下： 1.美式早餐通常係以餐巾來定位，而不另擺餐盤。 2.美式早餐須擺麵包盤及奶油刀，而歐陸早餐則不擺設麵包盤，直接將麵包籃置於餐桌左上方供食。

四、特殊菜餚的餐桌擺設

餐桌擺設所需服務用的餐具，係依據客人所點叫的菜色內容來決定所須搭配提供的餐具。至於其擺設的步驟與要領其原則均一樣，謹列舉較常見的幾種菜色餐具擺設方式，摘述如下：

(一)龍蝦餐具之擺設（單點）

龍蝦餐具單點擺設

所須擺設餐具項目	擺設步驟及要領
1.餐盤 2.餐巾 3.餐刀 4.龍蝦叉（Lobster Pick） 5.餐叉 6.龍蝦鉗（Lobster Tong） 7.麵包盤／奶油刀 8.骨盤（裝殼用） 9.洗手盅（Finger Bowl） 10.白酒杯 11.鹽罐、胡椒罐、花瓶	1.先以餐盤定位，盤上置口布一條。 2.餐刀置於餐盤右側，餐叉置於餐盤左側。 3.龍蝦叉置於餐刀右側，龍蝦夾置於餐叉左側。 4.麵包盤放置在龍蝦夾左方。 5.洗手盅置於龍蝦夾上方（若空間不夠，可置於龍蝦叉右側）。 6.骨盤置於餐盤正上方。 7.白酒杯置於餐刀上方。

(二)田螺餐具之擺設（單點）

<table>
<tr><th colspan="2">田螺餐具單點擺設
</th></tr>
<tr><th>所須擺設餐具項目</th><th>擺設步驟及要領</th></tr>
<tr><td>1.餐盤
2.餐巾
3.甜點匙
4.田螺叉／田螺夾
5.麵包盤／奶油刀
6.白酒杯
7.鹽罐、胡椒罐</td><td>1.先以餐盤定位，盤上置口布一條。
2.甜點匙置於餐盤右側。
3.田螺夾置於餐盤左側。
4.田螺叉置於甜點匙右側。
5.麵包盤附奶油刀，置於田螺夾左側。
6.白酒杯置於甜點匙上方。</td></tr>
</table>

(三)義大利麵（Pasta）餐具擺設

義大利麵餐具擺設	

所須擺設餐具項目	擺設步驟及要領
1.餐盤 2.餐巾 3.餐叉 4.餐匙 5.麵包盤／奶油刀 6.水杯 7.鹽罐、胡椒罐	1.先以餐盤定位，盤上置口布一條。 2.餐叉置於餐盤右側。 3.餐匙置於餐盤左側。 4.麵包盤附奶油刀，置於餐匙左側。 5.水杯置於餐叉正上方。

五、餐旅服務技能檢定餐桌擺設

當前餐旅服務技術士證照檢定，關於西餐餐桌擺設係要求考生依菜單內容來擺設二至四人份的餐具擺設。此外，每人份餐具擺設之口布款式也互異；同時麵包盤上均要派兩種款式的麵包及附上奶油。爲使讀者能熟悉餐旅服務技能檢定之規範，茲摘錄其要介紹於後供參考。

(一)擺設二人份西式菜單餐桌擺設

菜道	佐餐酒	餐具名稱	單人份擺設參考圖
煙燻鮭魚 海鮮湯 肉類主菜 蛋糕	白酒 紅酒	1.水杯 2.紅酒杯 3.白酒杯 4.沙拉刀 5.橢圓湯匙 6.餐刀 7.主菜盤 8.餐叉 9.沙拉叉 10.奶油刀 11.麵包盤 12.點心匙 13.點心叉 14.口布	

備註：1.每份菜單之餐具都須於麵包盤上派上奶油及二款麵包。

2.每桌擺設都須配置胡椒罐、鹽罐及花瓶。

3.口布二種款式，外加麵包籃巾。

資料來源：勞委會職訓局

(二)擺設三人份西式菜單餐桌擺設

擺設三人份西式菜單

菜道	佐餐酒	餐具名稱	單人份擺設參考圖
牛肉湯 沙拉 肉類主菜 附餐：咖啡	紅酒	1.水杯 2.紅酒杯 3.咖啡杯／底盤 4.咖啡匙 5.圓湯匙 6.沙拉刀 7.餐刀 8.口布 9.餐叉 10.沙拉叉 11.奶油刀 12.麵包盤	

備註：1.每份菜單之餐具都須於麵包盤上派上奶油及二款麵包。

2.每桌擺設都須配置胡椒罐、鹽罐及花瓶。

3.口布三種款式，外加麵包籃巾。

資料來源：勞委會職訓局

(三)擺設四人份西式菜單餐桌擺設

擺設四人份西式菜單

菜道	佐餐酒	餐具名稱	單人份擺設參考圖
奶油湯 魚類主菜 附餐：咖啡		1.水杯 2.咖啡杯／底盤 3.咖啡匙 4.橢圓湯匙 5.魚刀 6.口布 7.魚叉 8.奶油刀 9.麵包盤	

備註：1.每份菜單之餐具都須於麵包盤上派上奶油及二款麵包。

2.每桌擺設都須配置胡椒罐、鹽罐及花瓶。

3.口布四種款式，外加麵包籃巾。

資料來源：勞委會職訓局

餐飲服務

服務乃餐廳主要的產品，也是餐廳的生命，若捨棄服務即無餐廳可言。餐飲服務的良莠是當今二十一世紀餐廳營運成敗的主要關鍵因素。

由於餐廳類別繁多，不同類型餐廳所提供的餐飲服務方式也因而互異。一般而言，餐廳所採用的餐飲服務（Food Service），其基本形態可分爲：餐桌服務、自助式服務以及櫃檯式服務等三種。不過隨著社會、經濟、文化及市場的變遷，此三種基本服務形態在今日餐飲業之運用上，也做了很多調整與改變，以因應實際營運市場之需。

餐廳究竟採用那一種餐飲服務形態，完全端視市場需求，如客人可自由支配的用餐時間、願意支付費用多少，以及餐廳員工能力、菜單內容及餐廳政策而定。

第一節　餐桌服務

餐桌服務（Table Service）係一種最古老、典型、複雜的餐飲服務方式，也是一種既專業且溫馨的服務方式。

近年來，隨著餐飲文化之發展，餐桌服務方式也因地而異，主要有三大類即餐盤式服務、銀盤式服務及合菜服務。所謂「餐盤式服務」（Plate Service）係指美式服務；「銀盤式服務」（Platter Service）乃指法式、英式、俄式等三種經常使用大銀盤及銀餐具之服務方式，另稱其爲銀器服務（Silver Service）；至於「合菜服務」（Plat Sur Table）則類似中餐服務。謹分別摘述如下：

一、美式服務（American Service）

美式服務又稱「餐盤式服務」（Plate Service）或手臂式服務

（Arm Service），大約興起於十九世紀初，那時美洲大陸掀起一股移民熱潮，許多來自世界各地的移民，紛紛成群結隊湧至美國大陸，由於當時各大港埠餐館林立，這些餐廳之經營者大部分以來自歐洲爲多，因而餐廳供食方式不一，有法式、瑞典式、英式及俄式等多種，後來由於時間之催化，民族文化之融合，使得這些供食方式逐漸演變成一種混合式服務，即今日的「美式服務」。

(一)美式服務的特性

美式服務係所有餐桌服務方式當中，服務最爲快速、翻檯率最高、價格合宜、且廣爲今日美國餐飲界所普遍採用的一種現代餐廳服務方式。謹將美式餐桌服務的特性分述如後：

■美式服務是一種餐盤式服務，另稱手臂式服務

1.美式服務的餐廳，所有菜餚均事先在廚房烹調好並裝盛於餐盤上，然後再由服務員將餐盤從廚房端入餐廳服務客人。

2.服務員以手持餐盤，最多以三盤爲限，如果手持熱盤則須以服務巾拿取，以免燙傷（如圖14-1）。

圖14-1　手持熱盤，須墊服務巾

資料來源：康華飯店提供

■美式服務快速便捷，翻檯率較高

1.美式服務最大優點爲服務速度快，工作效率高。

2.服務員一人可同時服務三至四桌的客人，因此餐廳翻檯率較高。

■美式服務較之其他服務方式簡單，成本較低

1.美式餐廳座次排列較法式餐廳多，餐廳座位數相對提高。

2.美式餐廳所使用之生財餐具，無論在類別或數量上也較其他服務方式少，並且以瓷器或不鏽鋼餐具爲多，銀器類較少。

■美式服務餐飲服務員不須特別長期專業訓練

美式服務餐廳的服務員由於一般工作性質較單純，不必桌邊烹調或現場切割表演，因此服務員只要施以短期訓練即可上場服務，不像其他服務方式的服務員須長期培訓，如法式正服務員至少要三年以上之訓練，始能上場服務。

(二)美式服務的方式

美式服務可以說是所有餐廳服務中最簡單方便，沒有採用銀盤服務的一種餐飲服務方式。主菜只有一道，而且都是由廚房裝盛好，再由服務員端至客人面前即可。美式上主菜一般均自客人左後方奉上，但飲料則由右後方供應。謹分述於後：

1.當客人進入餐廳，即由領檯引導入座，並將水杯口朝上擺好。

2.將冰水或溫開水倒入杯中，以右手自客人右側方服務。

3.遞上菜單，並請示客人是否需要飯前酒。

4.接受菜單，並須逐項複誦一遍，確定無誤再致謝離去。

5.所有湯道或菜餚，均須從客人左後方供食。

6.上菜時，除飲料以右手自客人右後方供應外，其餘均以左手自客人左後方供應。

7.若同桌均爲男性，則由主人右側之賓客先服務，然後再依逆時鐘方向逐一服務；如果同桌有女士、年長者或小孩時，則須由主人右側優先依次服務。

8.若客人有點叫前菜，則前菜叉或匙須事前擺在餐桌，或是隨前菜一併端送出來，將它放在前菜底盤右側。

9.收拾餐具與桌面盤碟時，一律由客人右側收拾。

10.客人吃完主菜時，應注意客人是否還需要其他服務，並遞上甜點菜單，記下客人所點之甜點及飲料。

11.供應甜點時，須先清除桌面殘餘麵包屑或殘渣。

12.準備結帳，將帳單準備妥，並查驗是否錯誤，經確認後，再將帳單面朝下，置於客人左側之桌緣。

綜上所述，美式服務係一種餐盤式服務，速度快、翻檯率高，餐桌服務時飲料係「右上右下」，菜餚為「左上右下」。

二、法式服務（French Service）

法式餐飲服務係一種相當精緻細膩的高雅服務。法式服務源於法國路易十六的宮廷豪華宴席，後來才流傳到民間，並逐漸精簡改良成為今日西餐最豪華的一種餐飲服務方式。

法式餐飲服務在美國通常係指精緻美食（Houte Cuisine）餐館的服務而言。客人所點叫的食物先在廚房預先烹調、初步處理，然後再由助理服務員端至餐廳，放在客人旁邊的手推車（Guéridon）或旁桌（Side Table），由正服務員現場加熱完成最後的烹調，再由助理服務員完成上桌供食服務。謹將法式餐飲服務的特性、服務方式及旁桌服務，分述如下：

(一)法式服務的特性

法式服務之所以引人入勝，備受歡迎，其主要原因除了餐廳典雅高貴的裝潢、精緻美食佳餚外，尚搭配高雅華麗的銀器，以及擁有專精技術的優秀服務員，為客人提供溫馨的現場烹調服務。為使各位對法式服務有更深入的瞭解，謹將其特性分述於後：

■法式服務擁有專精的正服務員與助理服務員

1.法式服務最大特性，是有兩名經過專業訓練的服務員，即正服務員與助理服務員搭配爲一組來爲客人服務。

2.在歐洲法式餐廳服務員，必須接受正規教育訓練後，再實習一、二年，始可成爲準服務生（Commis de Rang）或稱助理服務員，但仍無法獨立作業，須再與正服務員一起工作見習二、三年，始可升爲正式合格服務員（Chef de Rang），如此嚴格訓練前後至少四年以上，此乃法式服務的特性之一。

■桌邊現場烹調的供食服務

1.法式服務所有菜餚係在廚房中先予以初步烹調處理，略加烹調再由助理服務員自廚房取出，置於現場烹調車或手推車上。

2.正服務員於客人餐桌邊，當衆以純熟精湛的技術現場烹調，或加熱、加工處理，最後再分盛於食盤，由助理服務員端送給客人。

3.桌邊現場烹調的供食服務乃法式服務之重要特色，這一點與其他服務方式不同。

■溫馨貼切、以客為尊的個人服務，不追求快速高翻檯率

法式服務由於擁有經歷嚴格訓練的專業服務員，以及桌邊現場烹調的個人式、人性化服務，因此不強調高翻檯率，重視客人悠閒舒適的享受，期使客人有一種賓至如歸之感。

■高雅的銀質餐具擺設與精緻的現場烹調車

1.法式服務所使用的餐具，不但種類多，質料也最好，大部分餐具均爲銀器或鍍銀器皿，如餐刀、餐叉、龍蝦叉、田螺夾、蠔

叉、洗手盅等，均爲其他服務的餐廳所少用的高級銀器。

2.現場烹調車在法式服務的餐廳極爲精緻且重要，其推車上鋪有桌布，內附有保溫爐、煎板、烤爐、烤架、調味料架、砧板、刀具、餐盤等等器皿。手推車之式樣甚多，不過其高度大約與餐桌同高，以方便操作服務（圖14-2）。

圖14-2　法式現場烹調車

■洗手盅（Finger Bowl）的供應

法式服務之另一特點乃「洗手盅」之供應，舉凡需要客人以手取食之菜餚，如龍蝦、水果等等，應同時供應洗手盅。這是個銀質或玻璃製的小湯碗，其下面均附有底盤，洗手盅內通常放置一小片花瓣與檸檬，除美觀外，尙有去除腥味之功能（圖14-3）。此外，用餐後還要再供應洗手盅，並附上一條餐巾供客人擦拭用。

圖14-3　洗手盅置檸檬片，具美觀、除腥之功能

(二)法式服務的方式

法式服務係由一群訓練有素的服務人員擔綱演出，通常係指精緻豪華餐廳的服務，也可說是最昂貴的餐飲服務方式。謹將法式餐飲服務的方式，摘述如下：

■引導入座

當客人進入餐廳，即由餐廳經理或領檯引導入座，並將桌上口布

幫客人攤開擺好。法式餐廳對於客人座位之安排相當重視，往往係由經理依客人身分、背景、地位來親自安排座次。

■展示菜單、點餐前酒或飲料

當客人入座後，正服務員或領班會遞上菜單，並介紹菜餚；同時爲客人點餐前酒或飲料，此餐前酒類似開胃菜的性質。

■點菜

餐前酒服務完畢，此時正服務員或領班將前來爲客人點菜，並將點菜單交由助理服務員送到廚房備餐。

■選取佐餐酒

當正服務員爲客人點菜完畢，此時葡萄酒服務員（Wine Steward / Sommelier）會遞上酒單，爲客人介紹各類佐餐酒。通常在美國係以「杯」計價而非以「瓶」計價。

■餐桌服務

1.典型傳統的法式服務菜單結構爲八道菜：開胃菜、湯、魚主菜、冰酒、肉類主菜、沙拉、甜點、乳酪。
2.每用完一道菜，服務員須等同桌所有客人均吃完，才可由客人右側收拾整理餐具，並擺設下一道菜所需的餐具。
3.上菜時，除了麵包、奶油碟、沙拉碟及其他特殊盤碟，必須由客人左側供應外，其餘菜餚、飲料均以右手自客人右側供應。
4.若客人點叫需要以手取食之菜餚，如龍蝦、水果等，均應同時供應洗手盅。
5.客人吃完主菜時，應注意客人是否還需要其他服務，並遞上甜點菜單，記下客人所點之甜點及飲料。
6.甜點、乳酪上桌服務之後，最後才送上咖啡、茶等飲料。

(三)旁桌服務（Guéridon Service / Side Table Service）

所謂“Guéridon”原係指在顧客餐桌所擺設之專供備菜、擺盤、調理之小圓桌，後來引伸爲旁桌服務或現場烹調手推車服務。

典型傳統法式服務餐廳的菜餚，自開胃菜一直到甜點，如生菜沙拉、魚肉類主菜、火焰甜點（Flambeed Desserts）等等菜餚，均由正服務員在餐廳客人餐桌邊完成最後的烹調，係一種極具表演性質（Showmanship）的高雅服務方式，可滿足客人視覺、味覺、嗅覺等各方面之享受，提供客人最親切的個人服務，此乃法式餐飲服務最大特色（**圖14-4**）。謹將旁桌服務的服務須知及其特性分別摘述如下：

■旁桌服務須知

旁桌服務原係法式服務的最大特色，但目前已逐漸成爲各類精緻餐廳作爲美食促銷之方式，透過桌邊現場烹調（Flambé）以及現場桌邊切割（Decoupage / Carving）等兩種方式，來吸引周遭客人的注意力，進而達到促銷服務的目的。爲使旁桌服務達到促銷及展示表演的效果，必須遵循下列事項：

圖14-4　旁桌服務滿足客人視覺、味覺之享受

資料來源：君悅飯店提供

1.桌邊烹調須有完善環境及烹調設備：

(1)餐廳用餐場所須有足夠空間，以便手推車或現場烹調車之移動或安置。如果餐廳空間、走道取得不易，則可考慮採用較窄小的手推車或固定的邊桌。

(2)桌邊烹調車須有完善的烹調設備與特別服務器皿，如固定熱源、火爐、擱板（Shelf）、餐具，最重要的是須有煞車固定裝置，才能避免操作時滑動。

(3)桌邊烹調的設備以簡單不花俏、實用、乾淨、安全爲原則。

2.桌邊烹調須有特別研發的桌邊烹調食譜：

(1)桌邊現場烹調的食譜可自傳統食譜中來研發，如凱撒沙拉（Caesar Salad）、蘇珊煎餅（Crepes Suzette）、火焰櫻桃冰淇淋（Cherries Jubilee）等，均是受歡迎的現場烹調菜餚，其中最有名的是「蘇珊煎餅」，已成爲全球最流行的法式點心。

(2)桌邊烹調食譜必須能在桌邊快速製備的食物，避免費時的工夫菜。服務人員不可耗費太長時間於食物製備上面，而忽視其他餐桌的客人。若食物無法在二十分鐘內完成烹調供食服務，則要考慮摒除於食譜之外。此外，盡量避免將食物先在廚房煮到半熟，然後才在旁桌予以完成，因爲預煮往往會破壞食材的品質，而失去原味。

(3)桌邊現場烹調的食譜，除了凱撒沙拉、蘇珊煎餅、火焰櫻桃冰淇淋外，其他常見的焰燒菜（Flaming Dishes）尚有火腿小牛肉捲、黑胡椒牛排，以及皇家咖啡、愛爾蘭咖啡等等之多種美食飲料。

3.桌邊烹調須能以精湛技巧完成美食佳餚：

(1)桌邊現場烹調除了展示專精的烹飪藝術表演技巧外，最重要的是食物必須烹調得很精美可口，否則僅是徒具形式的失敗促銷而已，甚至失去實質的意義。

(2)現場烹調服務人員，除了須具備精熟專業技能外，更須講求服務儀態，以優雅的動作、可掬的笑容、眼光與客人保持接觸，始能贏得客人激賞。

4.桌邊烹調須注意安全衛生，防範意外：

(1)桌邊烹調手推車須有固定的安全加熱器或火爐，同時附有煞車裝置，以免餐車操作時滑動造成意外。

(2)烹調車須保持亮麗潔淨，擱板須墊上乾淨白布桌巾，烹調鍋或火爐至少要距離客人30公分以上。

(3)焰燒菜加入烈酒要適量勿太多，最好先將鍋子移離火焰，同時再將鍋背朝向客人，以避免酒瓶爆炸產生意外。

(4)焰燒菜點燃火焰的方式有兩種，即將柄端稍往上提，將鍋子傾斜，使烈酒揮發之氣體接觸到加熱器之火源來點燃火焰；另一種方法係先將湯匙盛烈酒，置於爐火上先點燃湯匙後，再以湯匙上之火焰來點燃鍋內之烈酒。此外，可加糖來改變火焰之顏色。

(5)避免使用打火機或火柴來點燃火焰，以免發生意外。

(6)蘇珊煎餅爲增加柑橘香味，所使用的烈酒通常係採用含柑橘香味的Grand Marnier或Cointreau，一般的蘇珊煎餅是以上述兩種柑橘酒或是Triple Sec等爲主。至於一般焰燒烈酒則以白蘭地爲多。

■旁桌服務的特性

旁桌服務係利用現場烹調車或服務桌，在餐廳客人餐桌旁做現場烹調或現場切割的餐飲服務方式，係一種具有表演性質的服務方式。謹將其優、缺點摘述如下：

1.旁桌服務的優點：

(1)營造餐飲進餐環境情趣與氣氛。

(2)提供溫馨的個人化親切服務。

(3)提高菜單銷售之附加價值。

2.旁桌服務的缺點：

(1)使用現場烹調車或服務員，須占用較大空間，進而造成餐廳座位數減少，價格偏高。

(2)旁桌服務較重視進餐情境之舒適，以及欣賞具表演性質的高雅服務技巧，因此翻檯率最低。

三、英式服務（English Service）

英式服務另稱家庭式服務（Family Service）❶。傳統英式服務所有食物均是先在廚房烹調好，以大銀盤端出，由主人在餐廳親自將肉切割好再裝盤，置於餐桌供客人自行取用，客人則類似家庭式地自行服務自己。唯目前英式服務通常係由服務人員來爲主人擔任切割工作，並將食物由客人左側分送服務（圖14-5）。

英式餐飲服務大部分僅在學校、機關團體附屬餐廳或美式計價旅館（房租含三餐在內的計價方式）中使用。由於英式服務是一種非正式的服務，因此除了像宴會這種需要在極短時間內來服務大批客人的場合外，一般餐廳較少採用此種服務方式。謹將英式服務的優、缺點摘述如下：

(一)優點方面

1.服務迅速，不需太多人力。

2.適於用在短時間服務大批客人的宴會場合。

3.不需太大空間來放置器具。

4.客人可自行選取所需適量的食物，不會浪費食物（圖14-6）。

註❶：在歐洲銀器服務中，英式服務係由服務員自客人左側，由服務員將食物派送給客人；法式服務係由客人自大銀盤中自行取食（歐洲與美國對於餐桌服務方式名稱講法不一。本書以美國餐飲界觀點來定義名稱）。

圖14-5　英式服務將食物由客人左側分送

資料來源：康華飯店提供

圖14-6　英式服務由客人自行取食

資料來源：康華飯店提供

(二)缺點方面

1.用餐氣氛較類似家庭式聚餐，因而較不正式。

2.有些菜餚如整條魚，較不適合此類服務。

3.如果客人均點叫不同食物時，則服務人員須端出許多大銀盤上桌服務。

四、俄式服務（Russian Service）

俄式餐飲服務又稱爲「修正法式餐飲服務」，也是一種銀盤式服務（Platter Service）。此型服務之特色，係由廚師將廚房烹飪好的佳餚，裝盛於精美的大銀盤上，再由餐飲服務員將此大銀盤以及熱空盤一起搬到餐廳，放置在客人餐桌旁之服務桌，再依順時鐘方向，由主客之右側以右手逐一放置一個空盤，待全部空盤均依序擺好之後，服務員再將已裝盛的秀色可餐之大銀盤端起來，讓主人及全體賓客欣賞，最後再依反時鐘方向，由主客左側將菜分送至客人面前之食盤上（圖14-7）。

俄式服務也是以銀盤爲主要餐具，這種服務方式十分受人喜愛，最

圖14-7 俄式服務由客人左側派送食物

資料來源：康華飯店提供

適於「宴會」使用，尤其是使用在六至十二人的私人小型宴會上最爲理想。此外，在豪華高級餐廳或世界各地旅館，均常使用此快速且高雅的銀盤式俄式餐飲服務。謹就其優、缺點摘述如下：

(一)優點方面

1.最適用於短時間內服務很多人的高級豪華宴會。
2.服務速度快，但動作依然優雅，可提供個人的服務。
3.服務速度取代法式表演技巧。所有食物均完全烹調好，再以大銀盤由廚房端出。
4.一名服務員即可獨立完成服務，但法式則須二名服務員。

(二)缺點方面

1.沒有法式服務那麼華麗高雅的場景布置。
2.有些菜餚如魚類，較不適合此類型服務方式。
3.僅提供旁桌切割分菜，而不強調現場烹調。

五、中式服務（Chinese Service）

中華美食之所以能廣受人們喜愛，執世界各國名菜之牛耳，其原因除了中國菜強調色香味之特性與均衡營養食補外，更不斷研發創新高品質之餐飲服務。

近年來，國內餐飲業者爲提升中華美食文化，乃針對我國傳統中餐餐飲服務方式予以改良，因而有現代中餐服務所謂的「中菜西吃」

與「貴賓服務」等方式產生。爲使讀者對我國中餐服務方式之演變有正確的基本認識，玆分述如下：

(一)傳統的中餐服務

自古以來，我國餐飲業者對於中國菜之烹調藝術相當重視，惟對於餐桌服務方面則不如英、法等國那般考究。傳統中國餐館之服務方式非常簡單，通常是等客人到齊後，服務員將所有佳餚均以14吋或16吋之大餐盤，一道一道直接端上圓桌，置於餐桌中央位置，任由顧客自行取食，服務員之工作僅是負責上菜與收拾餐盤而已，此乃早期傳統式中餐服務，其特色乃強調菜餚本身之量多，以及色香味俱全之「質美」而已，至於服務人員之態度與技巧較不怎麼重視，如目前鄉間之餐館或大衆化平價中餐廳，均仍採用此類傳統中式服務。

(二)現代的中餐服務

■合菜服務

所謂「合菜服務」，係指一桌客人在餐廳用餐，其所享受之菜餚完全以餐廳事先備妥的定食菜單內容爲主，其菜色多寡視客人人數及價格高低而定。此供食方式可分爲一般餐廳與高級餐廳的合菜供食，玆分述如下：

1.一般中餐廳合菜服務：一般中餐廳這種供食方式，係由服務員將菜單內的菜餚，自廚房以托盤一道一道端出，並置於餐桌供客人自行取食。不過一些較講究的餐廳，客人所需的飯與湯是由服務員先以小湯碗裝盛妥再端給客人，而非整鍋湯、飯端上餐桌，由客人自行取用。
2.高級中餐廳合菜服務：在觀光飯店或較高級的中餐廳，也有所謂的「合菜服務」，不過其服務方式，較之前者大不相同，雖然客人點的是合菜，這僅表示菜單的菜色是以餐廳定食菜餚所列爲主，但每上一道菜均由服務員負責將菜餚自桌上大餐盤分菜到客人面前的骨盤供客人進食，而非將菜餚置於餐桌上，任由客人自行取用。有些較高級餐廳，甚至規定服務員每上一道菜均要附「公筷母匙」，並爲客人換一次骨盤，這種服務方式已逐漸成爲現代中式合菜服務之主流。

表**14-1**　餐桌服務方式之比較

餐桌服務方式／服務項目	銀盤式服務			餐盤式服務	合菜服務
	法式服務	英式服務	俄式服務	美式服務	中式服務
擺放空餐盤	○	○	○	×	○
空餐盤自客人右側放置	○	○	○	×	○
銀餐盤自客人左側秀菜	○	○	○	×	×
上菜服務	右	左	左	左	右
麵包、奶油、沙拉	左	左	左	左	×
飲料服務	右	右	右	右	右
上菜順序方向	順時鐘	逆時鐘	逆時鐘	逆時鐘	順時鐘
餐具收拾方向	右	右	右	右	右

附註：

1.凡須自客人右側服務者，均依順時鐘方向，以右手來服務；凡須自客人左側服務者，均依逆時鐘方向，以左手來服務，此乃餐桌服務之一般原則，而非定律。

2.表列餐桌服務方式係以美國餐旅業之分類爲依據，但歐洲部分地區將前述英式服務內涵稱之爲法式服務，並將前述法式服務稱之爲英式服務。

3.旁桌服務在美國係將它視爲法式服務的主要特色，而不是一種獨立的餐桌服務方式。

■貴賓式服務

所謂「貴賓式服務」係指客人進餐所享用之佳餚，經客人點菜後，再由廚房依客人所點的菜單依序出菜，每道菜均由服務員自主人右側端上餐桌，置放轉盤（Lazy Susan）上，經主人過目後，再輕轉轉盤至主賓面前，一邊展示一邊解說菜名，當菜餚轉至主賓面前，然後才開始分菜。這種貴賓式點菜服務係由客人右側點菜，所有佳餚均由主人右側上菜，但分菜時則須從主賓右後方開始先爲主賓分菜，然後依順時鐘方式，以右手執服務叉與服務匙（**圖14-8**），逐一爲賓客分菜，當服務完所有客人後，最後才回頭來爲主人服務。

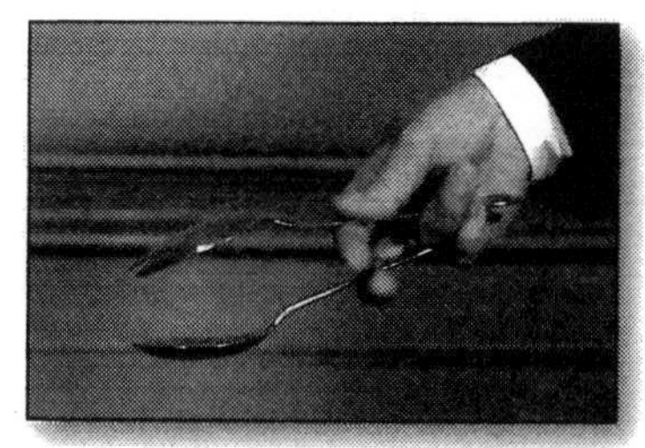

圖14-8　服務叉匙正確拿法

資料來源：康華飯店提供

通常在中餐廳的貴賓廂房服務時，服務人員之配置一般係以一席一人爲原則，爲使佳餚得以迅速服務，服務員可同時爲左右兩邊的客人服務，不過分菜時須把握一個原則，即每人分量應力求一致，所以服務員在分菜前應特別加以留意菜量，寧可少分一點，若分菜完後尚有剩餘佳餚，可第二次再分給需要的客人，或裝盛於較小盤碟，置於桌上供客人自行取用，但千萬勿因分配不當，以致造成客人有短少或不足之情況發生。

此外，這種貴賓式的服務，最強調賓至如歸、客人至上的親切服務，因此服務員每上一道菜或分菜前，即須更換新的骨盤給客人，並且要能靈活純熟地使用服務叉與服務匙。爲避免右手分菜時殘渣或菜汁滴落，可在左手置一個以口布墊底之骨盤，當右手執叉匙分菜時，可在下方移動，以防菜餚不愼滴落桌面。

■中菜西吃服務

所謂「中菜西吃」的服務，是一種修正式中餐餐桌服務，其主要特色除了將中餐16吋（41公分）大盤菜供食方式，改良爲西式8吋（20公分）或10吋（25公分）正餐盤的個人供食方式外，並將傳統中式餐具改爲以刀、叉、匙爲主，筷子爲輔。餐桌擺設方式與美式擺法類似，這是一種「中式餐食爲體，西式服務爲用」之新興中餐服務方式。

此類餐廳所供應的餐食大部分係以精緻中華美食套餐爲主，個別點菜爲輔，同時使用的餐具十分精緻，有些甚至以金器、銀器等刀叉餐具供食。此類型服務的餐廳，無論就外表造型或內部格局設計而言均十分講究，使人在此用餐能享受到一種高雅溫馨之舒適感。

目前國內以「中菜西吃」爲號召的中式餐廳，雖然價位偏高，但由於其所標榜的是高品質服務與精緻美食，因此仍深受廣大消費者所喜愛，此類「中菜西吃」的服務方式，已步出由來已久的傳統中餐服務窠臼，且蔚爲現代中餐服務之另一主流，其未來發展備受矚目，值得重視。

語云：「七分堂口，三分灶」，其意乃指餐廳外場服務的重要性，不亞於廚房內場的美食烹調。國人對於中華美食一向十分重視佳餚烹調之藝術，但對於餐廳外場之餐飲服務與安全衛生則較爲疏忽，此乃二十一世紀我國餐飲業亟待改善的主要課題。

第二節　自助式服務

近數十年來，社會繁榮經濟發達，產業結構改變，外食人口激增。爲求在短暫時間內能快速提供價格低廉、營養衛生的大眾膳食，提供出門在外的廣大消費者食用，許多自助式服務的餐廳乃應運而生。一般而言，此種自助式服務的類型可概分爲速簡自助餐式服務與歐式自助餐式服務等兩大類。謹就自助式服務之緣起、類別及其特性，分別摘述如後：

一、自助式服務的緣起

自助式服務（Self Service）係一種快速、自我服務的個人用餐方式，所有菜餚均事先備好，由顧客自行至餐檯選取所喜愛的食物。

自助式餐飲服務的概念係萌芽於1893年，由John R. Thompson在美國芝加哥創設全球第一家自助式餐廳爲肇始。一直到1940年代第二次世界大戰前後期間，此自助式服務由於能以最經濟實惠、快速供應大批人員膳食需求，因此被廣泛運用在機關、學校、軍隊以及醫院等團膳服務。唯當時的自助餐供食大部分均非營利性質，後來才被引進商業中心或辦公大樓附近的商業型餐廳。直到1980年代，美國許多速食業者也將此服務概念正式引入速食餐廳之供食作業，如流暢的服務動線、具彈性的桌椅安排規劃均是例，如今自助式餐飲服務之風已盛行，且已蔚爲時代潮流。

二、自助式服務的特性

自助式服務之所以在全世界普受歡迎，主要原因乃在於此類服務具有下列特性：

(一)琳琅滿目菜餚，集中陳列展示

自助式服務的餐廳，所有美食佳餚大部分均已經事先烹調好，再予以精美裝飾後，分別依甜點、沙拉水果、冷食、熱食、飲料等順序擺設。爲吸引顧客之注意力，特別強調盤飾、燈光照明及供餐檯上之飾物，如果雕、冰雕，甚至船造型之雕飾等，均是此類服務方式所強調的重點。

(二)客人自我服務，自行取食，自主性強

自助式服務的餐廳，其菜餚均事先擺在供餐檯由客人自行挑選其所喜愛的食物。除了部分熱食或飲料有服務人員招呼外，在速簡自助餐裡，大部分餐食均由客人服侍自己，甚至自行清理殘盤。

(三)快速供食，避免久候

自助式服務的特色乃在於能在極短時間內，以最迅速有效率的方式來提供大眾膳食，避免客人久候，並減少因點菜所需技巧之困擾。

(四)價格低廉，經濟實惠，節省人力

自助式服務餐廳由於係採自助或半自助之服務方式，因此可節省餐廳勞務費用，降低人事成本，提供顧客價廉物美的膳食。

(五)自由化、民主化的舒適個人用餐方式

自助式服務的餐廳，客人可自由進出，較不會引人注目。可自由、適量地自行取食，且不必像正式宴會那般拘謹，可在輕鬆愉快之氣氛下舒適用餐或自由交談。

三、自助式服務的類型

自助式服務的方式主要可分為速簡自助餐式服務與歐式自助餐式服務等兩種，茲分述如下；

(一)速簡自助餐式服務（**Cafeteria Service**）

速簡自助餐式的服務最早創始於美國，此類型服務方式係以快速便捷、物美價廉、營養衛生之自我服務為特色。謹將此速簡自助餐服務之營運方式，摘述如下：

1.顧客進入餐廳用餐之時間均集中在某一時段，因此須快速服務。

2.餐廳內部之空間安排，尤其要注意顧客動線與服務動線之規劃，其入口處須有相當大的空間，以供客人排隊候餐。

3.所供應餐食應事先裝盛於大餐盤，擺在長條桌上，而供餐檯一端擺空食盤，另一端置放收銀機（圖14-9）。

4.客人自己挑取所喜歡之菜餚，只有熱食才由服務員供應，客人依序取食之後，再到供餐桌末端出納處依「餐量」多寡付帳，結帳畢，再自行覓妥座位進餐。

5.用餐畢，客人往往須自行清理殘盤。

(二)歐式自助餐式服務（Buffet Service）

歐式自助餐式服務另稱瑞典式自助餐服務（Swedish Service），因此類服務方式與北歐小吃點心餐檯（Smorgasbord）之餐廳服務方式一樣，故稱之為瑞典式自助餐或歐式自助餐式服務。

歐式自助餐式服務係一種結合餐桌服務與速簡自助餐式服務的特色而衍生出的餐飲服務方式。此類供食服務方式，為當今國內外觀光旅館、餐廳或大型宴會經常採用的一種所謂「一價吃到飽」（All you

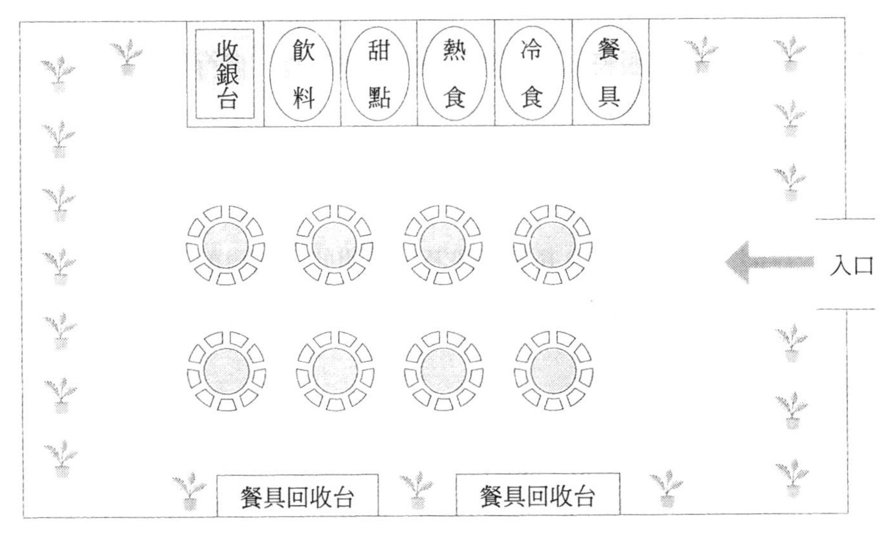

圖14-9　速簡餐廳的格局規劃

can eat）的服務方式。謹就其服務方式與營運特性分述如下：

■歐式自助餐服務方式

歐式自助餐服務可分為正式與非正式服務兩種：

1.正式自助餐服務：

(1)餐廳營運前，所有餐桌均事先完成餐具擺設。

(2)客人進入餐廳，即由領檯人員引導入座，再由服務員將前菜、湯、麵包、奶油等上桌服務。前述服務方式與餐桌服務方式相同。

(3)客人自行前往裝飾華麗的沙拉吧（Salad Bar）、熱食吧（Hot Bar），自己選擇所喜愛的食物再端回座位進食，客人可自由取食而不限制次數。

(4)客人用餐畢，服務員會主動前來服務飲料。部分提供此類服務之餐廳，如國際觀光旅館或豪華特色餐廳，還可接受客人點菜服務。

2.非正式自助餐服務：

(1)非正式自助餐服務的方式與速簡自助餐式服務較類似，客人必須自我服務，如自行前往供餐檯取食、自行取餐具、餐盤等器皿備品。

(2)除了引導入座外，服務人員較少提供其他餐桌式服務，客人自主性較大。

(3)此類供食服務之餐廳布設及所使用的器皿也較平實簡約，經濟實惠，唯較速簡自助式服務餐廳高雅舒適。

■歐式自助餐服務的特性

1.重視服務動線之格局規劃：

(1)為避免供餐檯客人擁擠現象，通常正式大型自助餐廳係將供餐區與用餐區以各種盆栽、飾物等設施加以分隔。此外，供餐檯也依冷食區、熱食區、甜點、飲料區加以分別設置（圖**14-10**）。

(2)沙拉吧與熱食吧為歐式自助餐服務最重要的兩大單位，為確保服務作業順暢須分開設置，以利客人自由取食。

2.供餐檯菜餚擺設，須依菜單上菜順序：

(1)典型的自助餐供餐檯布設方式，係將客人用的空餐盤擺在供餐檯最前端，最後再擺設餐具、餐巾或麵包奶油，其間再依序由沙拉、冷盤、燻魚、乾酪、熱菜、燒烤主菜等順序擺放，此種自助餐布設方式較適合小型自助餐廳使用。

(2)若是較大型或是豪華之餐會場合，供餐檯擺設往往將冷食、熱食、甜點、飲料，甚至燒烤等區位，予以獨立設置，或置於裝飾華麗的各式服務車上，以便於客人取食。

3.強調主題特色，發展餐飲文化：為發展餐廳營運特色，此類自助餐服務均會配合不同主題來策劃，如耶誕節、情人節、南洋

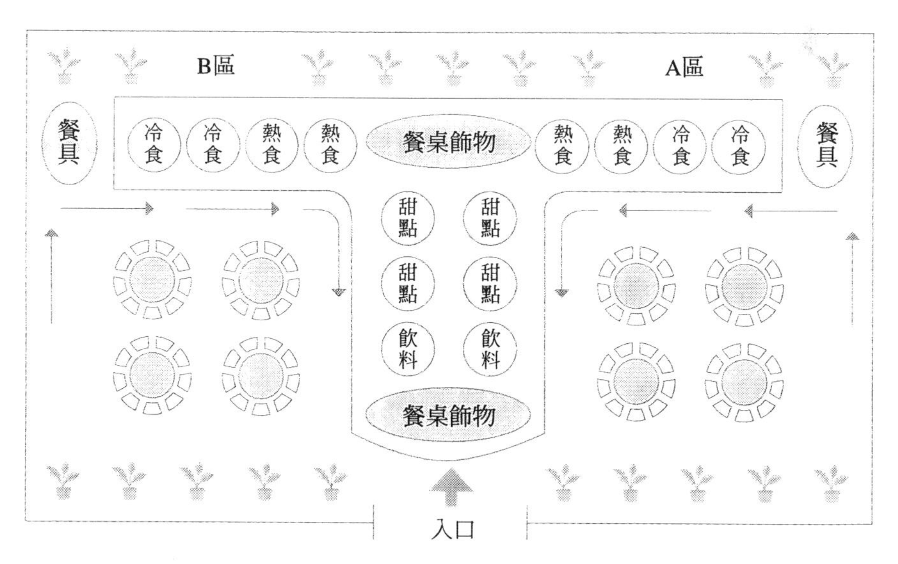

圖**14-10** 自助餐服務場地動線規劃

美食節等各種文化節慶來規劃。經由餐桌擺設、節慶飾物、食物陳列展示、主題背景布置，並運用各種旗幟、燈光、盆栽，巧妙搭配現場人物特殊造型服飾之動態表演，將更能凸顯一種特殊用餐情趣。

4.豪華舒適之裝潢擺設，現場表演之視覺享受

(1)為營造餐廳柔美溫馨之進餐環境氣氛，增進客人用餐情趣，通常供餐檯均裝飾著各種精緻飾品，如燭台、果雕、冰雕、花卉，以及各色各樣精美華麗之保溫鍋（Chafing Dishes），再透過特殊燈光之光源照射，增添餐廳高雅氣氛與客人進餐情調。

(2)高級餐廳歐式自助餐之服務人員，均須穿著整潔亮麗的制服。至於熱食區、燒烤切割區之廚師必須穿著潔白筆挺的廚師服，頭戴白色高帽，站在供餐檯後面，以精湛的技巧、略加誇大的動作揮舞雙手的刀叉，來做現場切割表演服務（Showmanship Service）（圖14-11）。

圖14-11　歐式自助餐廚師現場切割

(3)有些餐廳尚提供現場鋼琴演奏或歌舞表演，藉以營造客人用餐氣氛，滿足其用餐體驗。

四、自助式服務工作應注意事項

自助式服務的餐飲服務人員除了要遵循一般餐飲服務工作要領外，尚須特別注意下列事項：

(一)確保供餐檯的整潔，並適時補充菜餚、備品

1.自助式餐廳服務的特色乃在於秀色可餐、裝飾美觀的供餐檯食物展示與陳列，因此工作人員須隨時整理餐檯，確保餐檯整潔、亮麗。

2.如果餐盤或保溫鍋內食物，因客人取食後而形狀零亂，必須隨時加以修整，力求美觀爲原則。

3.當餐盤上的菜餚量不足，約僅剩三分之一量時，須送回廚房補充整理，或另端上新裝盛好的餐盤更新，尤其是成本低廉的菜餚更須迅速補充。

4.絕對不允許讓客人感到菜餚不足或有菜餚告罄不補之感，因此內外場要密切配合加強溝通協調。

(二)確保餐具供應檯的餐具量與清潔衛生

1.當餐具供應檯之餐盤、杯皿、刀叉匙等餐具數量約僅剩三分之一左右時，須立刻準備補充至定量。不可讓客人因餐具不足而造成困擾與不便。

2.隨時維護餐具及其供應櫃檯之清潔衛生，不可有殘餘水漬或異物。

3.熱食盤務必要放置在保溫式的餐盤架上。

(三)確保用餐區桌椅及環境之整潔

1.客人使用過之空餐盤，須立即收拾，不可任其堆疊置於餐桌上，以免妨礙客人用餐且影響觀瞻。

2.若客人不愼將菜餚掉落餐桌時，服務員須立即在不妨礙客人的原則下，將掉落桌面之菜餚刷進空盤，並以乾淨餐巾覆蓋在污點上面；若菜餚或飲料掉落灑在地毯上時，須先以餐巾蓋在污損地毯上，以防客人不愼踩踏滑倒，並立即清除乾淨。

(四)注意保溫鍋及電熱盤之安全操作使用

1.隨時注意保溫鍋外鍋之熱水是否足夠，應經常留意，以免外鍋的熱水已燒乾而產生意外（圖14-12）。

圖14-12　保溫鍋外鍋須確保足夠的熱水

2.酒精膏若不夠或將用完會影響保溫效果。補充酒精膏時，需要先將火罐頭火苗熄滅後，才可再添加酒精膏，嚴禁火罐頭尚有餘火時直接注入酒精膏，否則會造成意外災害。

3.電熱盤或電熱器之使用，須有專用插座，以免超過負載而產生電線走火之意外。

(五)確保沙拉吧與熱食吧餐飲安全衛生

1.沙拉吧係自助餐式服務最受歡迎的主題區之一，也是自助餐廳客人的話題焦點。因此沙拉吧除了造型力求美觀、具特色外，更要注意冷食之冷藏溫度，須維持在攝氏0至7度之區間，以免食物變質。

2.沙拉吧須在供餐檯上方設置安全護罩（Sneeze Guard），其高度約在一般人胸部與下巴之間，其目的乃避免客人取食時不慎呼氣在食物上（圖14-13）。

圖14-13　沙拉吧上方的安全護罩

3.熱食吧通常係運用紅外線

保溫燈及電熱盤來控制溫度，將食物由上下同時加熱保溫，使食物溫度控制在攝氏60度以上，以避免食物變質。

第三節　櫃檯式服務

櫃檯式服務（Counter Service）的主要特性是快速銷售、便捷服務、價格低廉，其所供應的食物通常均附照片陳示在菜單或懸掛在牆上。此類型服務的特色為：服務人員均經由餐廳櫃檯與客人對話或提供餐食服務，乃因而得名。

一、櫃檯式服務的方式

傳統櫃檯式服務的方式經常被運用在速食餐廳、百貨公司超級市場之美食街小吃店、咖啡專賣店，以及冰品飲料店等等大眾供食場所。此類型的服務方式如下：

(一)全方位的餐飲服務

櫃檯服務人員自接受客人點餐、向廚房或吧台叫菜、領取食物快速供應客人、收拾整理餐盤清理檯面，一直到結帳等全方位整套作業，必須能在最短時間內完成。

(二)定點式的餐飲服務

1.櫃檯服務人員有時須同時服務許多客人，因此僅有少數時間可以花費在走動上。此外，有些櫃檯服務的餐廳，均設有固定服務窗口或服務台，因此值勤人員僅能在其工作台與客人做最低限度的對話及活動。

2.爲便於點叫、領取餐食及快速供應，餐飲製備區必須盡量鄰近櫃檯，便於服務作業之順暢。

(三)混合式的便捷服務

櫃檯式服務經常結合餐桌服務、自助式服務的方式於實際供食服務上。例如有些快餐廳、咖啡廳或冰品飲料店，雖然以櫃檯式服務營運，但也會在櫃檯的開放供食區，由服務員在餐桌爲客人點菜或拿取客人點菜單，再將餐食端送到餐桌。用餐畢，由客人自行前往櫃檯結帳。

二、櫃檯式服務的餐廳格局規劃

櫃檯式服務的主要訴求爲提供客人快速銷售，所以此類服務方式的餐廳非常重視櫃檯的設置，以確保餐廳產銷作業流暢。謹就常見幾種櫃檯形態，介紹如下：

(一)直線型櫃檯（Straight Line Counter）

此類型櫃檯係呈直線型，且與廚房或餐飲備製區成平行排列，如（圖14-14）。其優缺點如下：

1.優點：

(1)服務人員服務方便，可提供客人最迅速的服務。

(2)通常此類型櫃檯之服務員，一人可同時服務十至十二位客人。

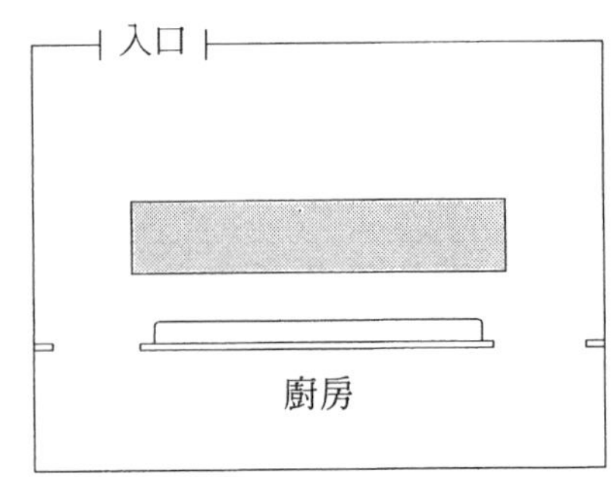

圖14-14 直線式櫃檯

資料來源：John W. Stokes(1980). *How to Manage a Restaurant*. p.98.

2.缺點：

(1)若餐廳格局係屬於店面窄、縱深長的情況，而且廚房或餐飲製備區係設在最後面，則服務員花費在走動的時間將浪費太多，不但影響服務效率、減少銷售量，且容易造成工作人員身心的勞累，影響工作品質。

(2)如果能運用輸送帶（Belt Conveyors）來運送食物，並送回待洗之餐具，則此缺點將可改善。

(二)U字型櫃檯（U-Shaped Counter）

此類型櫃檯可分為獨立彎型櫃檯與系列彎型櫃檯兩種（圖14-15）。其優點如下：

1.能經濟有效地運用餐廳地面空間。

2.每個彎型櫃檯可配置一名服務員。

3.此類型設計經常運用在咖啡廳、酒吧，以及性質類似的餐飲場所，可滿足客人視覺上之造型變化。

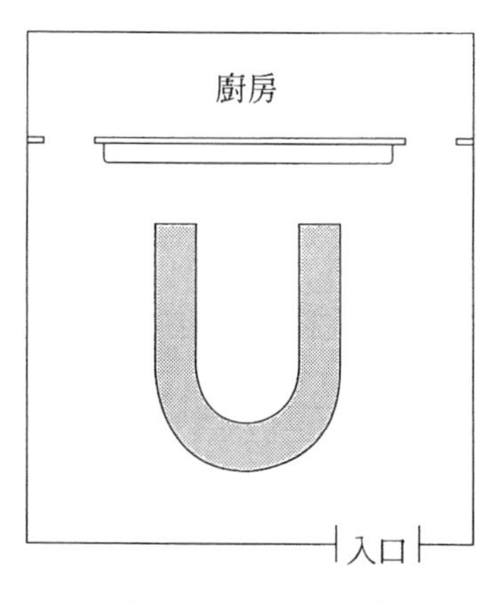

（一）獨立彎型櫃檯

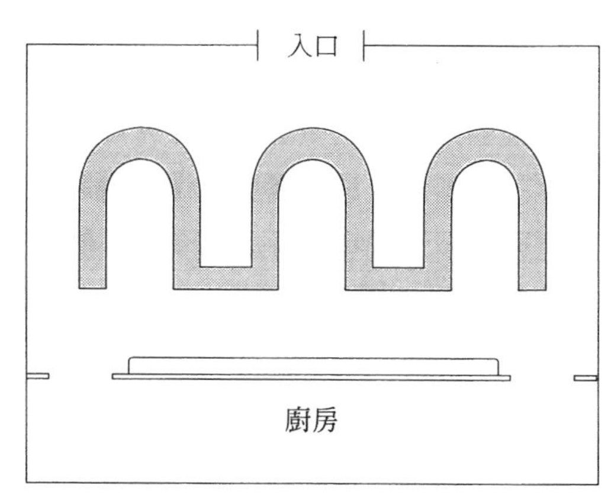

（二）系列彎型櫃檯

圖14-15　U型櫃檯

資料來源：John W. Stokes(1980). *How to Manage a Restaurant*. p.98.

(三)矩形櫃檯（Rectangular Counter）

此類型櫃檯之設計（圖14-16），係針對餐廳營運場所之現況不適於採用上述之格局規劃時採用。其優缺點如下：

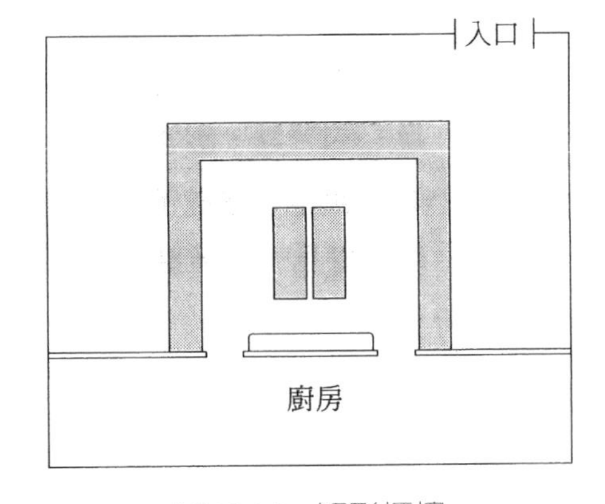

圖14-16　矩形櫃檯

資料來源：John W. Stokes(1980). *How to Manage a Restaurant*. p.98.

1. 優點：吧台與工作站設在矩型櫃檯正中央，對於服務員供食作業服務較方便。
2. 缺點：餐廳在客人稀少的離峰營運時段，通常僅由一名服務員輪值，此時服務員將難以同時兼顧分坐兩邊的客人。

三、櫃檯式服務的特性

櫃檯式服務的餐廳，近年來成長相當迅速，如鐵板燒、酒吧、各類冰品飲料店、速食餐廳、快餐廳等到處林立，且備受消費者喜愛，其主要原因乃這些櫃檯式服務的餐廳具有下列特性：

(一)快速便捷的供食服務

櫃檯式服務的餐廳大部分均設立在人口聚集的商圈、交通要道，或機關團體所在地附近，其主要營運對象乃針對那些過往迎來，正在趕時間且需一份快速簡餐或飲料來充飢解渴、稍待休憩片刻之客人而設置，因此須以最快速及方便的方式來提供客人所需之服務。

(二)價格低廉的速簡餐飲

櫃檯式服務的餐廳（圖14-17），所提供的餐食內容大部分爲不需要長時間烹調或容易製備的速食、快餐或飲料爲主，如三明治、熱狗、薯條、炸雞、漢堡、點心、小吃，以及各種甜點、冰品、飲料等等。此外，此類供食服務通常均不必另給小費。

(三)勞務成本最爲節省的餐飲服務方式

櫃檯式服務所需的人力最精簡。通常一位服務人員的工作範圍從迎賓、點菜、叫菜、取菜、供食服務、結帳，一直到餐後清潔整理工作，幾乎一手包辦。此外，每一個營運窗口均僅由一名服務員負責。

(四)可欣賞食物現場烹調的開放性廚房

1. 櫃檯式服務的餐廳，通常均採開放式廚房或開放式生產作業區，因此客人可以欣賞廚師精湛優美的現場烹調切割技巧，如鐵板燒餐廳。
2. 客人在酒吧可以欣賞調酒員輕鬆逗趣的花式調酒技巧，或咖啡

圖14-17　櫃檯式服務的餐廳

圖14-18　酒吧是一種櫃檯式服務的餐廳
資料來源：君悅飯店提供

廳欣賞吧檯人員純熟的咖啡調配手法均是例。

(五)休憩、聚會、自我娛樂的餐飲服務

櫃檯式服務的餐廳如酒吧、冰品店、咖啡廳等等場所，通常在櫃檯或吧檯前方，均設有高腳椅（Stools），客人可以自由自在輕鬆喝杯飲料，且可與人愉快交談，不會感到孤獨或無聊（圖14-18）。

第四節　宴會與酒會服務

所謂「宴會」英文稱之爲"Banquet"，係一種以餐會爲目的之現代社交活動，如酒會、園遊會、晚宴，以及最正式的官方宴會——國宴（State Banquet）等等均屬之。由於宴會種類很多，其舉辦的目的與性質互異，因此所須提供的服務內容與工作項目也不同。不過宴會作業已成爲當今旅館極重要的一項業務，且均設有專人或宴會部來負責此業務之規劃與執行。

一、宴會服務作業程序與步驟

爲確保旅館宴會作業之服務品質，須依循下列作業程序與步驟來執行，茲摘述如下（圖14-19）：

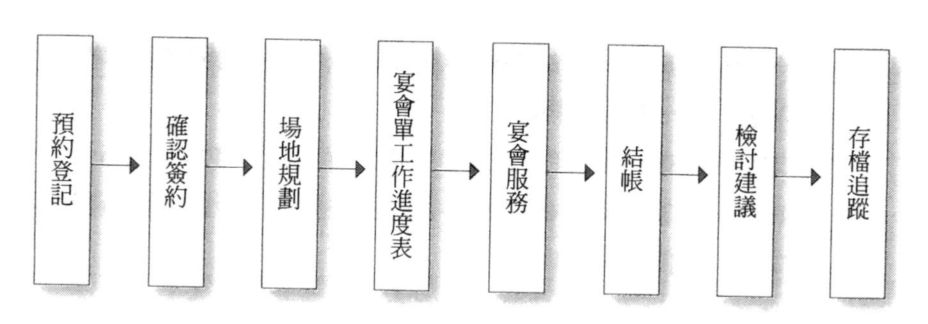

圖14-19　宴會作業流程

(一)預約登記

當客人前來旅館預約場地，通常應即登入在總宴會登記簿，並予以登入預約日期、地點、宴會人數、服務方式、費用金額等，並列爲暫時性預約，待進一步確認。

(二)確認與簽約

1.當客人同意旅館所提供的宴會服務方式與付款條件後，應請其正式簽一份確認書（Letter of Conf irmation）並付訂金，其金額依旅館規定而定。

2.直到宴會舉行前一個月，始再正式簽定一份正式的合約（Contract）。倘若因故取消宴會，則依合約之規定處理訂金是否退回部分或全部的解約事宜。

(三)場地規劃，宴會平面圖繪製

1.宴會場地規劃布置工作，通常係由旅館宴會部門負責。若宴會性質較特殊者，則須會同宴會主辦單位共同研商，並派員參與規劃布置事宜。

2.宴會場地所需設施或設備，如音響、燈光、麥克風、講台、旗座、看板、展示架，或視聽器材等等，均須依主辦者需求並掌握宴會目的、性質來規劃。

3.場地規劃最後一項工作即繪製「宴會平面圖」（Floor Plan），並影印分送宴會有關各部門及宴會主辦單位，作爲宴會布置之藍本與作業依據（圖14-20）。

4.宴會布置之形式，可分爲中式宴會布置與西式宴會布置兩種，摘介如下：

(1)中式宴會布置：

①中式宴會餐桌，大部分係以圓桌爲主。直徑通常爲150至200公分，如果直徑超過150公分，則須在餐檯上另加放轉檯，轉檯距桌緣最好30公分以上，此類圓桌爲十人座；若直徑在200至220公分，則可供十二至十四人座。

②中式宴會桌席安排，最重要的是主桌位置安排，務使主桌面向宴會主要入口，且能縱觀整個宴會場所。此外，主桌通常桌面較大且檯面擺設與布置也較講究，藉以凸顯其重要地位。其他餐桌之擺設均以主桌爲基準來擺設（圖14-21）。

圖14-21　中餐宴會主桌

③大型宴會除了主桌

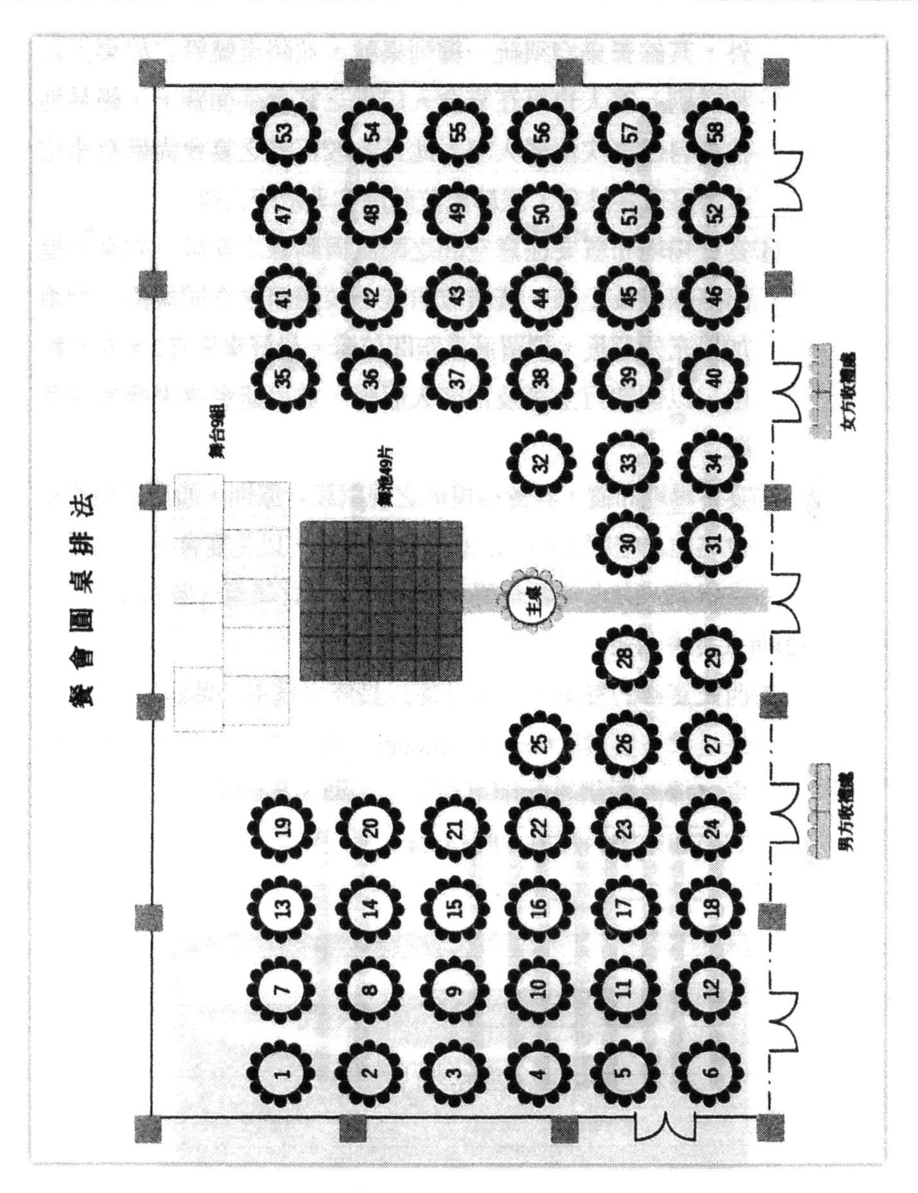

圖14-20　宴會平面圖

資料來源：許順旺（2005）。《宴會管理》。頁161。

註1：舞台每組尺寸長寬爲200公分×150公分，高度有600公分與800公分兩種，可依場地需求調配。

註2：舞池地板每片尺寸爲92.2公分×92.2公分，片數多寡可視場地調整。

外，其餘餐桌均須統一編列桌號，並將桌號牌立於桌上以利識別。客人也可在宴會入口處之宴會平面圖上，輕易地找到自己桌次位置入座。此外，較正式之宴會尚備有座位卡書寫賓客姓名，置於座位前供客人依序入座。

④宴會場地布置要注意空間之配置與動線之安排。如客人進出路線以及上菜、殘盤收拾或分菜服務之空間規劃，均須加以充分考量，預留適當空間位置。最好桌距在2米左右較佳，以便穿行上菜及爲客人服務，並可避免會場擁擠或零亂。

⑤宴會場地布置，其餐桌檯形之規劃設計原則，通常係根據宴會場地之空間大小、形狀、宴會人數，以及宴會主人之需求來規劃，力求美觀華麗，以營造宴會之氣氛（圖14-22）。

(2)西式宴會布置：

①西式宴會的餐桌，大部分係以長條桌爲主（圖14-23）。如果是大型宴會（Grand Banquet）或宴會人數較多時，其餐桌之檯形規劃設計則可採用丁字型、馬蹄型、工字型等形式來加以靈活運用（圖14-24）。

圖14-22　餐桌檯形設計

資料來源：康華飯店提供

圖14-23　以長條桌擺設的大型宴會

資料來源：君悅飯店提供

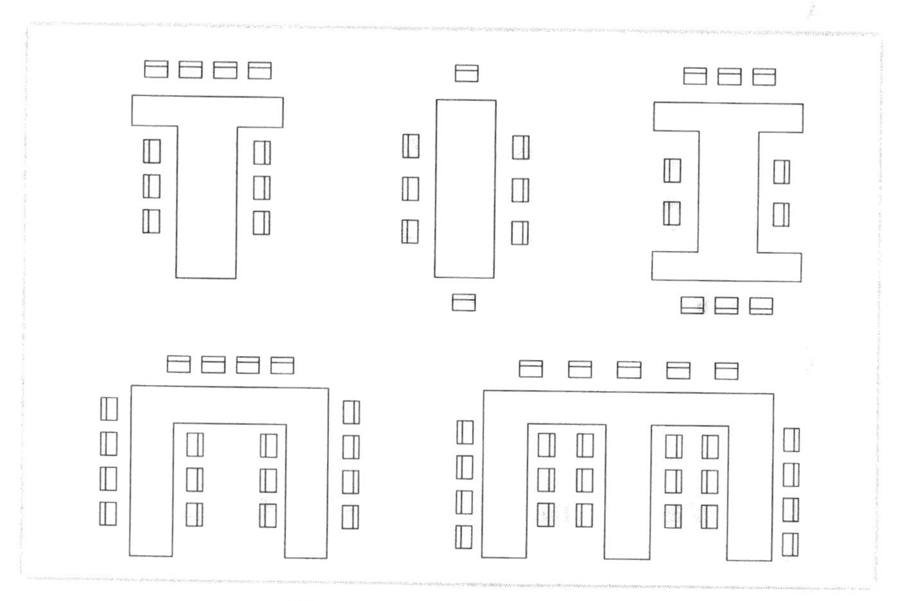

圖14-24　西餐宴會檯型設計

②西式宴會對於席次座位之安排相當重視，通常赴宴賓客均有固定的座位安排。主人坐在首位面向眾席，主賓坐在主人右側。若設有翻譯人員，則安排在主賓右側（圖14-25）。

③西式宴會若男女主人對坐時，則女主人坐在上首座，右側爲男主賓；男主人右側爲女主賓（圖14-26）。

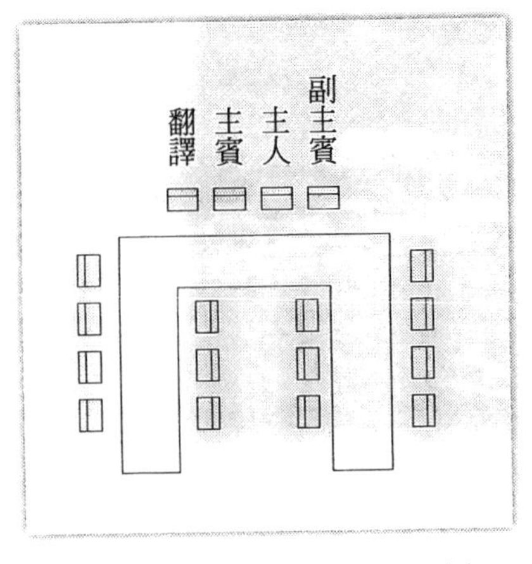

圖14-25　西餐宴會席次圖例

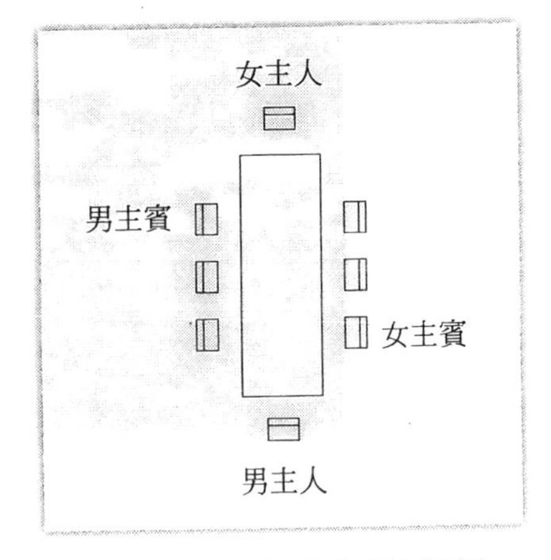

圖14-26　西餐宴會席次圖例

④西式宴會席次的安排須事先規劃好，並設置座位卡立於餐桌。若稍不注意而將席次安排錯誤，不但失禮，且易遭客人不滿。

⑤西式宴會檯布通常以白色爲主，鋪設檯布之前要先鋪放靜音墊（Silence Pad）。宴會餐具擺設則視宴會菜單內容而定。

(四)宴會單與宴會工作進度表之擬定及執行

1.所謂「宴會單」（Function Sheet）係指一種合約副本，但無記載價格僅有合約內容。

2.宴會單可作爲宴會所需器材、物品，或食物採購之依據，並可作爲宴會相關單位執行宴會工作的指令（Work Order）。

3.依據宴會單所記載工作內容項目來擬訂工作進度表（Work Schedules），分發給飯店相關部門，以確實掌握宴會工作之執行。

(五)宴會接待服務

1.所有宴會服務工作人員，必須清楚各自的工作職責。
2.若宴會主辦人員要求提供宴會契約所載內容以外的服務，則須請其簽名認可，以免結帳時徒增困擾。

(六)結帳

宴會結束後，須依合約內容所載金額及是否有額外服務項目，予以如數一併結清。

(七)檢討與建議

宴會結束後須做事後檢討，並提出書面檢討與建議之報告。此報告可作爲宴會部門績效評估，也可供未來營運分析之參考。

(八)資料存檔，追蹤聯繫

宴會相關資料如合約、檢討報告、財務文件等資料，應加以建檔留存，並作爲將來業務推廣之用。

二、宴會服務

宴會服務須根據宴會的種類與目的，提供所需之適當服務方式，如自助餐會、酒會，其服務方式通常採用半自助式之服務方式；若是正式晚宴（Dinner Party / Soiree）則須依標準宴會服務流程及要領來進行。謹就正式宴會服務流程（**圖14-27**）及其工作要領，摘述如後：

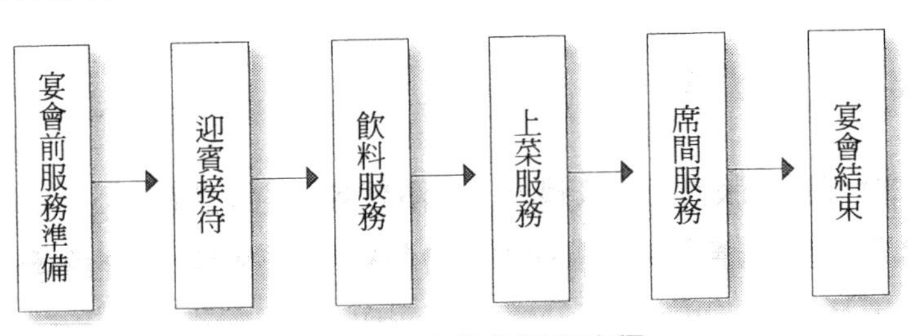

圖14-27　正式宴會服務流程

(一)宴會前服務準備

宴會前服務準備（Mise en Place）工作，主要有：

1.宴會場所環境設施與場地布置之準備，如宴會平面圖、餐桌椅擺設、餐具準備，以及燈光音響等準備工作。

2.召開宴會服務前工作勤務會議（Briefing），由主任或領班在宴會前十五分鐘，召集所有宴會服務工作人員。先檢查服裝儀容、任務編組工作分配，並告知宴會服務須特別注意事項，務使宴會所有服務人員充分瞭解整個宴會服務順序及宴會場地平面圖之配置情況。

(二)迎賓接待，引導入座

1.宴會服務人員在宴會開始前，須在宴會入口處迎賓。當賓客抵達時，予以熱烈歡迎並打招呼，同時引導客人入席。

2.如果宴會主人親自在門口迎賓，此時服務人員只須從旁協助主人來接待賓客即可。

3.值檯服務人員在賓客走近其座位時，須主動爲客人拉開座椅入座。

(三)茶水飲料服務

1.賓客入座後，若賓客尚未圍上口布，則主動爲其攤開，並開始爲客人倒茶水、斟飲料。
2.若是西餐宴會，通常備有多種酒水飲料，因此服務前須先請示來賓，再開始斟酒水。
3.服務茶水、飲料時，須先由主人右側的主賓開始，再來是主人，然後依順時針方向爲賓客服務。
4.宴會進行中，須隨時注意每位來賓的杯中飲料，若僅剩三分之一時則需要主動添加，直到客人示意不要時爲止。

(四)上菜服務

1.大型宴會上菜服務，務必做到行動統一，上菜動作要整齊劃一。因此須聽從指揮，如看信號、聽音樂節奏等方式來上菜或撤席。
2.每上一道菜時，須先介紹菜名及其風味特色。
3.西餐宴會菜單上菜順序，通常係依冷前菜、湯、魚類主菜、肉類主菜、甜點、飲料之順序服務。至於餐飲服務方式通常在正式宴會係採餐桌服務方式，如美式、法式、英式或俄式等服務爲主，以歐式自助餐服務爲輔。
4.中餐宴會菜單之上菜順序，其原則爲：「先冷後熱、先炒後燒、先鹹後甜、先淡後濃」。
5.中餐宴會若提供「分菜」服務時，其要領係將菜餚端上桌，擺在餐桌轉檯中央供賓客觀賞並加介紹後，再將菜餚移到服務櫃或旁桌來分菜。分菜要依分量件數均勻分配，並擺放整齊美觀，通常係將主菜置於盤中央，配菜置於主菜上方。
6.席間服務均係由主賓開始，在斟酒、派菜、分湯等服務時，務必依賓客主次順序進行服務，最後再分給主人。若席間有女賓，應女士優先。

7.上新菜前，務必先撤走用過之餐盤。若是中式宴會，尚須更換新盤碟。此外，在服務甜點前，須先將桌面清理，收拾使用過的所有餐具，並換上甜點叉匙或新餐具。

(五)席間服務

1.西餐宴會若供應須由客人動手剝殼取食或易沾手之食物，如龍蝦、螃蟹、半粒葡萄柚等餐食水果時，須另供應洗手盅、小毛巾。

2.席間收拾殘盤，須等大多數人均用餐完畢或將刀叉餐具並排放在盤上時，服務人員才可撤收殘盤，最好統一撤席收拾爲宜。

3.宴會進行中，服務人員須隨時關注每位賓客表情，並適時主動爲賓客提供溫馨的服務。

(六)宴會結束

1.宴會結束，當主賓準備起身離去時，服務人員應當主動趨前將座椅往後拉開，以方便客人離席。同時要注意賓客是否有遺留物，以便立即歸還。

2.服務人員應微笑親切道別，目送賓客離去，或護送主賓至餐廳門口，若客人有寄放衣帽時，則須代爲取之。

3.如果係重要宴會，旅館宴會部主管會率同迎賓人員於宴會場出口排兩列來歡送賓客。

4.當宴會賓客離開後，須會同宴會主人結帳，並以最迅速、安全、靜肅的方式來收拾餐具，並將餐桌椅、服務設備與器材歸定位。

三、酒會服務

酒會係今日社交場合極受歡迎之一種宴會，其適用於各種性質的社交活動，如歡迎會、發表會、慶祝會，甚至結婚喜慶等等均可。通常酒會規模大小，端視酒會性質、參加人數多寡而定（圖14-28）。一般酒會通常係在下午四時至八時舉行，酒會氣氛較輕鬆愉快、賓主可自由走動、相互敬酒、自由交談。至於酒會服務人員在酒會開始後，僅負責斟酒、維護供餐檯整潔、菜餚補充，以及收拾空杯、空盤等工作。

酒會服務的客人大部分均游離走動交談，並沒有固定座位安排，因此無法如餐桌服務般劃分工作人員服務責任區。不過爲使酒會服務達到賓至如歸、賓主盡歡的最高服務宗旨，通常係先將所有酒會服務人員，依工作內容不同分爲三組，即飲料服務組、餐飲供食組、清潔維護組等三組。謹在此就酒會服務工作人員的職責及酒會服務須知摘述如後：

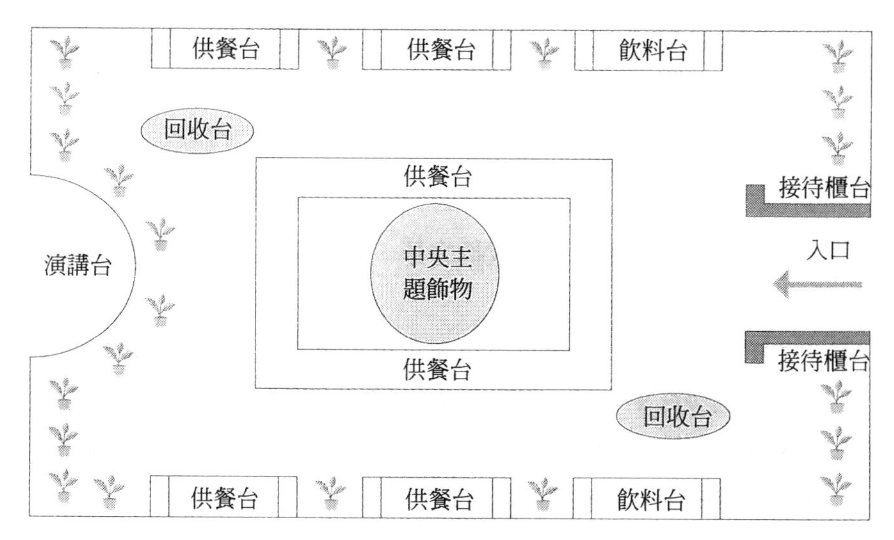

圖14-28　酒會場地布置

(一)酒會服務人員之職責

■飲料服務組

1.此組係負責全場酒類、飲料的服務。服務時應以圓托盤上面放置幾杯酒、飲料及紙巾，穿梭於會場供客人自行選用，服務飲料時，須隨杯附一張紙巾給客人。

2.飲料服務員除了在會場穿梭供應飲料、酒類外，也接受客人點酒服務。因此，此類服務員對於酒會各式酒類及其調製配方，均應有基本認識，如此才能提供客人滿意的服務。

3.在大型酒會中，飲料服務員通常僅端單一類飲料，不同性質的飲料，分別由不同服務員以標誌飲料名稱或符號的托盤來服務。

■餐飲供食組

1.此組係負責供餐檯開胃小品之補給與整理工作，例如供餐檯檯面之清潔維護，以及餐具、紙巾等備品之準備與供應。

2.應隨時與廚房人員保持密切聯繫，尤其當供餐檯餐食快消耗完時，應即時通知廚房補充之。

■清潔維護組

1.此組工作的重點係負責收拾空杯、空盤以及會場清潔整理等工作。

2.此組人員應經常端空托盤來回穿梭於會場，以便隨時收取客人手上的空杯子，以及散落於供餐檯或會場各角落之殘餘杯皿及遺落地上之廢棄物。

3.確保整個酒會場所環境之清潔。

(二)酒會服務須知

1.當賓客進入酒會會場，迎賓接待人員應向客人致歡迎之意，此時酒會飲料服務人員要迅速端上酒或飲料，並遞送紙巾。

2.吧檯或飲料檯須事先調好各式飲料或雞尾酒備用。當客人到吧檯取酒或飲料時，則須親切請示客人需求，提供客人點酒的服務。

3.吧檯人員須隨時保持檯面充足的飲料供應，及維護檯面之整潔。

4.服務人員要在會場穿梭巡視，主動爲客人斟酒或提供所需之服務，但不得從正在交談的客人中間穿過或打擾客人交談。

5.主人致詞或敬酒時，須安排一位較資深的服務人員爲主人斟酒服務，至於其他服務人員則穿梭於賓客間爲客人斟酒，務使每位賓客手中各有一杯酒或飲料，以備賓主相互敬酒時使用。

6.客人前往供餐檯取食時，服務人員要主動爲客人送上盤碟並爲客人提供必要的分送餐點服務。

7.服務人員要隨時注意供餐檯之餐點存量，並適時補充至定量，絕對不可任由餐盤食物告罄才再填補。

8.服務人員須隨時保持供餐檯面之整潔，及時收髒杯盤或空杯皿，以維護酒會高雅之環境與氣氛。

9.酒會服務時，服務人員在端送飲料、餐具或菜餚時，均須使用托盤。嚴禁直接用手端送或以手指碰觸杯口、盤內緣等餐具之「入口處」。

10.酒會結束時，須親切向客人道別致意，並注意是否有客人遺留物品，以便即時送還客人。

第五節　客房餐飲服務

在觀光旅館之住宿旅客中，經常有人為求安逸舒適地享受一份美食，或基於某項原因不克前往餐廳用餐，他們均會要求將餐食或飲料送到房間，這些餐食當中以早餐之食物與飲料最多，此類型的服務稱之為「客房餐飲服務」。

根據美國旅館協會的研究，大部分現代旅館約有65%提供客房餐飲服務，其中以機場旅館最多，約占75%。一般而言，愈大型高級旅館，愈有可能提供住店旅客此項服務。

一、客房餐飲服務的意義

所謂「客房餐飲服務」，英文稱之為"Room Service"或是"In-Room Dining"，係指旅館專為住宿旅客提供的一種在客房內用餐的餐飲服務方式。其目的乃在滿足一些喜歡在房內不受干擾之情境下舒適用餐的旅客，或因身體不適以及某些早起趕時間或睡得晚之住宿旅客供餐服務需求。

此外，旅館對於住店旅客尤其是貴賓，通常會免費贈送水果籃、香檳酒等禮品，將之置於客房中，或接受客人委託代送水果禮品至客房給住店旅客。凡此類服務均屬於客房餐飲服務的工作範圍，均稱之為客房餐飲服務。

二、客房餐飲服務的特性

客房餐飲服務通常係隸屬於觀光旅館餐飲部門，不過國內外有部分大型高級觀光旅館，係由「客房餐飲服務中心」此專責單位來負責此類服務。謹就客房餐飲服務之特性摘述如下：

(一)快速正確的供餐服務

1.「快速服務與正確無誤」乃旅館客房餐飲服務成功之鑰。根據我國現行旅館等級評鑑之標準，旅館自接受住店旅客之點菜後，必須在「三十分鐘」內送達客房，始符合快速服務之標準。
2.為達到此服務標準，除了須有良好訓練之工作團隊合作外，更須有快速服務之設備設施，如客房餐飲專用廚房、客房餐飲專用電梯，如倫敦洲際旅館每天平均須服務三百五十間客房早餐。為解決此尖峰時段用餐需求，設有類似活動式廚房之客房餐飲專用電梯，來支援提供此類服務。
3.為滿足旅客快速服務之需求，有些旅館則設置快速行動小組，來支援尖峰時段的客房餐飲服務需求。

(二)保鮮耐存、製備方便、具大眾口味的菜單佳餚

1.客房餐飲服務的菜單設計，食物不但要新鮮，還要耐久存，以防食物變質變味。如有些旅館漸漸採用真空包裝來保存食物原味。
2.客房餐飲的菜單，一般都是大眾喜歡的口味，具有普遍性，如漢堡、三明治、麵食等均屬之。
3.客房餐飲的菜單，其菜色大都選自旅館餐廳現有菜單之菜餚，以節省額外準備的時間，並可減少資源之浪費與閒置。

(三)客房餐飲銷售量預估困難

1.客房餐飲服務部的經理，係根據旅館櫃檯訂房來預測未來一、二週旅館客房餐飲之服務數量。不過由於旅客本身個別差異極

大，其住宿目的不一，因而使得銷售服務預測倍感困難，如有時差問題的客人，其使用客房餐飲之機率較大。

2.機場旅館的房客，幾乎一天二十四小時來來往往，因此對客房餐飲服務之需求也最高。

(四)全年無休，營運時間長，人員設備須集中管理調配

1.旅館客房餐飲服務部每天的營運服務時間平均在十六至二十四小時，因此所需工作人力之數量與排班也較費神，務須詳加規劃，力求最大工作效率。

2.現代客房餐飲服務的特色乃將人力、設備統一集中管理與調配，以求精簡人力、提高服務效率，使客人所點叫之餐點，能在最短時間內送達，最慢不可超過三十分鐘爲原則。

3.客房餐飲服務中央配膳室均設立在廚房附近，有些旅館設有專用廚房以及可直達客房之專用電梯。

三、客房餐飲服務作業流程

爲確保旅館客房餐飲服務品質，使旅客所點叫的餐飲能正確無誤地即時送達，旅館客房餐飲服務部門首先須建立一套有效率的作業程序，彼此分工合作始能竟事。謹就旅館客房餐飲服務作業流程，分別摘述如下：

(一)餐前準備

「工欲善其事，必先利其器」，爲確保客房餐飲服務部門能有效率地完成任務，務必先做好各項餐前準備工作。在房客尚未點餐前，工作人員須先將服務所需之設備、器具、餐具、備品，如專用餐車、加熱器、餐盤、托盤、餐具、杯皿、布巾及各種調味料，予以準備妥

當（圖14-29）。當準備工作一切就緒，屆時即可發揮最高的工作效率，使客人在最短的時間內，得到最溫馨貼切的即時美味餐點服務。

圖14-29　附加熱器的客房服務餐車

資料來源：上賓公司提供

(二)接受點菜

旅館客房餐飲服務接受房客點菜的方式，主要有下列兩種：

1.訂餐卡點菜：所謂訂餐卡通常係指一種掛在客房門把上之早餐餐卡（Door Hanger）而言。因爲客房早餐爲旅館客人最常要求的一種送餐服務，因此設有早餐掛單餐卡來提供客人點菜。客人只要在餐卡上塡入房號、用餐日期、時間及餐食內容即可。

2.電話點菜：

(1)旅館客房餐飲服務除了早餐外，大部分房客均常以電話方式直接訂餐。因此客房餐飲服務部門均有安排專人負責點餐接聽工作。

(2)電話點餐之作業要領，最重要的是務必聽清楚，且要複誦確認點菜內容、用餐時間、數量，以及房號等均正確無誤後，最後再向房客致謝。

(三)進單備餐

1.當接受客人電話點餐之後，須立即塡寫一式二份之訂餐單，一份送交廚房開始備餐，另一份交給服務員，同時開始準備供餐服務所需之托盤、餐車、餐具等等服務備品。

2.爲使客人所需餐點能在最短時間內即時送達，務必每個人要分工合作，才能有效率地完成任務。

(四)供餐服務

1.當廚房餐點準備好之後，服務員再將菜餚以托盤或餐車裝載，至出納處領取帳單，並加以核對確認無誤，即可迅速送到客房。
2.服務人員搭乘專用電梯到達客房樓層，進入客房前務必先輕輕敲門，並告知係「客房餐飲服務」，俟客人回應或開門後才可進入房內，並依客人指示，將餐點置放在所指定位置，完成隨餐所需服務工作，且經客人確認無誤，最後再請客人在帳單簽字。如果客人沒有其他額外服務需求或問題，則可禮貌地向客人致意，祝福客人用餐愉快，並道謝後離開。
3.服務員供餐服務之儀態要端莊、音調要清晰委婉、精神要抖擻，要以工作爲榮。

(五)餐後收拾

1.服務員出門時，可順便提醒客人用餐完畢後，撥個電話將會有人前來收拾。如果客人並未回電，一般而言，客人會在三十至四十五分鐘內用餐完畢，因此服務員可在此用餐時間後，準備上樓收拾餐具，取回托盤或餐車，經擦拭整理後再歸定位。
2.爲避免餐具遺漏收回，可運用客房餐飲服務控制表來加以追蹤控管。

四、客房餐飲服務實務

旅館客房餐飲服務的餐食，以早餐最多且較普遍，其次才是午、晚餐，以及其他零星餐飲。謹在此就早餐供食與晚餐供食服務作業要領，摘述如後：

(一)早餐供食服務作業須知

國內旅館客房餐飲服務所提供的早餐，通常有中式早餐與西式早餐等兩大類。西式早餐可分爲歐陸式與美式早餐兩種，其中以歐陸式早餐最爲簡單。歐陸式早餐一般僅供應果汁、麵包附奶油果醬，以及飲料如咖啡、茶、牛奶等等；至於美式早餐除了上述餐飲外，尙有肉類如火腿、培根，以及各種不同烹調方式之蛋類，茲摘述如下：

1.煎蛋（Fried Egg）：煎蛋可分單面煎（Sunny Side Up）與雙面煎（Turn Over）等兩種。雙面煎又可分爲：兩面煎熟、蛋黃呈固態之Over Hard，以及兩面嫩煎、蛋黃半熟之Over Easy等兩種。通常煎蛋須附火腿、培根或香腸，這些附加物及蛋的煎法，必須事先請示客人要那一項，以免引起客人抱怨。

2.水煮蛋（Boiled Egg）：水煮蛋可分五分熟（Soft Boiled）與全熟（Hard Boiled）等兩種。五分熟的蛋，其蛋白爲固體狀，但蛋黃仍呈液態狀，因此須以蛋杯（Egg Cup）附匙來供食服務。

3.水波蛋（Poached Egg）：此蛋係將蛋打入低溫水中烹煮，水溫約攝氏65至85度，約二至三分鐘再撈取供食。

4.蛋捲（Omelete / Omelette）：蛋捲另稱蛋包、杏力蛋、恩利蛋等各種名稱。通常一人份係以三個蛋來製作。

(二)晚餐供食服務作業須知

客房餐飲服務人員對於晚餐供食服務作業之步驟與要領，須有正確的瞭解，始能提供客人美好的用餐體驗。謹摘述如下：

1.到達客房，在敲門前務必再三確認餐點內容無誤，餐桌或餐具備品正確妥當。

2.輕敲房門三次，同時告知自己身分來意，如「晚安！這是客房餐飲服務」。

3.當客人打開房門，應先向客人致意，再請示客人能否進入。嚴禁未經徵詢客人同意前即擅自進門。

4.進門後，應即請示客人喜歡在那裡用餐，再依餐廳餐桌擺設方式及要領完成供餐服務。

5.呈現客人所點的菜餚（**圖14-30**），並加介紹說明菜餚特色，也可推薦其他菜餚供客人選用。

圖14-30　呈現並介紹客人所點的菜餚

資料來源：喜來登飯店提供

6.請示客人主菜是否需要繼續保溫，如果有需要，則應取出保溫器（Sterno），並說明使用方法。保溫器放置時，勿使其高度超過桌子或高過客人。在此整個服務過程中，服務人員須仔細專注客人的反應，務必表現出親切專精的服務態度與抖擻的精神，此點相當重要。

7.若有點叫飲料，須請示客人是否需要代爲開瓶或倒酒，如葡萄酒、香檳酒等等。

8.若客人無其他服務需求，則可先向客人致謝，並祝福客人有一美好的晚餐。出門前順便提醒客人若尚有任何需要，只要一通電話服務即到。

五、客房餐飲服務應注意事項

客房餐飲服務最大的特點，乃給予客人飲食上最舒適自由的享受，所以餐飲服務人員送餐不但動作要熟練、迅速，且禮貌要周到，態度要和藹親切，使客人能得到最佳的服務。謹將客房餐飲服務應注意的事項摘述於後：

1.客人所點的食物或飲料，必須盡量快速送達，勿使客人久候。
2.易冷的熱食或易融化的冰凍食品，須有保溫及冷藏設備，並以最快速度送上，不可使食物變冷或融化時再送入客房。
3.當送食物給客人時，須將調味料或佐料，如果醬、奶油、糖、鹽、胡椒等物事先準備好，連同所需餐具一併送到客房，務必要一次帶齊全，避免三番兩次補充，以免來回奔波，浪費人力，同時也很容易引起客人的不悅（**圖14-31**）。
4.如果客人點叫冷飲，則須準備足夠之玻璃杯，以便臨時增加訪客之需。
5.所有東西送入客房，依客人指示位置及規定擺好後，若客人無其他問題或需求，即可致謝後迅速離去，不必佇立侍候。
6.凡是客人用過的剩餘物或餐具，不可留置於客房內或客房外之走道上，以免產生異味，孳生蟑螂、螞蟻、蚊蟲。

圖14-31　客房餐飲服務員須備妥足夠的餐具

資料來源：西華飯店提供

7.餐具應確實清點後再分類

整理，若屬於客房部之餐具，須立即清洗乾淨歸還，其餘物品則送回餐廳廚房，並將托盤或餐車放回原位。

8.收拾餐具時，務必要詳細清點，以減少餐廳之損失，若有損失或破壞，應以和藹態度請客人找回來，萬一無法解決時，應呈報單位主管處理。

飲料服務

「餐食與飲料」為今日餐廳的兩大主要商品，不過飲料的毛利卻凌駕在餐食之上，甚至超過數倍之多，可謂本輕利多，因此飲料服務在當今餐飲業深受業者重視。

飲料可分酒精性飲料與非酒精性飲料兩大類，它可當作個別產品來銷售服務，也可與餐食供應來搭配服務，以增進客人進餐之情趣。所以餐飲服務人員除了須具備飲料產品之服務技巧外，更須對其所販賣之產品有一正確的基本認識，否則難以提供適時適切的優質服務。

本章將分別就常見的一般飲料知識及其基本服務方式逐加介紹，期使讀者不僅能瞭解餐廳常見飲料產品之知識，更能熟練其服勤技巧，藉以奠定未來餐飲服務工作成功之基石。

第一節　葡萄酒、香檳酒的服務

葡萄酒係由葡萄經壓榨汁液自然發酵而成的一種活的有機體，它有一個生命週期，即由出生、成長、成熟，期間可能會生病或復元，甚至死亡。在葡萄酒中的活細胞則為酵母菌，因此法國著名化學細菌學者Louis Pasteur（1822-1895）說過：「葡萄酒是種有生命的飲料」。

由於葡萄酒是如此神秘且與眾不同，身為餐飲服務人員若想扮演好成功的角色，除了須熟悉一般服務技巧外，更應該對葡萄酒相關的基本知識有正確的瞭解，始能為客人提供一個美好的用餐體驗。本節謹就葡萄酒、香檳酒服務所需的專業知能予以介紹如下：

一、葡萄酒的服務

葡萄酒服務係一種專業知能與技術之結合，也是餐飲美學與藝術之具體展現。一套完整的葡萄酒服務流程，可歸納爲下列七大步驟，茲分述如下：

(一)接受點酒（Take Wine Order）

當客人舒適地就座後，餐廳服務員即可準備進行葡萄酒服務之第一項工作，即接受點酒服務，其作業要領如下：

1.點酒之要領與點菜相同，須由主賓或主人之右側進行，唯通常係在點完菜後，再遞酒單爲客人點佐餐酒（圖15-1）。

2.點酒時，須清楚客人所需要的酒，並正確填寫在點酒單上，再加複誦確認無誤，才送至出納處簽證，憑單領酒。

圖15-1　酒單
資料來源：康華飯店提供

3.點酒並沒有絕對的標準，完全視客人需求與喜好而定。唯餐桌若須供應兩種以上之葡萄酒，則應遵循下列原則：

(1)變化：除了香檳酒，如澀而不甜之香檳外，前面已供應過的酒，不宜再供應同一種酒，除非年份不同，則可先供應新酒再供應老酒。

(2)韻律：飲用葡萄酒時務必「先淡後濃」、「先澀後甜」、「先新後老」，以免前面剛喝過的酒蓋壓過後面喝的酒。唯香檳酒須先喝老酒再喝新酒，否則新香檳酒無法彰顯出其生命活力。

(3)調和：所謂調和係指酒與食物要搭配，即清淡的菜餚要選用清淡的酒，味重的菜則須搭配濃郁的酒，例如喝葡萄酒勿搭配含醋的食物，以免美酒變苦酒。關於葡萄酒與食物的一般搭配原則爲：

①白酒：搭配白色肉類、魚類、海鮮等較清淡口味食物。

②紅酒：搭配紅色肉類、野味等口味較濃郁之食物。

③玫瑰紅酒：可搭配紅、白肉類，甚至各類食物，係一種中性酒。

④香檳酒：適宜在喜慶宴會飲用，可搭配各類食物。

4.點完酒之後，或在開瓶之前，服務員須運用適當時機調整餐桌上之酒杯，增補或收走酒杯時，均須以墊有服務巾的托盤爲之。

(二)展示驗酒（Show & Check Wine）

■展示驗酒的意義

客人選定葡萄酒之後，服務人員即憑出納簽證後之點酒單，前往葡萄酒保管處依規定領酒，再將領出的酒展示給點酒的客人查證確認，若客人不滿意則立刻退回更換。展示驗酒的意義乃表示一種對客人的尊重，也可增添餐廳高雅用餐氣氛，此外最重要的是，避免開瓶後才發現錯誤而遭受退酒的無謂損失。

■展示驗酒的作業要領

1.紅葡萄酒在領酒後送給客人確認時，通常係以墊有服務巾之「葡萄酒籃」或稱「倒酒籃」，將紅酒平穩地置於籃內，標籤朝上，端送到餐廳供客人確認。若是新酒，由於瓶內無沉澱物之虞，則可以不用籃裝。

2.展示時站在點酒的客人右側，右手托著瓶頸端，左手掌墊服務巾托住瓶底，標籤正面朝向客人以便瀏覽（圖15-2）。

3.展示驗酒時，必須同時爲客人介紹葡萄酒之酒名、年份、種類、生產地及公司，以便客人確認。此系列過程不得等閒視之，直到客人點頭確認，才算完成驗酒展示之程序。

4.驗酒完畢，紅酒可先放在餐桌上，瓶底須墊瓶墊；若餐桌空間不夠，則暫置於旁桌或服務桌上備用。如果是白酒或玫瑰紅酒驗酒完畢，即須再準備冰桶將酒置於冰桶內，放在點酒客人右側餐桌或旁桌上，冰桶須以墊有服務巾之餐盤墊在下面；若是有落地腳座之冰桶，則直接置於點酒客人右側地上即可。

圖15-2　展示驗酒的正確姿勢

資料來源：星辰西餐廳提供

(三)調整溫度（Adjust Temperature）

葡萄酒在開瓶之前必須先調整酒溫至最適宜的溫度，通常紅酒宜室溫約攝氏18度飲用；白酒、玫瑰紅酒等葡萄酒宜冰冷至12度飲用，其風味最佳。無論任何葡萄酒其飲用之溫度均以18度爲最高限溫。

(四)開瓶服務（Open Bottles）

假若餐廳客人所點選的酒爲紅酒，則必須在飲用前先開瓶，使紅酒能先呼吸一下，不僅可減少苦澀味，且可增添濃郁之酒香。因此服務人員須將葡萄酒呼吸之訊息，委婉告知客人，以免客人誤會開瓶之後沒有立即讓他試飲。如果是白酒或玫瑰紅酒，開瓶後應立即讓客人試飲，不必再經過呼吸此過程。謹將葡萄酒開瓶服務之步驟及其要領，分別摘述如下：

步驟一：去掉瓶口錫封套

1.首先以開瓶器上之小刀沿著瓶口下突出之瓶唇，用力切割左右各半圈，以兩刀法將錫箔完全切割開（圖15-3）。

2.以刀尖自切口朝瓶口方向，用半剝半撕的方式來剔除瓶口錫套（圖15-4）。

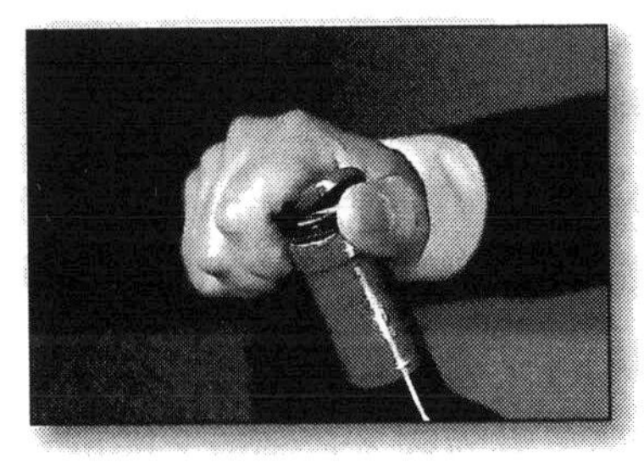

圖15-3　小刀沿著瓶唇將錫箔割開

資料來源：康華飯店提供

圖15-4　以半剝半撕方式剔除錫套

資料來源：康華飯店提供

步驟二：去除封蠟，擦拭瓶口

1.有些葡萄酒之瓶塞上加封蠟，可先用刀片刮除乾淨。

2.再以乾淨的布擦拭瓶口及瓶塞部分（圖15-5）。

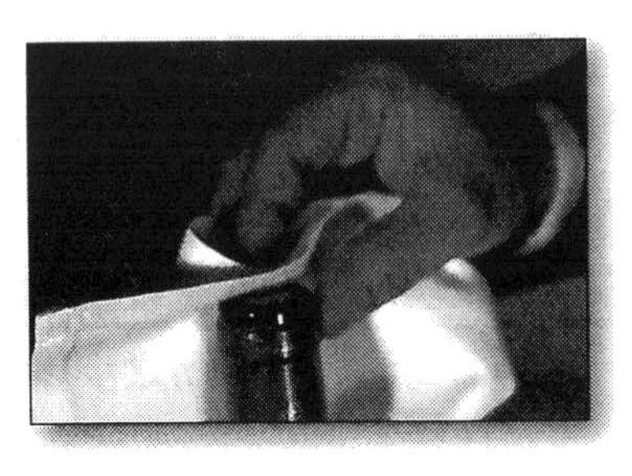

圖15-5　擦拭瓶口

資料來源：康華飯店提供

步驟三：拔除軟木塞

1.收起開瓶器（Waiter's Corkscrew）刀刃部，然後打開螺旋鑽

（即拔軟木塞鑽）。

2.將螺旋鑽尖端朝瓶塞正中央略偏一點的位置用力垂直插入（**圖15-6**）。

3.以順時鐘方向自然旋轉，使鑽尖保持在軟木塞中央位置，一直旋轉到僅剩兩圈螺旋時即停止轉動，以免刺穿軟木塞底部（**圖15-7**）。

4.將開瓶器上的活動側桿架在瓶口上當槓桿著力點，以左手抓住瓶頸固定酒瓶及槓桿點，再以右手將開瓶器握把另一端往上拉起軟木塞（**圖15-8**），直到軟木塞已經有彎曲（Bend）的現象即停止拔瓶塞動作，此時軟木塞尚留瓶口內約0.5至1公分左右（**圖15-9**）。

圖15-6　鑽尖端自瓶塞正中央插入

資料來源：康華飯店提供

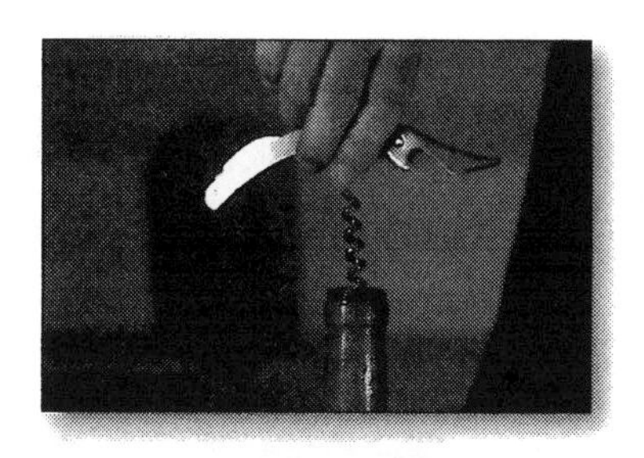

圖15-7　以順時鐘方向旋轉錫套

資料來源：康華飯店提供

圖15-8　左手拉住瓶頸，右手拉取軟木塞

資料來源：康華飯店提供

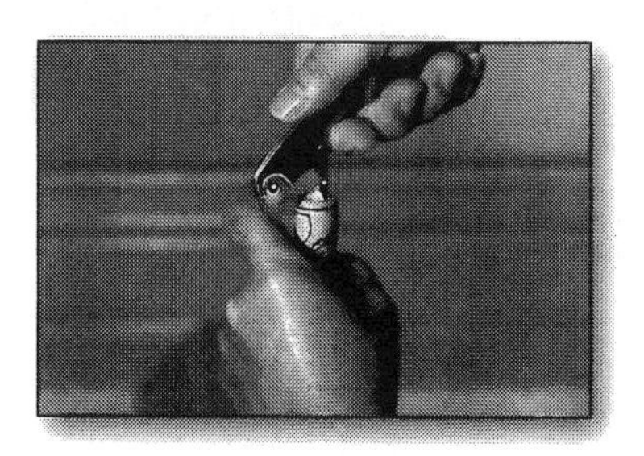

圖15-9　軟木塞呈彎曲狀即停止拔塞

資料來源：康華飯店提供

5.放掉側桿，以右手拇指及食指握住軟木塞，輕輕左右來回扭轉，逐漸拉出軟木塞，先拉開一邊使空氣進入，再全部自瓶內拉出。此方式可防範軟木塞拔出產生之響聲，也可避免拔斷軟木塞。

步驟四：檢查酒是否變質

1.軟木塞拔出之後，須先檢視是否有醋味或黴味，可以用鼻聞軟木塞鑑定（**圖15-10**），但不可直接以鼻子聞瓶口。

2.確認酒質無異味後，可將軟木塞以小盤碟盛放，置於客人酒杯右邊，供客人參考或留作紀念。

步驟五：擦拭瓶口及瓶頸四周

1.以服務巾先擦拭瓶口（**圖15-11**）。

2.以食指墊服務巾，插入瓶口輕拭內緣。

3.最後再檢查確認瓶口及四周皆無異物後，此開瓶服務作業才算正式完成。

圖15-10 聞軟木塞，確認酒是否變質

資料來源：康華飯店提供

圖15-11 擦拭瓶口及瓶頸

資料來源：康華飯店提供

(五)更換醒酒瓶（**Decanting Wine**）

葡萄酒在正常的成熟過程中均可能產生沉澱物。白酒的沉澱物通

常是無色的果膠或酒石酸，不會影響白酒之風味與品質，且在室溫中會自然消逝，因此白酒或玫瑰紅酒不需此移酒入醒酒瓶（Decanter）之步驟。

圖15-12　水晶玻璃的過酒器及杯皿

至於紅酒之沉澱物係來自單寧酸（Tannins）或色素，由於此沉澱物有令人不喜歡的苦味，所以絕對不可倒入客人酒杯中，因此需要輕輕將上層之酒液倒入醒酒瓶，醒酒瓶另稱「過酒器」，通常爲水晶玻璃容器（圖15-12）。此更換醒酒瓶的意義除了可分離老紅酒之沉澱物外，更有一種表演作秀之意味，可增進餐廳客人進餐之情趣與氣氛。

更換醒酒瓶的步驟在國內較爲少見，此工作在進行之前必須先徵求客人同意，並當著客人面前做此換瓶工作，以免讓客人誤以爲酒被掉包。謹將更換醒酒瓶之步驟摘介如下：

步驟一：先備妥乾淨之過酒器及蠟燭

1.先將瓶口內外以服務巾擦拭乾淨。

2.將乾淨的過酒器放置在蠟燭旁備用。

步驟二：倒酒進入過酒器

1.將紅酒徐徐倒入過酒器瓶內。

2.緩慢而平穩握住酒瓶倒酒，直到透過燭光看見沉澱物將混入澄清之酒液時，立即停止倒酒並收瓶。

3.將空酒瓶與過酒器一併留在餐桌上，在向客人致意後，此工作即完成。

(六)試飲（Tasting Wine）

1.試飲通常係由點酒的人或是主人爲之，若點酒者爲女士，原則上是請在座的男士代爲試飲。餐桌上試飲的主要目的，乃在檢視葡萄酒的品質是否變味壞掉、酒溫是否適宜，或是否有沉澱物。

2.試飲時，服務員須倒出足量的酒「一盎斯」約30C.C.在主人的杯子中供鑑賞（圖15-13）。通常正式品嘗酒係以視覺、嗅覺、味覺之順序，依序爲之：

(1)色澤：可將杯子對著光源或白色背景，傾斜杯子來檢視顏色是否清澈及其色澤之美感（圖15-14）。

圖15-13　試飲所需酒量約30C.C.

資料來源：康華飯店提供

圖15-14　檢視色澤之美感

資料來源：康華飯店提供

(2)香氣：葡萄酒鑑定，芳香度約占三分之二。鑑賞時，須將杯內酒液成漩渦般打轉，使葡萄酒更多表面與空氣接觸，由杯內側面散發出酒的芳香（圖15-15）。

(3)濃度：可將杯子成漩渦打轉，並注意由杯緣側面往下滴流之速度，若濃度高則較慢，反之則流動快。

(4)喉韻：可先含少量葡萄酒在口中潤喉，並實際咀嚼酒液，將其暴露於所有味蕾。舌前端決定其甜味，後端知覺其苦味，舌頭兩側可嘗出其酸、澀味。理想的酒液其酸度適中，給人一種舒適感（圖15-16）。

圖15-15　鑑定芳香度
資料來源：康華飯店提供

圖15-16　理想的酒液有喉韻
資料來源：康華飯店提供

3.葡萄酒倒酒的方法有下列幾種：

(1)裝籃紅酒倒法：

①標準持法係以手掌壓在酒籤上，食指朝前按在瓶肩上，以拇指與另外三指來抓取酒籃。

②倒酒時係以手腕爲軸，以食指來控制瓶口上下之倒酒動作及酒液流出速度之快慢。

③倒酒時，以右手水平抓籃，左手拿酒杯，將瓶口緊靠在杯緣上，再逐漸提高瓶底使酒液自然流入杯中，直到將近二分之一杯滿時，始一邊倒一邊將瓶底降低，當酒液不再流出之瞬間，立即以杯緣刮瓶口，以免滴落酒液，即完成倒酒之服務。

④如果紅酒不是老酒，也無太多沉澱物之虞，則可直接在餐桌上倒酒，不必再以左手來拿取杯子。

(2)一般紅酒倒法：

①倒酒時，先以右手自客人右側拿取酒瓶。

②將手心壓在酒籤上，拇指與其他四指分開將酒瓶抓起來，以手背朝上之姿勢來倒酒。

③倒酒時，酒瓶距杯口約2至4公分高之正上方倒酒，倒酒動作要緩慢勿急，只要降低瓶口到可流出酒液之程度即可。

④倒酒時，當杯內酒液快達到半杯滿時，即須慢慢抬高瓶口，當酒液停止流下的瞬間，須立即將酒瓶向右旋轉，並繼續將瓶口提高，完成收瓶動作。

⑤收瓶後，立即以乾淨服務巾將瓶口擦乾。

(3)白葡萄酒倒酒法：

①倒白酒時，須先將酒瓶自冰桶取出擦乾瓶上之水滴。

②以摺成三層條狀之服務巾將酒瓶中央包圍住，以便手掌抓取瓶子倒酒，但不可將酒籤包裹起來。

③將拇指與其他四指分開，分別抓取包有服務巾之部位，倒酒時手背朝上，酒籤向上外露。

④倒酒時，瓶口須距杯口約10公分高，在杯子正中央上方來倒（圖15-17）；或是將瓶口先靠近杯口倒起，再邊倒邊提高瓶口與杯口之間距直至10公分處始開始收瓶。此倒酒法之目的乃在沖出白酒內之氣泡，以增添用餐氣氛之視覺享受。

圖15-17　倒酒時瓶口在杯口正上方

⑤白酒通常係以三分之二杯滿爲原則，不宜太多。

(七)葡萄酒服務（Wine Service）

1.葡萄酒服務之前務須先請示點酒者或主人是否試飲，之後即可進行倒酒服務，或是菜餚端上桌時才服務。服務酒類之時間須完全尊重客人之意願。

2.倒酒服務時，自主人右側第一位主賓或女士開始，由客人右側以逆時鐘方向進行，最後才倒主人杯子的酒。倒酒時，白酒以三分之二杯、紅酒以半杯滿爲原則。

3.當服務完所有客人之後，若瓶內尚有白酒、香檳或玫瑰紅酒，須將酒瓶再放回冰桶冷藏，如果是紅酒則須放在服務桌，不可擺客人桌上，以免影響客人進餐，除非客人另有指示，始依其意思爲之。

4.服務員須注意客人的杯子，當杯內的酒僅剩三分之一滿時，則必須爲客人再添加。

5.如果酒瓶已空，則應請示客人是否需要另開一瓶酒，或拿酒單供客人點酒。

6.葡萄酒開瓶器式樣有多種，如（圖15-18）。

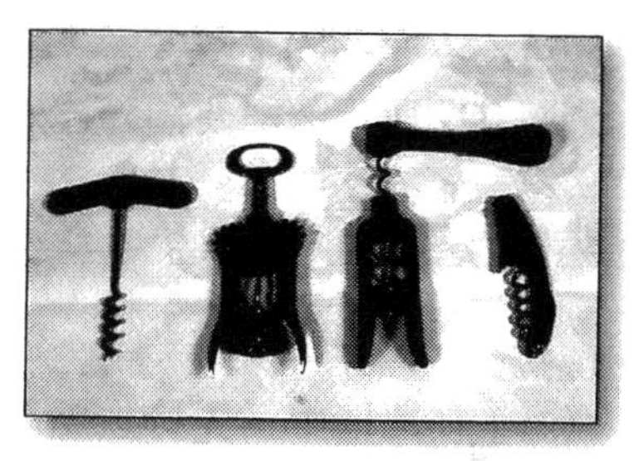

圖15-18　常見葡萄酒開瓶器
資料來源：康華飯店提供

二、香檳酒的服務

香檳酒的服務方式除了開瓶技巧及倒酒要領與白葡萄酒不同外，其餘服務的程序，如點酒、驗酒、開瓶、試飲及服務大部分與白葡萄酒相同。謹摘述如下：

(一)點酒

當客人點選香檳酒時，先放好適當的香檳酒杯，如窄口的鬱金香杯。

(二)展示驗酒

左手掌心放置服務巾托住瓶底，右手托穩瓶頸，標籤朝向客人，站在客人右側爲客人呈現所點叫的酒，並加以介紹該酒之名稱、產地、特色（圖15-19）。

圖15-19　驗酒時持瓶的方式
資料來源：康華飯店提供

(三)開瓶

香檳酒由於瓶內氣泡之壓力可能相當大，因此開瓶時必須十分小心。謹將其開瓶步驟與要領分述如下：

圖15-20　撕掉錫箔紙
資料來源：康華飯店提供

步驟一：先撕掉錫箔紙，再拿掉鐵絲網罩

1.在冰桶中，先撕去鐵絲圈環處之錫箔紙（圖15-20）。
2.將瓶頸鐵絲環結解開，其要領爲先以左手拇指壓住鐵絲塞冠，其他手指握住瓶口，再用右手以反時鐘方向扭開環結即可解開鐵絲圈（圖15-21）。

圖15-21　解開鐵絲圈
資料來源：康華飯店提供

3.此時若發現有氣體擬沖出，除了以左手拇指繼續用力壓緊外，須立即將瓶身傾斜成45度，直到氣壓解除爲止，不可讓軟木塞爆開或脫口而出，否則易造成傷害或意外（圖15-22）。圖15-21、15-22、15-23之瓶塞係以塑膠塞替代軟木塞來示範操作。

4.解開鐵絲圈環的方法，有人是在餐桌爲之，也有人是拿在手上行之，其要領同前，唯須先以服務巾擦乾瓶上水珠，遠離客人1公尺以上之距，瓶口不可對著任何一位客人或自己的臉部，最好將瓶口朝向天花板，以免發生意外。

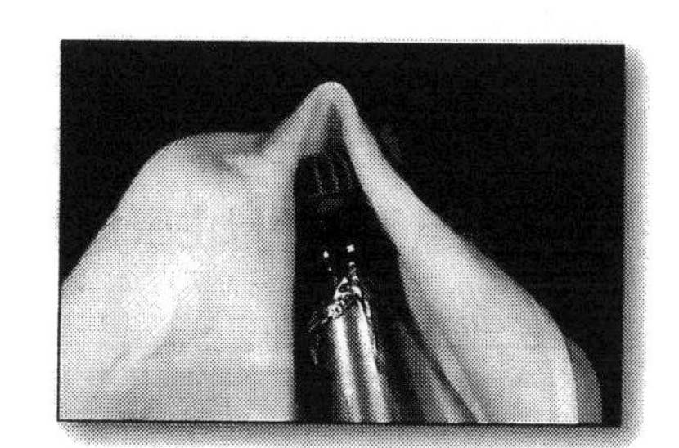

圖15-22　瓶身傾斜45度

資料來源：康華飯店提供

步驟二：拔出瓶口軟木塞

1.取下鐵絲圈套後，右手掌拿服務巾覆蓋酒瓶，並緊緊地握住軟木塞。

2.左手握住瓶底，然後輕輕扭轉瓶身，使軟木塞鬆動後，再自瓶口小心拔出至右手掌內（圖15-23）。

3.軟木塞取出之後，須使瓶子呈45度角傾斜幾秒鐘，將可防止溢出。

4.以服務巾擦拭瓶口及瓶上之水珠。

5.軟木塞可盛於小碟，置放在客人酒杯右側供鑑賞或留作紀念，開瓶作業至此告成（圖15-24）。

圖15-23　扭轉瓶身，小心拔出軟木塞

資料來源：康華飯店提供

(四)試飲

1.開瓶後，可先倒約30C.C.香檳酒至主人杯中試飲，請求認可，唯有些人認爲香檳酒變質機率少，可不必試飲，不過大部分業者仍認爲試飲是一種對

圖15-24　軟木塞置於小碟，供客人留念或鑑賞

客人的尊重，也是專業技能之展現，更可增添餐廳用餐環境之氣氛，所以主張提供試飲服務。

圖15-25　香檳酒須冰鎮服務
資料來源：康華飯店提供

2.香檳酒飲用的理想溫度爲攝氏6至8度（**圖15-25**），較之一般紅酒、白酒或玫瑰紅酒要冰冷些。

3.香檳酒倒酒時瓶口距杯口愈近愈好，並且要慢慢倒，以免氣泡溢出杯外。

4.傳統香檳持瓶法之作業要領爲：

(1)右手掌先墊服務巾，拇指與其他四指分開。

(2)由酒瓶下緣托取酒瓶。

(3)右拇指伸入瓶底凹槽，固定瓶身於右手掌上，以掌心及其他四指支撐瓶重，此時酒瓶與手掌成直線。

(4)倒酒時，再以左手從瓶肩下方扶持較佳，以防單手倒酒臂力不足而造成意外。

5.倒酒時，酒杯若是寬口淺碟型之香檳杯，則可直接在餐桌上以「兩倒法」來斟酒。其要領爲：

(1)先慢慢倒酒入杯，直到氣泡升到杯口時即暫停倒酒。

(2)俟氣泡消失後，再倒至所需要的量，即約90C.C.或三分之二杯滿時，可提高瓶口收瓶。

6.倒酒時，酒杯若爲鬱金香杯（Tulip），由於杯口較窄，因此可以拿到手上來倒，以「手倒法」來斟酒。其要領爲：

(1)右手持瓶，左手持杯。

(2)將酒杯傾斜緊靠瓶口。

(3)將香檳酒液徐徐倒在靠近杯口之杯壁上，使酒液沿杯壁慢慢往下流，直到三分之二杯滿或約90C.C.時即可停止，此手倒法之優點爲一次即可完成，不必分兩次倒酒。

(五)服務

1.香檳酒服務之順序與前述葡萄酒一樣。服務時係由主人右側第一位客人開始倒酒服務，依逆時鐘方向由客人右邊服務，最後再替主人倒酒，即完成此服務之任務。

2.倒完酒後，若瓶內尚有酒液，除非主人有其他要求，否則應將酒瓶放入冰桶內。爲增加美觀，酒瓶可用服務巾圍在瓶肩或覆在冰桶上。

3.香檳酒杯可一直留在餐桌，直到酒瓶已空，且主人已無意再點酒爲止。

4.爲避免二氧化碳消逝，有餘酒之酒瓶須以特製瓶蓋予以蓋上，以免香檳氣泡消失而走味。

5.服務香檳酒所使用的香檳杯，計有三種類型（**圖15-26**），由左至右依序爲：

(1)**Champagne Saucer**：係一種杯口寬杯身淺之杯子。酒會疊香檳塔時，即爲此類淺碟型酒杯。

(2)**Champagne Tulip**：係一種鬱金香杯，可保留杯中香氣泡泡較不易散失，適用於正式宴會或用餐時使用。

(3)**Champagne Flute**：係一種杯身長杯口窄之酒杯，由於與空氣接觸面較少，氣泡不易散失，可欣賞香檳美麗氣泡上升之浪漫情趣。

圖15-26　各式香檳酒杯

第二節　啤酒的服務

啤酒係一種以大麥芽、啤酒花、酵母或其他穀類爲原料的釀造酒，另稱麥芽酒。它係一種淡而清涼，營養美味之古老傳統飲料，歐美人士稱之爲「液體麵包」。茲就各類啤酒的服務要領摘述如下：

一、小型瓶裝或罐裝啤酒的服務

1.點酒：客人點酒之後，服務員須清楚記錄並填寫飲料單，然後再準備啤酒與啤酒杯進行服務。

2.擺杯及啤酒上桌：

(1)服務員將冰冷酒杯、杯墊、啤酒以墊布巾的飲料托盤端至餐桌，立於客人右側。

(2)先擺上杯墊再將杯子、瓶罐啤酒放置在杯墊上，置放客人右方；持杯須握杯子底端。

(3)小瓶罐之啤酒可直接放在餐桌客人右方，供客人使用。

3.開瓶：

(1)開瓶須經點酒客人同意後，才當場在餐桌旁開瓶。

(2)開瓶時可先稍微打開一點點，讓瓶罐內外氣壓均衡後，才全部打開，如此可防範泡沫沖出之窘境。

4.倒酒：

(1)右手持瓶，讓酒的標籤露在外面，以使客人能清楚看到爲原則。

(2)倒酒時，以小角度自杯中遠處內壁緣（Inside Opposite Edge）徐徐倒入啤酒，直到將近半杯滿時，視泡沫情況多寡，再繼續倒至八分滿，務使杯子有層泡沫冠爲原則。

(3)爲使杯子有泡沫冠增加美感，宜採用「兩倒法」，即先倒半杯後暫停，若泡沫不足時可在後半杯加速沖倒，但不可溢出杯外（圖15-27）。

圖15-27　泡沫不可溢出杯外

(4)倒酒時也可採用「手倒法」，即將酒杯拿在左手並傾斜杯口，以右手持瓶，瓶口靠近杯口緣，緩緩倒入酒液，當啤酒距杯口約4至5公分距離時，可將杯子直立使杯口朝正上方，再加速沖倒至八分滿爲止。此手倒法有些餐飲業者並不太同意，甚至反對將客人酒杯拿起來倒。國內餐飲業者均習慣在餐桌上直接倒酒服務，這一點讀者須瞭解。

5.服務：

(1)啤酒添加之時機與其他酒類服務不大一樣，最好是酒杯已快沒有酒時，再爲客人添加，以免杯內啤酒新舊混合影響啤酒清新特殊風味，但也不宜讓客人空杯太久，誤以爲服務怠慢。

(2)若有餘酒須備有保冷桶，不過通常小瓶裝留下餘酒機會較少。至於大瓶裝則須提供此保冷設備，或在酒瓶上以口布整瓶包裹。

(3)當桌上啤酒已喝完，酒杯均告罄且主人也無意再點叫新酒時，則餐桌上之空杯與瓶罐可先收拾掉。

(4)啤酒飲用溫度國內外習慣不甚一致，說明如下：

①國內業者：一般啤酒飲用溫度爲攝氏6至11度之間最佳。夏天以8度，冬天以11度供應較多；至於麥酒以10度爲宜。

②國外業者：美國啤酒以華氏38度（約攝氏3.3度）來供應。歐洲啤酒爲華氏55至58度（約攝氏12.8至14.4度）來供應。

(5)服務啤酒時，原則上係倒完一瓶，再去領一瓶，避免一次領出數瓶任其在室溫中提高溫度，除非客人要求或備有保冷桶貯存。

二、大型瓶裝啤酒的服務

大型瓶裝啤酒服務方式與前述小型瓶罐服勤的作業要領大同小異，唯部分稍有差異，謹就其不同點提出說明如後：

1.大型瓶裝啤酒在餐廳通常是在宴會場合供應爲多也較方便，不過國內一般平價大衆化餐廳仍有部分係以大瓶裝供應（**圖15-28**）。

2.大型瓶裝酒提領時，爲防範意外，可以用手直接持瓶走路，以免因使用圓托盤而有不愼翻倒之危險。

3.大型瓶裝酒不可直接置於餐桌上，須先放在旁邊服務桌備用，開瓶時再拿到客人餐桌旁開瓶。酒瓶絕對不可置於餐桌上，更不可任意置於地板上。

4.大型瓶裝酒倒酒服務後，瓶內有餘酒的機會相當高，因此須備有保冷桶來貯存餘酒，若餐廳無此項服務，則可將口布包住瓶身如白葡萄酒服務一樣（**圖15-29**）。

圖15-28　大瓶裝與小瓶裝啤酒

圖15-29　啤酒以口布包住瓶身，以增進美感及保冷

5.服務時，若有客人不想喝冰啤酒，可先以熱水燙杯後再倒酒；或將酒瓶置於攝氏40度之溫水槽來提高酒溫。

三、桶裝啤酒的服務

桶裝啤酒在國內大部分是生啤酒，不過一般啤酒也有桶裝，此現象在歐洲酒吧最常見，其服務方式也較簡單。謹將桶裝啤酒之服務方式摘述如下：

1.當客人入座點完啤酒後，服務員即前往吧檯端取啤酒，將裝滿酒的啤酒杯、杯墊置於墊有服務巾之托盤，再端至餐桌服務。

2.服務時，先將杯墊置於客人餐桌水杯右下方，然後再將啤酒杯置於杯墊上。如果客人暫不用餐或僅想喝酒時，則可直接將啤酒置於客人正前方。

3.桶裝啤酒服務，通常酒杯盛酒的工作係由吧檯人員爲之，不過若無專人負責裝盛酒時，服務員即須兼負此裝盛酒的工作，其要領如下：

(1)以「手倒法」之要領，將啤酒杯以小角度傾斜，將杯口靠近啤酒龍頭，使酒液流入杯口內緣杯壁上，當啤酒杯將近四分之三滿杯時須先關掉龍頭。

(2)將酒杯拿正，使杯口在龍頭正下方，再將龍頭開關打開，讓酒沖入杯中央，直到滿杯爲止。

(3)通常倒酒前，有些業者習慣先以冷水沖洗一下酒杯再倒入啤酒。其目的除了冷卻杯子外，同時順便沖洗杯子，以免有油膩薄霧而使啤酒走味及泡沫消失。

(4)桶裝啤酒服務最重要的是：乾淨無油膩的杯子、適當的飲用溫度、穩定的酒桶壓力。

(5)爲確保桶裝啤酒的服務品質，吧檯服務人員除了須確保杯皿

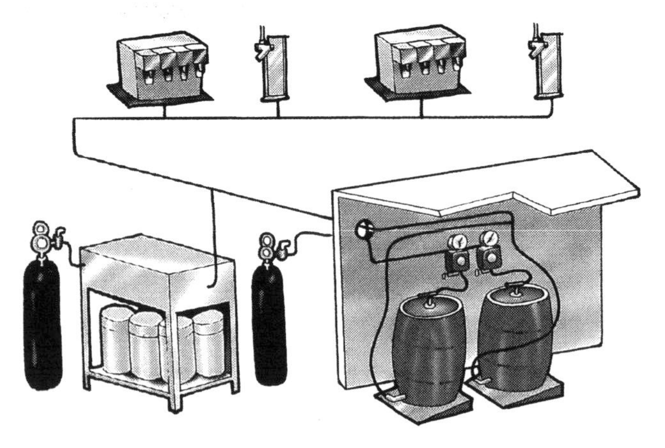

圖15-30　確保輸酒管、龍頭等出酒設備清潔
資料來源：周文偉（1994）。《調酒師的聖經》。頁240。

清潔乾淨、理想貯存溫度及穩定壓力外，更要每週固定徹底清潔龍頭、輸酒管等出酒設備，以免啤酒品質受影響或有出酒不順暢之困擾（圖15-30）。

第三節　餐前酒與餐後酒的服務

餐飲服務係一種專業技能與美學藝術之綜合，整套完善的正餐進餐服務，以精緻美味的開胃酒或前菜爲開始，最後再以飯後酒或飲料作爲一餐的結束。對於一位優秀成功的餐飲服務人員，必須熟悉此全套進餐服務之每一環節，並適時提供所需的餐前與餐後溫馨服務，始能提供客人美好的用餐體驗。謹就餐前酒與餐後酒服務所需的基本知能分述如下：

一、餐前酒（Aperitif）

餐前酒稱之爲Aperitif，此字源自拉丁文“Aperire”，其字義爲「開」的意思，此乃表示這類酒具有開胃增進食欲的功能，因此餐前酒又稱爲「開胃酒」。

(一)餐前酒的特性

一般餐前酒均具有下列特性：

1.不甜且略有澀味（Dry）。
2.酒精度較低。
3.杯子爲小型酒杯，如小白葡萄酒杯、香檳杯、雞尾酒杯等器皿。
4.供食服務時須充分冷卻。

(二)常見的餐前酒

餐前酒通常係以加味葡萄酒、加味烈酒、強化葡萄酒或氣泡酒爲之，也有人以冰冷伏特加作爲開胃酒。原則上只要客人喜歡點什麼當作飯前酒，即應該尊重其意願來服務。謹就常見的餐前酒列舉其要介紹如下：

1.澀雪莉酒（Dry Sherry）。
2.澀苦艾酒（Dry Vermouth）。
3.多寶力酒（Dubonnet）。
4.義大利康帕利苦酒（Campari）。
5.委內瑞拉安哥奇拉苦酒（Angostura Bitter）。
6.雞尾酒（Cocktail）（圖15-31）。

圖15-31　潘契雞尾酒

二、餐後酒（After－dinner Wine）

所謂「餐後酒」係指吃完正餐主菜以後所飲用的酒，均可歸為餐後酒，使客人有酒足飯飽之感，並為全套餐飲供食服務畫下完美的句點。

(一)餐後酒的特性

餐後酒的特性有下列幾點：

1.味甜不澀。
2.酒精度較高且烈。
3.杯子不必冰鎮，通常為較小型的杯子（圖15-32），如香甜酒杯（Pony Glass）、波特酒杯（Port Glass）及白蘭地杯（Brandy Snifter）等等專用杯皿。

圖15-32　香甜酒及其酒杯

(二)常見的餐後酒

常見的餐後酒分別有下列幾種：

1.天然甜味的葡萄酒，如冰酒（Ice Wine）。
2.以葡萄酒加味強化為基礎，例如：

(1)波特酒（Port）。

(2)甜雪莉酒（Sweet Sherry）。

(3)馬德拉酒（Madeira）。

3.以烈酒加味爲基礎，如利口酒（Liqueur）（圖15-33）。

4.純喝烈酒，如白蘭地（Brandy）。

圖15-33　餐後酒系列——利口酒

三、餐前酒與餐後酒的服務

(一)問候及安排入座

服務人員親切的寒暄、溫馨的微笑，將有助於開啓成功迎賓接待之門。

(二)點餐前酒

1.當客人入座之後，遞菜單之前，可先直接請示客人要不要來杯餐前酒。在美國大部分客人均會點雞尾酒，因此可直接問客人要不要來杯雞尾酒。

2.點餐前酒時，須注意下列幾點：

(1)若餐廳有特別搭配餐前酒之特製餐點，應適時提出來供客人選用。

(2)清楚記錄客人所點叫的餐前酒及特別需求，並加複誦確認，以免有誤。

(3)若客人在兩人以上，則須如同點菜單一樣予以註記或編號，以免端酒上桌時弄錯，也能彰顯服務效率。

(4)餐前酒爲客人入座的第一杯飲料，因此速度要快，以贏得客人良好印象。

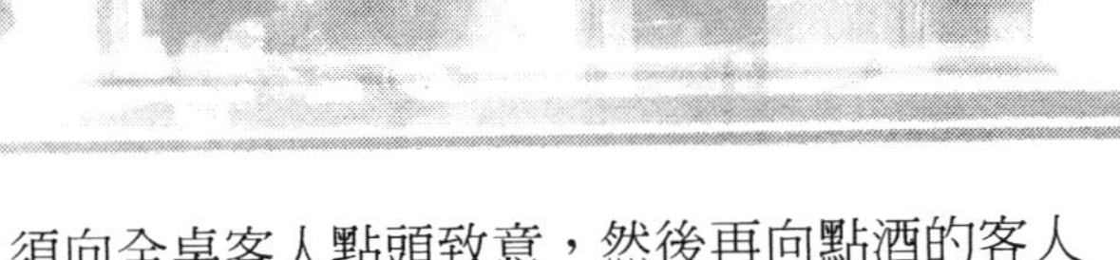

(5)離開餐桌前，須向全桌客人點頭致意，然後再向點酒的客人說：「我將立刻把您所點的東西端來」。

(三)餐前酒上桌

1.服務員將客人所點的餐前酒點酒單送交出納簽證後，再送交吧檯調酒師準備開始調製。

2.服務員將客人所點叫的東西及備品，依編號順序擺在小圓托盤上送到餐桌。

3.餐前酒端上桌服務的作業要領：

(1)左手端托盤立於客人右側，先介紹餐前酒的名稱，以確認客人所點的酒正確無誤。

(2)以右手先將杯墊或小紙巾，置於客人水杯右下方，再將餐前酒以右手持杯腳或杯底，置於杯墊或紙巾上面。

(3)若餐桌沒有擺設餐具或展示盤，則可將餐前酒置於客人正前方。

4.餐前酒上桌後，若客人一喝完，且尚未點菜時，可先禮貌請示客人要不要再來一杯，若客人無此意願，則可以先收拾空杯。

5.正式上菜後，若客人仍未喝完，原則上暫不要收杯，除非客人所點的佐餐酒已上桌服務，此時則可請示客人是否還要飲用，再決定是否收拾此餐前酒杯，因為有部分客人係以長飲類（Long Drink）的餐前酒兼佐餐酒使用。

(四)點餐後酒

1.點餐後酒的時機為，當客人點心吃完以後，服務員可以準備為客人推薦餐後酒。

2.點餐後酒的作業要領與前述餐前酒點叫的方法相同，唯部分高級豪華餐廳係以裝飾華麗備有各種飯後酒的酒車（Liqueur

圖15-34　餐後酒酒車

Trolley），上面有各式各樣系列的酒，如利口酒、白蘭地等餐後酒，以及各項服務所需之備品、杯皿，由酒類服務員將酒車推到餐桌前來爲客人推薦餐後酒（圖15-34）。

3.餐後酒通常在咖啡上桌之後才端上桌。係由客人右側服務，將餐後酒及杯墊置於咖啡杯右邊。

4.如果客人所點叫的餐後酒爲白蘭地，服務員須先請示客人是否需要先溫杯。若要溫杯須透過專用加熱設備爲之，或置於攝氏40度左右之溫水槽來溫杯，惟禁止直接在酒精燈或蠟燭火焰上方來溫杯，以免燒裂杯子，同時避免杯子沾染蠟燭或酒精味，以至於影響白蘭地濃郁的芳香。

(五)結帳、歡送及整理

1.當客人餐後酒差不多快喝完，餐廳服務員須留意客人是否在等候結帳，此時可趨前請示客人是否需要其他服務，若確定客人不再有進一步服務需求時，始可將帳單備妥置於帳單簿或帳單夾，正面朝下置於主人右側；若不能確定請客的主人時，則置於餐桌較中立地帶爲宜。

2.在高級餐廳結帳時機，通常須等到客人指示要結帳時才呈上帳單，以免客人誤以為是在催促其離去而造成誤會與不滿。

3.結帳後，並不表示餐廳服務已告完畢，尚須延續到歡送客人離開餐廳後始告完成。

4.客人離去後須立即收拾殘杯，整理桌面並重新完成餐桌布設，以維持餐廳的氣氛，並可隨時接待新客人。

第四節　紹興酒的服務

紹興酒係我國最具代表性的國產名酒之一，原產於中國大陸浙江省紹興縣而得名。目前國內各中餐廳均以紹興酒為主要佐餐酒，也是喜慶宴會所不可或缺的國產酒。謹將紹興酒的服務方式介紹如下：

一、準備工作

圖15-35　紹興酒杯與公杯

1.杯皿：紹興酒服務所需之杯皿為紹興酒杯與公杯（圖15-35）。由於紹興酒杯係一種小酒杯，其大小規格尺寸不一，唯其容量均在10至30C.C.左右，大約1至0.3盎斯。為便於服務，通常另外供應「公杯」，另稱「分酒杯」。

2.酒壺：有些較講究的高級餐廳係提供酒壺作為倒酒服務用。此酒壺之功能可代替公杯，也可直接作為溫酒用，其材質有銀器、銅器、不鏽鋼及瓷器等多種。

3.備品：紹興酒服務所需之備品主要係指檸檬、話梅。服務時，可將檸檬切片與話梅分置於盤碟上桌備用。

4.溫酒設備：中餐廳所使用的溫酒設備不一，如微波爐、溫水槽（Bain Marie）、電熱溫酒器（圖15-36）等多種，其中以西廚用來作為保溫食物之溫水槽最適於同時溫大量的酒。溫酒時，絕對不可直接在爐火上加熱，以免走味變質，同時酒溫不宜超過攝氏40度。酒溫若介於攝氏35至40度之間為最理想的飲用溫度。

圖15-36　電熱溫酒器
資料來源：正暉餐具提供

二、服務工作

1.客人就座後，通常先請示客人需要何種飲料，然後在前，菜尚未端上桌前即先倒好酒或飲料，以便賓主間在菜餚端上桌即可舉杯相互敬酒。

2.紹興酒最能凸顯其風味的溫度攝氏35至40度之間，也是最理想飲酒溫度。因此服務人員在接受客人點紹興酒之後，應主動請示客人是否需要先溫酒。若服務員非得等到客人開口提出要求，才開始準備溫酒工作，則此服務品質有待商榷。

3.溫好酒之後，先倒入公杯約三分之二杯酒，再以公杯由主賓右側依順時鐘方向逐一為賓客倒酒，最後再為主人斟酒。

4.服務人員再將已倒好酒之公杯四個，在轉盤左右兩側各擺兩個公杯，以便賓客自行添酒較為方便。

5.服務人員須隨時注意補充公杯內的酒達規定標準量，席間也可適時為賓客添酒。

6.使用溫酒器溫不同種類的酒時，須於使用完後立即清洗乾淨，以免酒質混合變味。

第五節　咖啡與茶的服務

咖啡與茶在餐桌上的服務方式，每家餐廳之服勤作業均不盡相同，主要原因乃餐廳的類型、餐飲服務形態、用餐場所以及所使用的器皿不同，因而服務方式也互異。謹分別就咖啡的服務與茶的服務予以介紹：

一、咖啡的服務

咖啡服務品質的良窳，對於顧客是否願意再度光臨，扮演著一項極重要的角色。在餐廳中它可能是全套菜單中最後一項飲料，也可能是客人蒞臨餐廳的唯一目的與享受，因此如何提供客人優質的咖啡與正確的服務，對餐廳而言相當重要。

(一)美味咖啡的沖調要件

1.水質：一杯好的咖啡其水質甚重要。水質軟硬度要適中，不得有異味；水要剛滾燙之熱開水，不宜以開水再加熱。

2.水溫：最理想沖調咖啡之溫度爲華氏205度或攝氏96度，使水溫一直控制在攝氏91度左右最好。若溫度太高容易釋出咖啡因，而使咖啡變苦。此外，客人也可享用到一杯美味芳香的熱咖啡。

3.咖啡豆：

(1)咖啡豆烘焙要適中，若太輕火則淡而無味，若過於重火則焦油多且色澤黑，唯香氣濃，如義式咖啡豆（**圖15-37**）。

(2)咖啡豆要現場研磨（**圖15-38**），香味較不亦消失。貯存時須以眞空包或密封罐儲存，也可冷藏貯存，以免走味。

圖15-37　義式咖啡豆

圖15-38　咖啡研磨機及個人用沖調器

(3)咖啡豆研磨顆粒之粗細端視沖調方式而異，例如：

①義式咖啡（Espresso）氣壓式沖調法：係使用細顆粒研磨之咖啡粉（圖15-39）。

②滴落式或過濾式沖調法：係使用中細顆粒研磨的咖啡粉（圖15-40）。

圖15-39　氣壓式沖調法

圖15-40　過濾式沖調法

③虹吸式沖調法：係使用中顆粒研磨的咖啡粉（圖15-41）。

4.適當的比例：咖啡之濃度須力求穩定性與一致性。一般咖啡粉分量與水的比例爲1磅咖啡可搭配2.5加侖的水；或是每單人份咖啡以11公克咖啡粉搭配150C.C.熱開水。

5.沖調時間：壓力式與虹吸式調法沖調時間約一至三分鐘；滴落式或過濾式調法其時間稍長，約四至六分鐘，若沖泡時間超

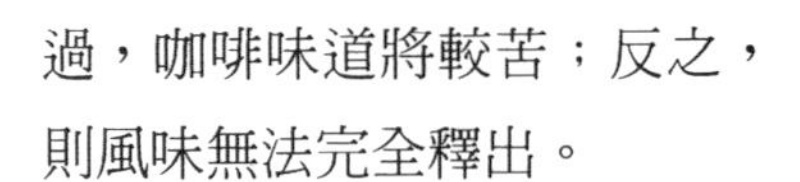

過，咖啡味道將較苦；反之，則風味無法完全釋出。

圖15-41　虹吸式沖調法

(二)時尚咖啡的種類

咖啡之種類很多，餐廳客人較喜歡點叫的咖啡有下列數種：

1.純咖啡（Black Coffee）：

(1)大杯黑咖啡（Long Black）：係以180C.C.咖啡杯裝的現煮咖啡，服務時不提供糖及奶精。

(2)小杯黑咖啡（Short Black）：通常係指小杯裝或以義式濃縮咖啡杯（Demi-tasse）來裝的濃咖啡，類似義式咖啡（圖15-42）。

圖15-42　小咖啡杯

(3)義式濃縮咖啡（Espresso Coffee）：係指以正確分量的專用咖啡豆，經由義式濃縮咖啡機（圖15-43）所製作，具有金黃色泡沫的濃郁黑咖啡，此泡沫係由咖啡機高壓下所萃取之油脂Creama與空氣中的二氧化碳混合而形成，能增添咖啡之香氣與稠度，且可避免及減少香氣之揮發。

圖15-43　義式濃縮咖啡機
資料來源：至惠公司提供

2.法式白咖啡（Café au lait / White Coffee）：係指服務時須附加熱牛奶的咖啡。目前一般餐廳供應的普通白咖啡，通常是以奶精或冷牛奶爲之。

3.卡布奇諾咖啡（**Cappuccino Coffee**）：係以義式濃縮咖啡機製成的濃縮咖啡，再加上熱鮮奶與鮮奶泡沫而成（**圖15-44**）。

4.拿鐵咖啡（**Café Latte**）：係一種義大利牛奶咖啡，也是以義式濃縮咖啡機製成的濃縮咖啡，再加三倍咖啡量之熱鮮奶及少量鮮奶泡而成，但比卡布奇諾所添加的牛奶要多，奶泡較少。此種咖啡係一種極受歡迎的「早餐咖啡」。

圖15-44　義式濃縮咖啡機製成的卡布奇諾咖啡

資料來源：Catamona公司提供

5.利口咖啡（**Liqueur Coffee**）：係指一種加入烈酒或利口酒的咖啡。語云：「美酒加咖啡」即指此種咖啡而言。

(三)咖啡的服務要領

咖啡服務的程序，其步驟及要領摘述如下：

1.點叫：客人點叫咖啡時，須明確記錄所需之咖啡種類、製備方式及所需附加物。

2.擺設咖啡附件備品：

(1)若是套餐服務，通常是在客人用完餐，清潔整理桌面後才開始服務。如果客人只點叫咖啡一項，即須立即準備將服務咖啡所需的牛奶、糖或奶精以托盤端上桌，也可用底盤（Under-liner）裝盛擺在餐桌。

(2)國內部分餐廳餐桌上均已事先將糖盅、糖包或奶精擺在餐桌中央。此類餐廳即可不必再另外擺設此附加備品，唯須視客人所點叫之咖啡類別再補充，如冰咖啡則須另備糖漿、鮮奶油供客人使用。

(3)部分較高級的餐廳，餐桌上也不擺放鮮奶油與糖盅，而是等到服務員爲客人倒咖啡時，才由服務員爲客人添加，如銀器服務的餐廳即是例。

3.擺設咖啡杯皿：咖啡杯皿擺設的作業要領如下：

(1)以托盤將熱過的咖啡杯皿及咖啡匙端送到餐桌，如果份數較多，最好將咖啡杯與襯盤分開放，底盤可獨立疊放，其上方也可放一個咖啡杯，托盤上的其餘空間則可擺放咖啡杯及匙。

(2)上桌時，先在托盤上將咖啡杯放在襯盤上，杯耳朝右，再將咖啡匙放在咖啡杯右側的襯盤上，匙柄朝右（**圖15-45**）。

(3)將全套咖啡杯皿自客人右側放置在客人正前方或右側餐桌上，餐廳餐具擺設須力求一致。原則上若客人僅只喝咖啡並不再搭配其他甜點，則應擺在客人正前方較理想。

4.倒咖啡服務：倒咖啡的服務，其作業要領及步驟如下：

(1)高級歐式餐廳服務：

①首先係將服務所需之附件，如奶盅、附小匙的糖罐以及裝好熱咖啡之咖啡壺，依序置於鋪上布巾之小圓托盤或大餐盤上備用。

②左手掌上先墊一條摺疊成正方形之服務巾，再將此托盤置於左手掌服務巾上面，一方面避免燙手，另一方面便於旋轉托盤服務咖啡。

圖15-45 咖啡杯皿擺設，杯耳及匙柄均朝右

③倒咖啡時一律由客人右側服務。首先將左手托盤移

近咖啡杯，再以右手提壺倒咖啡，並請示客人是否須添加糖、鮮奶油，再依客人要求逐一服務添加。

(2)一般餐廳服務：係由服務員直接持咖啡壺到餐桌，自客人右側倒咖啡服務，約七至八分滿即完成服務。至於糖包、奶精包均已事先置於餐桌，所以不必再為客人添加，而由客人自行添加。

(3)特調咖啡的服務：如果是義式濃縮咖啡、冰咖啡或特調咖啡等，均是一杯一杯單獨供應，因此直接將盛好咖啡之杯皿端上桌服務即可。若客人點叫上述特調咖啡時，也不必先擺放咖啡杯皿於桌上。

(4)此外，客人若點叫冰咖啡時，須另附杯墊、糖漿、奶盅及長茶匙或吸管供客人使用。

5.咖啡飲用溫度：熱咖啡最適宜飲用的溫度為攝氏60度，因此供應咖啡給客人時，最好在85度左右上桌服務，因為客人若再加糖、奶精於杯內時，溫度會再下降。

二、茶的服務

當今全球各地的飲茶習慣係源自中國，在唐朝即有文人陸羽所著的《茶經》，如今茶文化已成為一種世界文化，同時也是目前餐廳極為重要的餐後飲料。

(一)茶的類別

茶的種類很多，主要是烘焙製作之發酵程度不同，一般可分為不發酵、半發酵及全發酵茶等三大類：

■不發酵茶

所謂「不發酵茶」係指未經過發酵的茶，所泡出的茶湯呈碧綠或

綠中帶黃的顏色，具有新鮮蔬菜的香氣，即我們所稱的「綠茶」，如抹茶、龍井茶、碧螺春、煎茶、眉茶、珠茶等等皆屬之。

■半發酵茶

所謂「半發酵茶」係指未完全發酵的茶，如一般市面上常見的凍頂烏龍茶、鐵觀音、水仙、武夷茶、包種茶等等均屬之。這類茶又因製法不同，泡出的色澤從金黃到褐色，香氣自花香到熟果香，爲此茶之特色。至於香片係以製造完成的茶加薰花香而成，如果薰的是茉莉花，即成茉莉香片，茶中有花的乾燥物；若茶葉不含茉莉花則爲非正規之香片，係以人工香味薰香而成。

■全發酵茶

所謂「全發酵茶」係指經過完全發酵的茶，所泡出的茶湯是朱紅色，具有麥芽糖的香氣，也就是我們所稱的「紅茶」。其外形呈碎條狀深褐色，純飲或調配皆適宜。歐美各國西餐所謂的茶係指此類的紅茶而言，如伯爵茶、錫蘭茶均屬之。

爲使讀者能進一步瞭解，茲將目前台灣主要茶葉的識別方法列表於後供參考（**表15-1**）。

(二)美味茶飲的沖泡要件

■水質

一壺好茶的先決條件須備有優質的水，如天然山泉或軟硬度適中的水。若是自來水最好也要靜置一天再使用，以免含有餘氯影響茶湯之口感。

■茶葉

茶葉避免受潮或氧化走味，須以密封罐貯存。事實上，上等茶葉不會用來製成茶包，因此茶葉選用甚爲重要。

表15-1　台灣主要茶葉的識別

類別／項目	不發酵茶	半發酵茶					全發酵茶
	綠茶	烏龍茶					紅茶
發酵度	0	70%	40%	30%	20%	15%	100%
茶名	龍井	白毫烏龍	鐵觀音	凍頂茶	茉莉花茶	清茶	紅茶
外形	劍片狀	自然彎曲	球狀捲曲	半球捲曲	細（碎）條狀	自然彎曲	細（碎）條狀
湯色	黃綠色	琥珀色	褐色	金黃至褐色	蜜黃色	金黃色	朱紅色
香氣	茉香	熟果香	堅果香	花香	茉莉花香	花香	麥芽糖香
滋味	具活性、鮮活、甘味。	軟甜、甘潤、收斂性。	甘滑厚，略帶果酸味。	甘醇、香氣、喉韻兼具。	三分花香七分茶味。	清新爽口、活潑刺激。	調製後口味多樣化。
產地	北縣三峽	苗栗老田寮與文山茶區	木柵	南投縣鹿谷鄉		文山茶區	魚池、埔里
特性	主要欣賞茶葉新鮮味，維他命C含量多。	外形、湯色皆美，飲之溫潤優雅，有「東方美人茶」之稱。	因品種得名，口味濃郁持重，有厚重老成的氣質。	由偏口、鼻之感受，轉為香氣、喉韻並重。	以花香烘托茶味，易為人接受、喜愛。	入口清香飄逸，屬口鼻之感受。年輕有朝氣。	冷飲、熱飲、調味、純飲皆可。
水溫沖泡	80℃	85℃	95℃	95℃	80℃	85℃	90℃

資料來源：蔡榮章（1987）。《現代茶藝》。頁47。

■用量

所謂「用量」係指泡茶所需適當比例的茶葉量而言，例如：

1.一人份壺（二杯）：紅茶葉6公克，搭配226至240C.C.熱開水。

2.一人份壺（二杯）：烏龍茶6公克，搭配300C.C.熱開水。

■水溫

水溫係指沖泡茶葉時所需之適當溫度，水溫高低須視茶葉類別而定，如發酵度少、輕火焙以及非常細嫩的茶均不能水溫太高，約攝氏80至90度之溫度。如綠茶水溫須80度以下，至於紅茶須90至95度之間，避免以100度之滾燙熱開水來直接泡茶，以免破壞茶葉本身的維生素及風味（**表15-2**）。

表**15-2**　泡茶水溫與茶葉的關係

類別	高溫	中溫	低溫
溫度	90℃以上	90～80℃	80℃以下
適用茶葉	1.中發酵以上的茶 2.外型較緊的茶 3.焙火較重的茶 4.陳年茶	1.輕發酵茶 2.有芽尖的茶 3.細碎型的茶	綠茶類

資料來源：蔡榮章（1987）。《現代茶藝》。頁65。

■時間

所謂時間，係指茶葉泡在熱開水中，釋出適當濃度及風味茶湯所需時間。如一人份紅茶壺所需時間約五分鐘，若是茶包則爲三分鐘。至於中式品茗茶車之小型壺（**圖15-46**），其第一泡茶一分鐘，第二泡茶時間增加十五秒，一直到第四、五泡茶時間略久些，但不得超過三分鐘，否則茶湯會變苦澀。

(三)紅茶的服務

■紅茶的飲用

紅茶的服務爲了方便沖泡，通常係採用小茶包（Tea Bag）或茶球（Tea Ball）方式，可純單飲或混合丁香、肉桂、香草、花瓣等香料而成各種花草茶。歐美人士對於紅茶的喝

圖**15-46**　中式品茗小型壺
資料來源：鹿谷鄉農會提供

法有下列幾種：

1.純紅茶：類似純咖啡之喝法，不添加糖、牛奶等任何其他配料。
2.紅茶加糖：糖有白糖、紅糖、咖啡糖多種。
3.紅茶加牛奶：此方式即爲奶茶，不宜以鮮奶油代替牛奶。
4.紅茶加檸檬：服務時可附上檸檬片供應。
5.紅茶搭配上述數種配料：唯紅茶加牛奶之後，不可再加檸檬，以免牛奶變質。

■紅茶服務流程及要領

紅茶服勤作業的要領與咖啡服務作業之流程相同，分述如下：

1.服務員先將茶杯皿（同咖啡杯皿）擺在餐桌客人正前方，再依服務咖啡的方法，以茶壺將紅茶自客人右側倒入杯中即可。
2.若係以茶包或茶球置於茶壺整壺服務者，則可直接將小茶壺置於餐桌客人右側，其下面須墊底盤。此方式則由客人自行倒茶，最好另附上一壺熱開水，讓客人自己添加或稀釋杯中茶湯之濃度。此方式最適合於水果茶、花草茶之類紅茶特調品的供食服務。
3.服務紅茶時，須事先請示客人是否需要糖、牛奶或檸檬，再依客人需求另以小碟附上檸檬片、檸檬角壓汁器，並將牛奶或糖端送上桌。
4.冰紅茶服務時，須以圓柱杯或果汁杯裝盛，其杯底須置杯墊，另附糖漿、長茶匙及檸檬片。

(四)中式茶飲服務

飲茶品茗爲國人一種生活飲食習慣，除講究色、香、味俱全有喉韻的茶湯外，更重視泡茶及奉茶的茶藝文化。謹就中餐廳常見的服務

方式介紹如下：

■蓋碗服務

1.此為最常見的個人用茶具的服務方式。蓋碗茶具係由茶碗、碗蓋及碗托三部分所組成（圖15-47）。

2.服務時將3公克茶葉先置於碗內，再以熱開水150C.C.沖泡加蓋，置於碗托（專用襯盤），以茶盤從客人右側服務。

■茶杯服務

係將泡好的茶倒入茶杯，以茶盤端茶由客人右側將茶杯端送到客人面前。

■中式茶藝泡茶要領

在高級中餐廳通常於宴會供餐服務時，有時會提供此傳統茶藝文化之泡茶表演服務。由穿著中式古典服飾的服務人員提供現場泡茶服務。謹將此典型茶藝泡茶方法及步驟分述於後：

1.泡茶的正確姿勢：

(1)泡茶時須力求身體挺直，勿彎腰駝背，保持端正之姿勢。

圖15-47　個人品茗組——蓋碗

資料來源：曾貴苗提供

(2)神情自然，放鬆身心，力求自然祥和。

(3)沉肩垂肘，雙肘自然朝下，雙肩自然下垂，勿聳肩。臂與身之間力求和諧自然。

2.泡茶的器具：通常係採用「宜興式茶具」，全套泡茶器計有茶壺、茶船、茶杯、茶盅、茶荷、渣匙、茶巾、茶盤，以及計時器等器具，此爲多人用的泡茶器具。

3.泡茶的步驟與要領：

(1)燙壺：先將茶壺置於茶船中，再以熱開水注入壺內並加蓋預熱溫壺，再將熱水倒入茶船。

(2)置茶：一般中小型壺其標準茶量爲「半壺」，若外形較鬆的茶葉如清茶，其置茶量約七分滿壺。原則上茶量以沖泡後膨脹到九分滿最理想。

(3)沖水：沖水時，注水不要太粗，同時高度要適中。第一泡可以向內繞著沖水，第二泡以後不須再繞，第一泡要繞是因爲要潤溼茶葉，第二泡不再繞，可使注水較穩定。此外沖水以九分滿即可，以免茶角或茶沫溢出影響美感。

(4)燙杯：先以熱開水注入杯內，倒茶前再將杯內熱水倒入茶船，以保持茶杯之溫度。

(5)倒茶：係指手指提壺，將泡好的茶倒入茶盅，或是從茶盅把茶湯倒入各小杯。倒茶應注意事項如下：

①提壺時手持壺的重心，愈接近重心愈方便操作，此外姿勢要自然。

②提壺倒茶前，先將壺暫時放在茶巾上，以沾乾壺底水漬，避免滴溼檯面茶几。

③茶具操作方向應以較柔美且順手的方向爲原則，從容不迫，穩健自如，充分展現肢體的美感，切勿不耐煩或心急，否則泡起茶來將亂成一團。

④茶壺倒茶入盅的距離大約在其正上方5公分，至於茶盅倒入

茶杯之距離則以3公分爲宜。

■奉茶

1.奉茶時，杯子應有系列地擺放在茶盤，使杯子與茶盤構成另一種美感之圖騰。如一個杯子時，放在正中央；二個杯子時，併排於正中央；三個杯子時，擺成三角形；四個杯子則可擺成正方形。
2.奉茶時，第一泡茶由服務員爲客人服務送上，第二泡以後則可將茶倒入茶盅端上桌，由客人自行取用。

第六節　其他飲料的服務

餐廳服務的飲料除了前述各類飲料外，尚有許多各式飲料，種類相當繁多。一般而言，餐廳所服務的飲料可歸納爲碳酸類、乳品類、果汁類、巧克力類及礦泉水等各類飲料，謹分別介紹如下：

一、飲料的服務

(一)碳酸飲料的服務

1.碳酸飲料服務通常係以可林杯（Collin）、高球杯（Highball）或果汁杯來供應。
2.供應前玻璃杯須先冰鎮，以保持飲料清涼爽口之風味，並可減少氣泡之消逝。
3.飲料一律由客人右側服務。上桌服務時，冰品飲料須先放置杯墊，再將杯子置於杯墊上。

4.除非客人要求，否則勿將冰塊置入杯中。

(二)乳品類、巧克力類飲料的服務

1.乳品、巧克力類飲料若是熱飲，則其服務要領同前述咖啡與紅茶服務方式一樣。係以咖啡杯皿裝盛，再由客人右側端上桌服務。
2.如果點叫冷飲巧克力乳品類，其作業要領同前述碳酸飲料一樣，係以可林杯、高球杯來服務。上桌服務時，杯墊須先置於桌上，再將杯子置放上面。
3.巧克力類飲料在國外一般以熱飲最流行。

(三)果汁類飲料的服務

1.供應果汁類飲料時，應講究杯飾及果汁風味，通常均以高球杯或可林杯來裝盛，上桌服務應附杯墊，由客人右側端上桌。
2.如果客人係點叫現榨果汁，絕對不可以瓶罐裝果汁來替代，更不可以任意添加水或冰塊，除非客人要求添加。
3.國外所謂“Juice”通常係指純果汁而言，至於一般非純果汁飲料則通常在“Drink”前加上水果名稱。

(四)礦泉水的服務

1.礦泉水可供單獨飲用，如享有「水中香檳」美譽的法國沛綠雅（Perrier）礦泉水（圖15-48），也可當作調和或稀釋使用。
2.礦泉水須貯存在華氏38度（攝氏3.3度）之冰箱中，服務時係以瓶裝服務，因此須同時附上杯墊及水杯供客人使用。

圖15-48　法國沛綠雅礦泉水

3.供應礦泉水時，不另附加冰塊或檸檬，除非客人要求。

4.爲便於客人選用礦泉水，可提供各種不同類型及規格尺寸的礦泉水，如大、中、小號之瓶裝礦泉水。大瓶礦泉水可直接擺設餐桌上，以吸引客人注意力，增加營運項目，提升營收。

二、飲料服務應注意事項

1.飲料供食環境必須清潔高雅，令人有溫馨舒適之感。

2.若提供罐裝飲料，應該事先將外表擦拭乾淨勿留水珠，同時倒入杯中時要注意二氧化碳泡沫勿使其外溢。另外，進行此類瓶、罐裝飲料服務時，須附上玻璃杯。

3.裝冷飲的杯子應絕對潔淨光亮，尺寸大小視飲料多少而定，而拿玻璃杯時，應手持杯底或杯腳，不可將手指伸入杯內取拿。

4.冷飲供食時應注意保持所需的冷度，並附上杯墊及紙巾；現製果汁做好應盡速供應。

5.提供現榨果汁，可採用新鮮的柑橘、檸檬、鳳梨片或櫻桃作爲杯飾。

6.任何飲料服務通常餐廳標準作業規定爲由客人右側上桌及收拾杯皿。

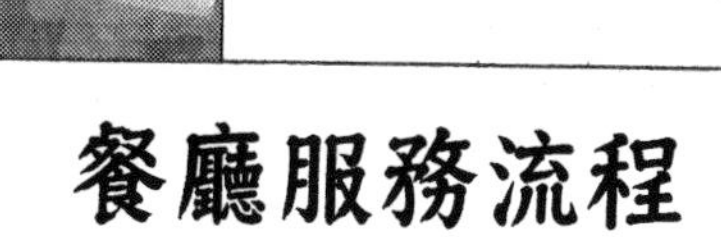

餐廳服務流程

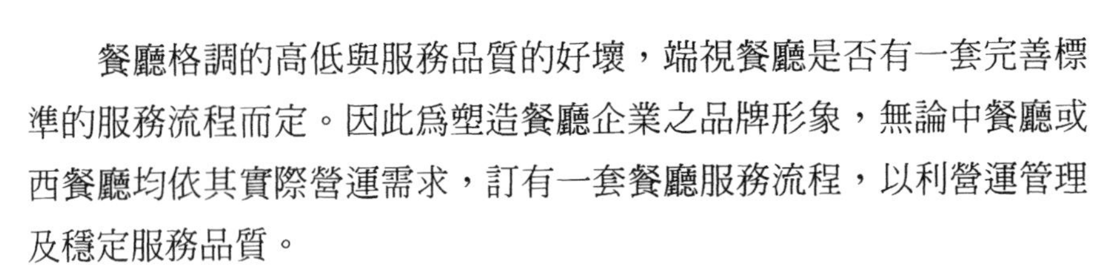

餐廳格調的高低與服務品質的好壞，端視餐廳是否有一套完善標準的服務流程而定。因此為塑造餐廳企業之品牌形象，無論中餐廳或西餐廳均依其實際營運需求，訂有一套餐廳服務流程，以利營運管理及穩定服務品質。

一般而言，無論那一類型的桌邊服務餐廳之服務流程不外乎係指：迎賓、引導入座、倒茶水、點菜、叫菜、上菜、服務、結帳、送客、重新擺設等十大步驟，包括餐前、餐中及餐後服務等三項主要工作。本章謹就中餐廳與西餐廳的服務流程、作業要領予以詳加介紹，期使讀者能對餐廳服務作業有更深入的瞭解，進而奠定未來從事餐旅服務工作成功之基石。

第一節　中餐服務流程

所謂「服務流程」，係指客人走進餐廳開始，直到客人用餐結束離開餐廳為止，此期間餐廳所提供給客人的服務項目及各崗位服務人員的行動準則。為提升中餐服務品質，餐廳服務人員務須對整個服務流程中每一環節的服務作業有正確的瞭解，始能提供客人優質的餐飲服務，享有美好的用餐氣氛。謹將中餐服務流程及其作業要領摘述如後：

一、迎賓接待

當餐廳營運前的服務準備工作（Mise en Place），如環境清潔、餐桌布設、備品補充以及工作前勤務會議等均完成就緒後，餐廳所有服務人員均須各就工作崗位。此時餐廳除了保持整潔外，更要注意環境之寧靜，以便隨時迎接顧客光臨。

迎賓工作爲整個餐廳服務作業之始，也是餐廳與客人接觸的第一線工作。客人能否對餐廳產生良好的第一印象，攸關餐廳迎賓接待工作的良窳而定。通常餐廳迎賓接待工作係由領檯人員負責，若有重要貴賓光臨，則餐廳主管人員均應在門口陪同接待。謹就餐廳迎賓接待應注意的事項摘述如下：

(一)迎賓接待是每位餐飲服務員的職責

餐廳迎賓接待工作，通常是由領檯來負責，但每位餐飲服務員均須有一基本體認，只要有客人光臨，均應主動趨前歡迎接待、問好。

(二)迎賓接待強調禮貌微笑、親切寒暄致意

當客人步入餐廳，應親切面帶微笑且有禮貌地向客人打招呼，並確認是否訂位、客人人數幾位。

領檯應瞭解禮貌微笑乃贏取客人好感的不二法門，一見到客人應即笑臉相迎，並親切主動打招呼，如「道早」、「問好」，對於熟客更應記熟客人姓氏與頭銜，並以此稱呼，以爭取客人之好感。

(三)迎賓接待要講究主動積極、迅速確實的服務

客人最難以忍受的是久候，身爲餐廳工作人員應瞭解客人這種心理，不要讓他們在餐廳門口久等而無人前來接待，令其感到有受冷落及不被尊重之感，這點應特別注意。

(四)迎賓接待要注意應對進退的高雅儀態與社交禮儀

雖然迎賓接待應講究迅速確實的服務，但高雅的儀態與得體的應對，也容易贏得顧客的激賞，所以餐飲工作人員應經常注意自己的服裝儀容，並保持良好的儀態，如此始足以讓客人留下良好印象。

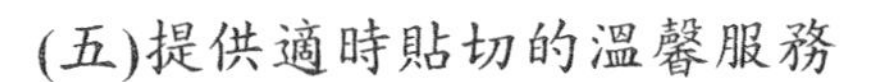

(五)提供適時貼切的溫馨服務

如果客人係帶笨重行李或穿戴帽子、外套時，則應盡可能協助妥爲保管。

二、引導入座

領檯人員引導賓客入座之前，須確認是否已訂位，瞭解客人的人數，然後再決定所安排的座位引導客人入座。茲將引導賓客的要領及座位安排原則分別介紹如後：

(一)領檯引導賓客帶位的要領

1.引導賓客入席時，須走在客人右前方二、三步，並將手掌五指併攏，以手勢禮貌性地指引方位（**圖16-1**）。
2.行進時須配合客人走路的速度，注意客人是否跟上腳步，尤其是在轉角處須稍停一會兒，以免客人走失。

圖16-1 以手勢姿勢禮貌指引方位
資料來源：康華飯店提供

3.途中若有台階或障礙物，須特別提醒客人留意。

4.到達預定餐桌時，立即介紹負責該責任區之服務員或領班給客人，並協助客人就座。

5.就座時以女士、年長者或小孩爲優先，並視實際需要另準備小孩的高腳椅座。

(二)領檯安排座位的原則

1.餐廳剛開始營業，盡量安排客人坐在入口前段較顯眼的地方，但避免將客人集中在同一服務區。

2.年輕情侶客人，盡量安排在牆角寧靜的餐桌。

3.穿著高貴華麗的客人，可考量安排坐在餐廳中央的餐桌。

4.行動不便或年紀較大的客人，盡量安排在靠近出入口安全便利的隱密位置。

5.客人若帶有小孩，盡量安排在較不會吵到其他客人的位置。

6.避免安排大桌給少數人，同時盡量以不併桌爲原則。

7.座位安排最重要的是公平原則，即依客人來到餐廳之先後順序及人數來做公平合理的安排，以免讓客人感覺受到不公平待遇，這一點須特別加以注意。

三、攤口布、倒茶水、服務毛巾並調整餐具

當客人入座之後，服務員應立即親切有禮地爲客人攤開口布，然後爲客人服務茶水、毛巾，並調整餐具。其要領如下：

(一)攤口布的作業要領

1.服務員站在客人右側，將餐桌上客用口布輕輕取下，並說一聲：「您好！讓我爲您來攤開口布」。

2.攤開口布時，右腳上前半步；雙手分別拿取口布左右兩邊，右手在前由外往內鋪放在客人膝蓋上方雙腿上。

3.口布標幟朝向餐桌，鋪設時不可觸碰到客人身體。

4.攤口布之順序，以女士及年長者為優先。依順時鐘方向依序為客人服務。

(二)倒茶水的作業要領

1.倒茶水前，先檢查水壺是否有污損或水滴，須先擦拭乾淨。

2.倒水時，不可拿取桌上水杯，須直接在餐桌上服務茶水。

3.倒水時，壺口距杯口約1至2公分，為防止茶水噴灑到客人，可以右手持壺倒水時，左手持一條摺成方形的口布護在壺口前方。

4.倒茶水時，以倒八分滿為原則，通常夏天是服務冰水，冬天則供應熱茶。

5.若茶水是以小茶杯奉上，則須先將盛好的茶杯以托盤端送上桌奉茶，但不可以手直接握取到餐桌給客人。若空的茶壺一般顧客會將壺蓋掀起斜置，此時宜立即主動為客人添加茶水。

(三)服務毛巾的要領

傳統中餐服務在服務茶水之後，會奉上毛巾給客人使用。其作業要領如下：

1.先將捲摺好的毛巾，整齊擺在毛巾盤上。夏天以冰涼毛巾服務，冬天則以熱毛巾供應。

2.左手托毛巾盤，右手以毛巾夾來夾取毛巾，由客人左側來服務，將毛巾置於客人毛巾碟上。

3.服務之順序由女士或長輩為優先，再依逆時鐘方向逐一為客人服務。

4.為了衛生起見，許多餐廳均改用免洗毛巾來替代一般小毛巾，不過有些餐廳並不提供此服務。

(四)調整餐具的作業要領

1.客人入座後，若客人人數與餐桌擺設的餐具份數不符合時，則須立即加以增補餐具或收拾多餘的餐具。
2.調整後，再將餐桌擺設物品予以修整。

四、點酒水飲料、遞送菜單、點菜

服務茶水之後，服務員可先請問客人想喝些什麼飲料或酒，然後再遞送菜單及為客人點菜。其作業要領如下：

(一)點酒水飲料的作業要領

1.服務員在遞送菜單之前，可先請示客人需要何種飲料或酒。點叫飲料以女士或長者為優先，由客人右側依順時鐘方向依序為之。
2.詳細登錄客人所點叫之酒水飲料與特別要求。
3.最後再將所登錄之資料向客人複誦確認，若確認無誤，則可向客人致意後離去，並說一聲：「所點飲料馬上送來」。
4.服務員填妥一式三聯的飲料單後，再送到出納處簽證。第一聯送吧檯領飲料，第二聯由出納存查，第三聯夾單置於服務檯或客人餐桌。
5.上飲料時，須由客人右側服務，將飲料置於水杯右下方。
6.服務酒水時，啤酒必須保持冰涼，至於紹興酒則須事先請示客人是否需要溫酒，端上桌時須同時以小碟附上話梅及檸檬片供客人使用。
7.紹興酒服務時，通常係先倒入「公杯」約八分滿，再以公杯倒入客人小酒杯，紹興酒瓶除非客人要求，否則不宜直接端上桌。

(二)遞送菜單

點菜之主要目的雖然是在促銷餐廳的產品，但另一方面也應考慮能滿足顧客的需求，此兩者均應相互兼顧。一位優秀餐飲服務人員除了應設法達到公司預期營運目標外，更應極力滿足顧客心理與生理上的需求。爲了要將點菜工作做好，餐飲服務人員必須熟悉餐廳菜單內容，對於菜單內所列菜單名稱、材料、烹調方式及烹調時間均應十分清楚，尤其是對本日菜單所提供的特別菜，更應有正確的認識，如此才能迅速有效地將它們推薦給客人。謹就其服務要領說明如下：

1.遞送菜單，須先檢查菜單是否污損，通常是先給女性或年長者，以每人各一份爲原則。
2.如果是團體成群的客人，則從主人右邊的顧客，自客人右側依逆時鐘方向派送菜單。
3.遞送菜單完畢，可簡單介紹主題菜、特色招牌菜供客人參考，以適量爲原則，避免客人誤會你在促銷。
4.親切有禮地向客人致意，告訴客人請客人慢慢看菜單，稍候再來點菜。絕對不可以佇立桌邊等候客人點菜，讓客人有一種被催促之壓迫感。

(三)點菜

點菜工作通常係由領班以上幹部負責，必要時也可由組長協助點菜工作。謹將餐廳點菜服務作業之要領摘述如下：

1.營業前領班以上幹部須與主廚研究當日菜單內容，以利給予客人適時的建議。

2.須先充分瞭解各種菜餚的特色、成分、烹調方式與時間，以便推薦與建議。

3.菜單推薦應以餐廳較特殊或拿手菜爲主，並應考慮客人用餐意願、經濟能力及用餐人數，否則難以奏效。

4.菜餚的材料與烹調方式要避免重複，以力求不同口味的變化。

5.所有點菜工作均由客人右側爲之。

6.將客人所點的菜及所交代的烹調方式，依出菜順序詳列於點菜單內，以免不清楚而弄錯。最後必須再複誦一遍，當確認無誤後，始可再接受下一位客人之點菜。

7.將客人人數、菜單名稱、分量、桌號，以及負責開單服務員姓名等詳加塡入點菜單內。

8.將上述菜單內容複誦一遍，經客人確認無誤後，再送交出納簽字認可，開立菜單任務即完成。

9.將此三聯不同顏色的點菜單，第一聯送交廚房作爲備餐依據；第二聯出納存查；第三聯置放於客人餐桌或餐具服務台，作爲上菜服務核對確認用。

10.除了上述「開立點菜單」的點菜方式外，目前還有一種「電腦的點菜」，其基本作業系統爲將終端機分設在餐廳與出納處，廚房設有列表機，只要外場服務員輸入客人所點的菜、桌號等資料，廚房即可列印出菜單據以備菜。

五、叫菜

點菜單經出納簽證後，即可送入廚房備餐，大型的餐廳廚房均設有專門負責的「叫菜員」，其任務爲負責與外場服務員聯絡，並協助內場控制出菜的順序與時間。

國內一般餐廳廚房，此工作係由主廚兼任叫菜員，至於規模較小的中餐廳，主廚仍須下廚烹調，則此叫菜的工作委由餐廳服務員兼任。

營業中廚房工作相當忙碌，因此需要一套餐廳內外場服務人員均有共識的精簡術語，來準確傳達各種備餐指令，以利服務作業之順暢。中餐廳常見的廚房術語摘述如下：

1.廣東廚房用語：

(1)即食：通知廚師立刻開始準備烹調。

(2)叫起：通知廚師，該道菜等叫後才準備（目前暫緩準備）。

2.江浙廚房用語：

(1)先來：表示立刻開始製備菜餚，其意思與「即食」同。

(2)催上：表示該道菜暫緩準備，等候通知再做菜，其意思與「叫起」相同。

六、上菜服務

(一)上菜服務的方式

「上菜服務」係指餐廳服務員從廚房端送客人所點的菜餚至餐廳上桌服務之整個過程。上菜服務的方式有三種：

圖16-2 廚房餐車
資料來源：華塑公司提供

1.由廚房直接以托盤將菜餚端送上桌，此為最常見的方式。

2.由廚房以餐車或服務車推到餐廳餐桌邊再上桌，此方式在大型宴會或桌次較多的餐會最常見（**圖16-2**）。

3.由廚房將菜餚送到服務桌或旁桌，再端上桌展示秀菜後，端菜回到旁桌或服務桌進行分菜，再將分好的菜餚端送上菜，由客人右側逐一服務，此方式爲貴賓廳房或高級豪華餐廳的服務方式。

(二)上菜服務的作業要領

1.上菜前，傳菜人員須將上菜菜餚所須附帶之佐料、器皿，如保溫用之蓋子（圖16-3）、盤碟或調味醬料事先備妥，以便上菜時一併端上桌服務。

2.上菜時間須配合客人用餐之速度快慢，使廚房作業與餐廳服務相配合。

圖16-3　保溫用蓋子

3.上菜前，須將客人所點叫的酒水先服務，以便客人上菜後即可飲用。紹興酒或花雕酒須先倒入公杯約七、八分滿，公杯原則上以二人共用一個爲原則，至於啤酒可先倒入啤酒杯，而小酒杯第一次可由服務員爲客人倒酒，以後則視情況再服務，或由客人自行添加。

4.中餐宴席出菜的順序爲：「冷前菜→熱炒類→大菜類→點心類→甜點水果類→熱茶飲料」。易言之，先涼菜後熱菜、先熱炒菜後燒菜、先菜餚後點心、先鹹味後甜味。

5.出菜的順序應依客人點菜的順序及特別需求詳列於點菜單內來上菜。此外，須遵守「同步上菜，同步收拾」之餐廳服務原則。

6.上菜服勤必須以托盤將菜餚自廚房端至餐桌，由客人右手邊上菜，此時應先說聲「您好！爲您上菜」，藉以提醒客人注意要上菜。上完菜後，應該輕聲細語以愉快的語氣介紹菜餚名稱及特色，並請客人慢用，再致意轉身離去。

7.上菜服務時先由年長者或主賓開始，收盤服務時亦同。

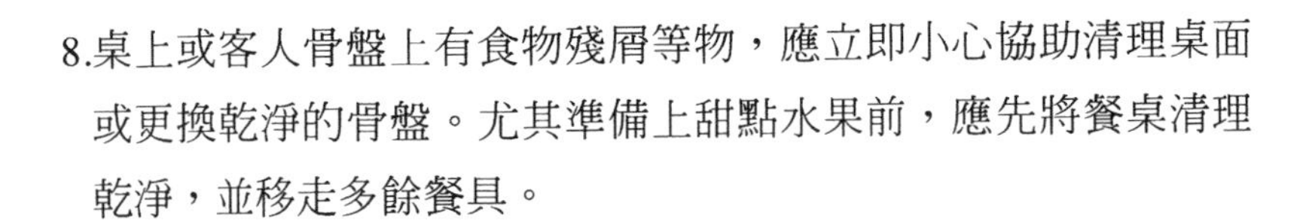

8.桌上或客人骨盤上有食物殘屑等物，應立即小心協助清理桌面或更換乾淨的骨盤。尤其準備上甜點水果前，應先將餐桌清理乾淨，並移走多餘餐具。

七、餐中服務

1.上菜之後如果須爲客人提供分菜服務，應先將菜餚端到旁桌進行分菜，盡量避免直接在餐桌上分菜，以免影響客人進餐。至於一般大衆化服務餐廳，係採用直接在餐桌上分菜，此時應選擇在主人右側適當空間爲之，盡量勿影響客人爲原則。

2.每道菜在分菜完畢後，若仍有剩餘食物時，須予以移至另備的較小盤碟，再送回餐桌轉檯供客人自行添加取食，此項服務在高級中餐廳尤爲重要。

3.每道菜客人用畢後，應立即收走並更換乾淨之碗盤，以便配合下一道新菜色使用。收回之殘盤可先置放於服務桌，俟傳菜員上菜後，回程順便送回廚房清洗。

4.餐中服務除了隨時維護供餐區之整潔外，應隨時補充酒水，尤其是當客人杯中酒少於一半時，服務員應主動爲其補充，並時時注意客人的需求與動向，以便適時給予親切的專注服務。

5.當準備供應甜點水果時，須先將餐桌上多餘的餐具撤走，並清除桌面殘餘菜渣。收拾餐具或整理清潔桌面須小心謹慎，一律由客人右側來進行清理工作，但以不影響或妨礙客人爲原則。

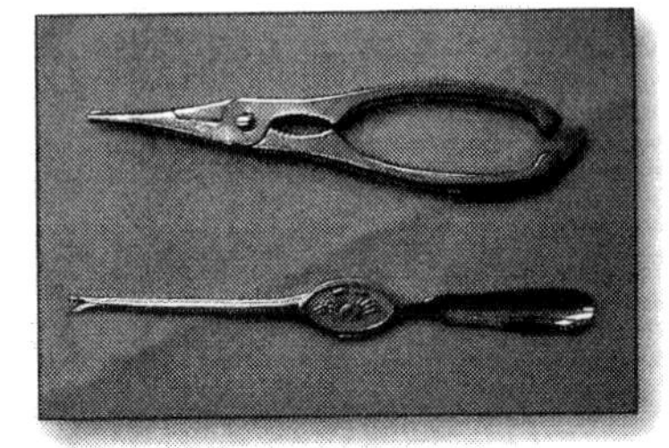
圖16-4　常見的龍蝦鉗與龍蝦叉

6.通常在高級中餐廳，如供應帶殼明蝦、沙蝦、螃蟹及龍蝦，原則上均須同時供應客人龍蝦鉗、龍蝦叉（**圖16-4**）及洗手盅，並附上小毛巾以便於客人使用。

八、結帳

當客人欲結帳時，服務人員應迅速將各項點菜單及飲料單拿到櫃台與出納的第二聯點菜單再核對一次，以避免不必要的錯誤發生，進而影響客人對餐廳的評價。謹就結帳方式及其應當注意的事項，詳述於後：

(一)結帳的方式

1.高級餐廳：

(1)在高級餐廳通常是等到客人要求結帳時，才將帳單以特製對開的帳單夾或特製現金盤將帳單呈上，有些餐廳係以餐盤呈上帳單。

(2)再由服務員將帳單及帳款送交出納結帳，並開立統一發票或收據。

2.一般餐廳：

(1)當上最後一道菜，應問客人是否還需要什麼？如果沒有，則可到出納取帳單。檢查無誤，再將帳單面朝下，置於客人桌緣左側。有些餐廳也會使用帳單夾來夾送帳單。

(2)結帳係由客人自行攜帶帳單前往櫃台出納付款。

3.小吃餐廳：當客人點完菜，即將菜單夾在塑膠板直接置於餐桌上，再由客人自行將此點菜單拿到櫃台出納付款後離去，此類忙碌小吃餐廳事實上也沒有呈上帳單服務之問題。

(二)付款的方式

當客人欲結帳時，可先問客人付款方式是現金或刷卡，發票開二

聯式或三聯式？如果要三聯式則需要公司統一編號。一般而言付款方式有三種：

1.現金：如客人付現金，服務人員點收無誤後，再交予出納。出納再將找的零錢連同發票，置於盤內交與服務員轉交客人。
2.信用卡：客人如以信用卡簽帳，服務員應先將帳單和信用卡帶至出納，由出納核對信用卡與有效日期，一切無誤才鍵入金額，再交顧客簽字，核對簽字與卡片上的簽字相同與否，即可將信用卡、簽帳單上的顧客聯，連同發票交還客人。
3.簽帳：觀光旅館可以簽帳的客人有兩種：一種是住店旅客，持有房間鑰匙，經確認無誤，可請其寫下房號、名字後簽字；另一種是非住店旅客，此大都為公司行號熟客，餐廳主管認識的貴賓，只要將帳單請其填上姓名或公司名稱、地址、電話、金額、預定付款日期，經由主管背書即可。

九、送客

餐廳所提供給客人的全套餐飲服務係始於迎賓接待，終於歡送賓客，唯有全程任一環節完美的演出，始能帶給客人甜美溫馨的用餐體驗。關於送客之服務作業要領，摘介如下：

1.當客人結帳完畢準備離席時，餐廳服務人員應暫停工作，並適時協助客人移開座椅，以便於客人離去。同時要留意客人是否有遺留物，如衣服、小包裹、傘等等物品。
2.服務員應面帶微笑親切說一聲「謝謝！歡迎下次再光臨」，除非服務員正忙著，否則最好能歡送客人到門口。
3.主任、領班或領檯除了在門口與客人親切道別外，應適時問候客人對今天所供應的菜色是否滿意，服務是否有欠周全須待改善之處。若客人有任何微言，須立即致歉並加解釋，並表示立即竭誠改善。此舉不但可消弭客人心中之怨尤，更能增強顧客對餐廳良好的印象。

十、善後整理、重新擺設

爲確保餐廳高雅之用餐環境與舒適氣氛，同時準備迎接新來的客人，當客人離去之後，服務員必須依原來餐前服務準備之要領與方法，盡快清理餐桌就緒。有關善後處理的工作要領，分述如下：

(一)收拾殘杯

1.收拾杯子時不可重疊在一起，也不可以將手指伸進杯內，一次抓取數個杯子。此舉不但不雅觀，也容易損壞杯皿。

2.拿取杯子時，須自杯底部或杯腳逐一拿取，再將殘杯整齊擺放在抗滑盤上。

3.托盤持托時，以平托法爲之，左手掌心與五指均勻托住，必要時再以右手護持托盤前緣，以防碰撞他人。

(二)收拾殘盤及其他餐具

1.中餐合菜的殘盤，每道菜僅一個大餐盤，只要以雙手捧取收走即可，但必須與其他客用餐具分別收拾。

2.收拾骨盤及其他客用餐具時，可使用大托盤來搬送，唯須保留第一個碗盤來裝殘菜。收拾時先將殘菜倒入第一個碗盤，然後再將骨盤及湯碗分別堆疊，但不宜堆疊太高，以免重心不穩而傾倒。

3.收拾殘盤須分門別類，禁止將不同尺寸之盤子堆疊在一起。

4.遵循殘盤的三S處理原則，即刮、堆與離。

(三)重新擺設

重新擺設餐桌的作業要領如下：

1.首先將桌上之調味料罐、煙灰缸或花瓶等飾物備品移到服務桌。
2.更換檯布。在更換檯布的過程中最重要的是，勿使桌面暴露在外面而有礙觀瞻。此外，動作不宜太大而影響到鄰桌客人的進餐。
3.檯布更換之後，再依餐桌布設之要領逐一加以擺設餐具。
4.最後再將暫置於服務桌之中央飾物、備品、調味料罐以托盤端回餐桌，依規定擺整齊，經檢查一切就緒後，此工作即算完成。

第二節　西餐服務流程

西餐服務的方式很多，如英式、法式、俄式及美式等多種，其服務流程也不盡相同，本節謹以目前西餐廳最普遍的美式服務爲讀者介紹其服務作業流程。事實上，西餐服務與中餐服務的流程極相似，唯其主要不同點，乃在餐飲內涵及其服務先後順序之差異而已。

一、迎賓接待

迎賓接待爲整個餐廳服務流程正式揭開序幕，也是餐廳接待客人的第一站，無論是主管或領檯人員均應該穿戴整齊，以微笑、愉悅的神情與態度在餐廳進門處親切招呼客人，使客人有一種受尊重之感，進而產生深刻的良好第一印象。迎賓接待的作業要領摘述如下：

(一)迎賓前一切準備工作要就緒

1.餐廳營業前準備工作均已完成。

2.餐廳各責任區服務人員儀態整潔，並各就工作崗位準備隨時迎賓。此時不得再談天說笑，立姿宜端正，不可倚靠牆壁或桌椅。

3.所有餐廳服務員均充分瞭解本日訂席狀況及服務應特別注意事項。

(二)迎賓接待要主動積極、親切寒暄致意，勿使客人久候

1.服務人員看到客人光臨，須立即主動趨前迎接，微笑點頭致意與客人寒暄問好；若是熟客應稱呼其姓及頭銜，如：「王董事長！您好，歡迎光臨！」「李老師！您好，歡迎光臨，請問您們共有幾位？」

2.詢問客人是否已訂位或用餐人數時，音量要適中婉約，態度要親切溫馨，唯須簡短有力，避免讓客人等候太久，更不可以讓客人佇立門口，無謂地等候或有所猶豫不安。

(三)迎賓接待須注意高雅儀態，適時提供溫馨服務

1.領檯人員高雅的儀態與得體的應對禮節，最容易贏得客人激賞與好感。

2.如果客人有穿戴大衣、帽子或隨身行李，此時更應主動提供協助，代其妥爲保管。

二、引導入座

引導入座之要領同上節中餐服務流程所述，唯就其要摘述如下：

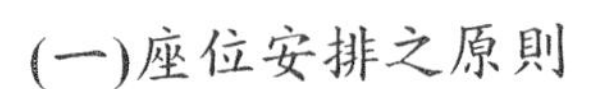

(一)座位安排之原則

1.座位安排須考慮公平、公正的基本原則，即先預約者優先安排；未預約者則依到達餐廳之先後順序來安排，避免使客人有一種受到不公平待遇之感。

2.勿將客人集中安排在同一區域，應當將客人分散在餐廳各適當的座位，以免使客人感到不舒適，同時也可使客人得到較迅速的服務。

3.避免將一位或少數的客人安排在一張大餐桌，致使客人有一股冷清失落之感。

4.穿著華麗高貴的客人，可安排在餐廳中央醒目區位，至於情侶客人可考慮安排牆角或較寧靜的餐桌。

5.行動不便或年長者，盡量安排在靠近出入口較為安全便利的餐桌。至於攜帶小孩的客人，則可考慮安排較不會吵到其他客人的位置。

(二)引導賓客之動作要領

1.引導賓客時，領檯人員應走在客人右前方的二、三步之距，並以右手掌五指併攏禮貌性地指引方位。

2.途中須隨時留意客人是否跟上腳步，並提醒客人注意台階或障礙物，以防意外。

3.領檯人員應比客人先抵達餐桌，並增補或撤走多餘的餐具、座椅，盡量在客人入座前予以準備妥當。

圖16-5　領檯應協助客人入座

資料來源：康華飯店提供

4.當客人到達桌邊時，應立即幫客人拉開椅子，安排入座（圖16-5）。

三、攤口布、倒水

(一)攤口布的作業要領

1.由客人右側先取下桌面上的口布，並同時輕聲對客人說聲：「您好！請讓我爲您攤開口布」。
2.雙手分別拿取口布左右兩邊，右腳上前半步，右手在前，由外往內鋪在客人膝蓋上方雙腿上。
3.口布標籤朝向餐桌；鋪設時勿碰及客人身體。
4.攤開口布的順序係以女士或年長者爲優先，再依順時鐘方向爲之。

(二)倒水的作業要領

1.準備水壺，先檢查水壺是否乾淨，水壺中的水量及溫度是否適宜，並將水壺外緣水珠擦乾淨，以免倒水時水滴滴落在客人身上或餐桌上。
2.通常餐廳夏天是供應冰水，冬天則提供溫開水，唯不服務類似中餐的茶水。
3.拿取水壺時右手提取壺耳把，左手掌心墊一塊事先摺疊成方塊形之布巾，持托在壺底部。
4.倒水時由客人右側服務，壺口盡量靠近杯口上方，但不可靠在杯緣上。倒水時，以左手服務巾護在壺口前方，以防倒水時開水由壺口溢出而噴灑到客人或桌面。
5.每位客人倒水以八分滿爲原則。每服務完一位客人，須以口布擦乾壺口外緣保持乾淨。
6.俟全部客人均服務完畢再檢視一下，確認客人無其他需求後，再轉身離開。

四、點餐前酒、雞尾酒

點餐前酒或雞尾酒的服務作業要領：

1.服務員在倒完水之後，即可準備為客人點餐前酒或雞尾酒。尤其是美國人通常喜歡在餐前先喝杯雞尾酒。
2.服務員可陳示酒單（**圖16-6**），請示客人喜歡那一種雞尾酒或餐前酒。接受雞尾酒訂單時，餐廳若有特製品（Houes Speciality），也可一併予以推薦。
3.服務員須詳細記錄客人所點叫的餐前酒名稱，並須當場再複誦確認無誤。離開前別忘了向全桌客人致意，並說一聲：「我將立刻將您所點的東西送來」。
4.服務雞尾酒或飯前酒時，須將客人所點的飲料置放在鋪設服務巾的托盤上，端到餐桌自客人右側服務上桌。

圖16-6　酒單樣本
資料來源：康華飯店提供

五、遞送菜單、接受點菜

(一)遞送菜單的服務要領

1.遞送菜單之前，須先檢查菜單是否有污損，原則上須備妥足量的菜單，每人以一份為原則。
2.遞送菜單時通常是優先給女士或年長者；如果是團體成群的客人，須由主人右側的客人開始，自客人右側陳示菜單，再依逆時鐘方向依序分送。

3.遞送菜單完畢，可簡單介紹餐廳特色招牌菜或主題菜供客人參考，但以適量爲原則，以免讓客人誤會你在促銷。

4.介紹特色菜餚之後，服務員可親切地向客人致意，告訴客人請慢慢看菜單，稍後再來爲其點菜。絕對不可以佇立桌邊等候客人點菜，致使客人有一種被催促點菜之壓迫感。

(二)接受點菜

點菜工作通常是由領班以上幹部負責，必要時也可以由組長來協助點菜工作。謹將點菜服務作業要領摘述如下：

1.當客人看過菜單之後，示意要點菜時，服務人員即可趨前接受客人的點菜；反之，若客人並沒有主動示意要點菜，服務人員也應當在五至十分鐘後適時主動上前詢問，以表示關注。

2.點菜工作原則上均由客人右側爲之，若此方式不便，則以盡量減少打擾客人的方式爲之。

3.點菜的順序以女士或年長者爲優先，主人最後。

4.通常一對男女客人用餐時，男士會先替女士點菜，然後再點自己的菜，不過時下男女社會標準已在改變，現在不少場合多由女性自行點菜，非由男性代點。

5.如果是一桌四位以上的客人，通常是由主人右邊的客人先開始點餐，再依序以逆時鐘方向爲每位客人點餐，最後才是主人。

6.西餐服務中，初次點菜通常僅以點到主菜爲主，等到主菜吃完再請客人點叫點心、飲料及餐後酒。這一點與中餐一次點完菜不大一樣。

7.客人所點的菜及所交代的烹調方式，須依出菜順序詳列於點菜單內，以免不清楚而弄錯，最後必須再複誦一遍，經客人確認無誤後，始可再接受下一位客人的點菜。

8.若客人拿不定主意時，則可適時向客人推薦餐廳的特別拿手

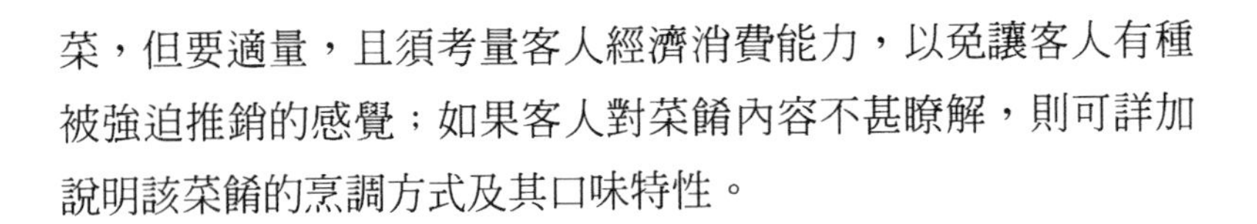

菜，但要適量，且須考量客人經濟消費能力，以免讓客人有種被強迫推銷的感覺；如果客人對菜餚內容不甚瞭解，則可詳加說明該菜餚的烹調方式及其口味特性。

(三)點菜單開立的方法及其應注意事項

■開立點菜單應注意事項

1.將客人所點的菜及所交代的烹調方式，依出菜順序詳列於「點菜單」或「點菜稿」內，一次盡量以接受一位客人完整的點菜爲原則，以免不清楚而弄錯。目前業界已普遍使用電腦點菜系統，不但可減少錯誤且可快速點菜，惟仍須防範作業疏失。

2.將客人人數、菜單名稱、分量、負責開單服務員姓名詳加填入點菜單內。

3.將上述點菜單內容複誦一遍，經客人確認無誤，再送交出納簽字認可，開立點菜單任務即完成。

4.將此三聯不同顏色的點菜單，第一聯送交廚房，作爲備餐依據；第二聯出納存查；第三聯置放於客人餐桌或餐具服務台，作爲上菜服務核對確認用。

5.點菜單送入廚房後，若客人再要求追加時，可另外開點菜單，以「續單」稱之；若點菜單遺失則必須重新開一張，唯須在點菜單上加註「副件」字樣，以便識別核對。

■烹調方式的填寫

在開立點菜單時除了上述應注意事項外，對於烹調方式的填寫亦應進一步詢問客人以免出錯，致令客人不愉快，例如：牛排、咖啡之製備方式有很多種，若不進一步詢問客人作法，極易造成客人的抱怨，謹舉例說明如下：

1.牛排供食烹調方式：

(1)生鮮牛排（**Very Rare**）：僅表面稍微煎熟而已。

(2)兩分熟（**Rare**）：外表熟，肉塊橫切面中央生，有血水滲出。

(3)三分熟（**Medium Rare**）：外表熟，肉塊中間呈桃紅色，尚有汁滲出。

(4)五分熟（**Medium**）：外表熟，肉塊呈玫瑰紅色，尚有些許桃紅色汁。

(5)七分熟（**Medium Well**）：牛肉已無紅色痕跡，汁成灰色。

(6)全熟（**Well Done**）：牛肉已成灰色，但無汁液。

2.咖啡供食方式：

(1)純咖啡（**Black Coffee**）：此類咖啡係指不另加奶精、鮮奶和糖的咖啡（圖**16-7**）。

(2)白咖啡（**White Coffee**）：此類咖啡係指須加奶精、鮮奶或糖的咖啡（圖**16-8**）。

(3)熱咖啡（**Hot Coffee**）：服務熱咖啡時，須另附糖、奶精、鮮奶。

(4)冰咖啡（**Iced Coffee**）：服務冰咖啡時，須另附糖漿、鮮奶以及長茶匙。供食時再附上杯墊。

圖**16-7**　不含鮮奶及糖的純咖啡

圖**16-8**　添加鮮奶的白咖啡

六、叫菜

客人點完菜後，將點菜單送到出納處簽章並打上日期、時間後，即可將其中第一聯單送入廚房作爲備餐依據，並準備開始製作菜餚。

大型餐廳的廚房設有專門負責的叫菜員，其任務爲負責與外場餐廳服務員聯絡，並協助內場控制出菜的順序與時間。至於國內一般餐廳廚房，此工作係由主廚兼任，有些規模較小的餐廳，主廚仍須下廚烹調，則此叫菜工作則委由餐廳服務員兼任。

通常在法國的餐廳，廚房將叫菜服務作業分爲三個部分：

1.走菜（**Faire Marcher**）：係指通知內場廚師準備開始製備烹調菜餚。
2.要菜（**Reclamer**）：係指提醒內場廚師某道菜上菜時間到了，外場服務員已經在備餐區等候取菜上桌。
3.起菜（**Enlever**）：係指內場人員通知外場服務員，他所叫的菜已烹調好放置在備餐區起菜台，請其端走送給客人。

七、陳示酒單、點酒

歐美人士有隨餐飲酒的習慣，因此當爲客人點完菜之後，服務員須再幫客人點佐餐酒。有關陳示酒單及點酒應注意事項分述如下：

1.陳示酒單最好的時機，原則在客人點完菜之後約五分鐘即自客人右側，遞上酒單較好。通常應該是先決定點何種菜，然後才會考量要搭配那種酒。
2.點酒時除非客人要求推薦，否則避免一直主動介紹，以免使客人有被強迫點用之感。

3.點酒時須完全尊重客人意願與喜好，量並沒有絕對一定的搭配酒食標準，因此服務人員不得任意妄加批評客人所點選的酒。

4.若客人點完酒之後，服務員應立即塡好飲料單，再依規定前往取酒來爲客人服務。

八、上菜服務

西餐上菜服務的程序通常係以開胃菜、湯、沙拉、主菜、水果、甜點、飲料等七大類菜餚之先後順序（圖16-9），作爲上菜服務之參考。原則上係以客人所點的菜來服務，並非每一項均要上菜，除非是西式全套宴會服務。茲分述如下：

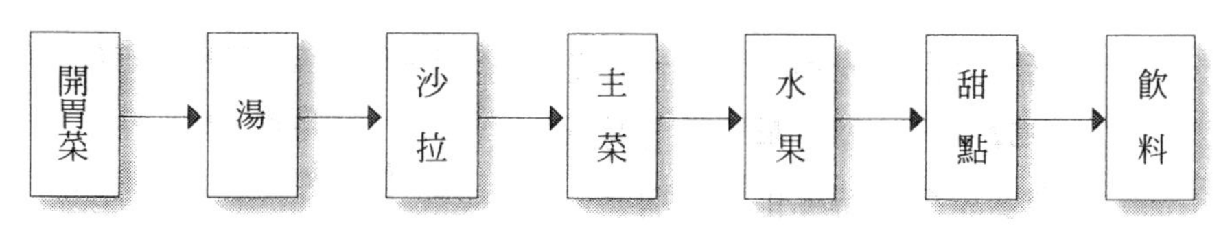

圖16-9　西餐上菜服務順序

(一)開胃菜服務

開胃菜通常係以略帶酸澀、微甜、量少之冷食爲主，例如蝦考克（Shrimp Cocktail），歐美人士經常搭配餐前酒進食。開胃菜品質的好壞會影響到客人對全餐食物的第一印象，因此餐廳對開胃菜之服務相當重視。謹將開胃菜服務的要領分述如下：

1.服務開胃菜之前，必須先將所需的餐具置於鋪設布巾之餐盤或小托盤上，再端送上桌擺好。

2.開胃菜所需餐具通常是前菜叉，可擺在正餐叉旁邊。

3.開胃菜服務時，美式服務係由客人左側上菜，英式、法式服務則由客人右側先上空盤，再從客人左側進行獻菜與分菜。

(二)湯及麵包服務

1.服務員須先派上麵包再上湯。服務員以服務夾或服務叉匙由客人左側將麵包夾送至客人麵包盤上。

2.然後再將湯端送到客人面前餐桌上（**圖16-10**）。美式服務係由客人左側服務，至於法式、俄式或英式等服務則由客人右側上桌服務。

3.服務時記得須先示知客人，可先說一聲：「您好！幫您送上湯及麵包」；離去時，也可以補上一句：「請慢用」。

圖16-10　法式服務湯由客人右側服務

資料來源：君悅飯店提供

(三)沙拉服務

1.沙拉服務之先後順序，在今日美式餐廳大部分係在主菜前服務，不過現行餐廳，沙拉係以主菜之配菜（蔬菜）方式呈現，其目的乃在減輕及緩和主菜對胃之影響，也有助於客人下一道甜點之進食。

2.沙拉供應時無論餐廳係採用那一種服務方式，通常一律由客人左側來上桌服務。此時也要供應胡椒研磨器（Pepper Mill）給客人使用，或直接為客人服務（**圖16-11**）。國內餐廳有些還提供各式佐醬料，如千島沙拉醬供客人使用。

圖16-13　以研磨器為客人服務

(四)主菜服務

主菜服務爲全套餐飲服務的重點精髓所在，也是全餐的核心。如何精心設計來展示此主菜之風貌，爲餐廳服務品質之重要指標。謹將主菜服務之要領分述如下：

1.主菜服務前所需之餐具或設備均要事先準備好，如特殊餐具、旁桌或現場烹調車等設備或器皿，一切要準備就緒。
2.食物裝盛或切割時，動作要優雅熟練。主菜應先排盤好，然後再放置其他配菜，其擺設位置通常係將主菜置於餐盤中央稍低的位置，其上方再放置配菜。若配菜是另外以盤子裝盛，則必須在主菜上桌服務後，才將配菜端上桌。
3.主菜服務時若客人有點佐餐酒，則必須在此時同時爲客人倒酒服務。首先讓主人驗酒品嘗後，再先倒酒給女士，接著倒給男士，主人則最後才服務。
4.主菜服務的過程中，須注意隨時爲客人添酒及添加桌上之麵包。
5.當客人主菜全部用完時，可由客人右側收拾餐具，唯麵包奶油

碟盤及奶油刀要留下來。

(五)水果及乾酪

1.在歐洲水果及乾酪是分別供應，但是在美國大部分餐廳則爲一併服務。國內部分餐廳係僅供應水果，至於乾酪則與水果同時服務。
2.國外餐廳有部分業者係以乾酪及水果推車在客人桌旁展示服務，讓每位客人選擇所喜歡的水果及乾酪，再由服務員現場爲客人切割裝盤服務上桌。
3.此道菜服務完畢，此時客人桌上除了甜點所需之餐具外，其餘扁平餐具、盤子、調味料罐，以及麵包盤、麵包、奶油刀等均須收拾乾淨，並清除整理桌面。

九、餐中服務

西餐服務流程中的餐中服務，最重要的是給予客人最專注親切的適時適性服務。謹列舉其要分述如下：

(一)麵包供食服務要足量

西餐麵包的供應從上湯服務前開始，一直到甜點服務前，麵包均須足量供應客人之需求。除非客人表示不需要，否則客人桌上麵包盤應隨時有足量的麵包。國內少數業者卻僅以每人一至二粒（片）爲限，若不主動要求則不再供應，此作法有待商榷。

(二)適時爲客人服務酒水

1.客人桌上的水杯要隨時爲客人添加，尤其是不足三分之一杯時須主動爲客人倒水。不可讓客人水杯已呈空杯，靜置桌上而視若未睹。

2.隨時幫客人斟酒服務，除非客人表示不想再添加爲止。

(三)隨時注意餐桌桌面的整潔

1.每當客人用完一道菜，須立即收拾殘盤及使用過的餐具或杯皿，以維護桌面的清潔，使客人享有舒適的進餐環境。

2.收拾餐具除麵包盤與奶油刀係由客人左側進行外，其餘餐具一律自客人右側來撤收，並由客人左側清除桌上麵包屑之清桌（Crumbing / Brushing down）事項。此外應禁止當著客人面前刮除殘菜或在餐桌上堆疊殘盤。

(四)遵循殘盤三S處理原則

殘盤收拾後，須遵循下列三S原則：

1.刮（Scrape）：先刮去盤上殘菜（圖16-12）。

2.堆（Stack）：依序堆疊整齊，同規格尺寸者擺在一起。

3.離（Separate）：分類堆疊，再以托盤或手搬方式送到廚房清洗（註：此三S原則不宜在客桌上或客人面前進行）。

十、甜點及飯後飲料的服務

(一)甜點及飯後飲料的推薦

完美的餐飲組合係以開胃菜揭開系列服務之序幕，而以甜點及飯後飲料作爲全餐的結束。此時服務員可提供客人一份簡單的甜點菜

圖16-12　收拾殘盤須先刮除殘菜

單，以激發客人點選甜點的消費欲，或以擺設精美的甜點推車展示在客人面前，以吸引客人的注意力。

當客人點了甜點之後，順便推薦飯後飲料或飯後酒來搭配甜點，例如熱茶、熱咖啡、甘露酒（Cordials）、白蘭地或其他飲料，使客人在餐廳全體服務人員爲其精心規劃提供的全套餐飲服務中，能享有一個美好的回憶。

(二)甜點及飯後飲料上桌服務

1.甜點服務前須先清理桌面，將所有不需要的餐具、杯皿均收拾撤走。
2.將甜點、飯後飲料所需的餐具及備品，以托盤端到餐桌依規定要領擺設，甜點匙由客人右側放置，甜點叉自客人左側擺放。
3.若客人點香檳酒搭配甜點時，則於此時供應。
4.客人所點的飯後飲料由客人右側服務上桌；客人所點的甜點，除了美式服務由客人左側服務外，其他服務方式均由客人右側服務上桌，置於餐桌客人面前。
5.若客人係以咖啡或茶爲飯後飲料，則須另奉上奶盅、糖盅、檸檬片及檸檬夾，將上述備品置於餐桌中央。

十一、結帳

西餐服務的結帳要領與前述中餐服務的結帳相同，唯國外餐廳的結帳方式通常是將帳單置於鋪好餐巾的餐盤上，另外附上一塊美味可口的「特別之物」（Something Extra），如一片巧克力或一小塊薄荷糖，使客人在吃完一餐之後，在嘴裡能留下一種甜美的滋味，此作法值得國內業界參考。

十二、送客

當客人結帳完畢準備離席時，餐廳服務人員須暫時中止工作，協助客人移開座椅以便離去。同時要幫忙客人拿小件行李、外套，及任何留在桌上或寄存之物品。

主任、領班或領檯應站在門口向客人親切道別，並適時問候客人對於今天所安排的菜色與服務是否滿意？或是否有服務欠周全的地方，以眞誠懇切的態度來建立與顧客良好的互動關係。

十三、善後處理、重新擺設

為確保餐廳高雅的格調以及舒適的用餐氣氛，當客人離去之後，餐廳服務人員必須以最迅速有效率的動作，依照營運前服務準備的要領，盡速整理餐桌重新擺設就緒，以便迎接新來的客人，同時可避免影響其他客人進餐的情趣。謹將其作業要領分述如下：

(一)撤走殘杯、殘盤及使用過的餐具

1.收拾殘杯時，要一個一個拿取杯腳或杯子底部，放置於抗滑托盤上，嚴禁以手指伸入杯口或以五爪抓杯的作法來收拾殘杯。

2.殘盤收拾時，須遵守先刮、後堆、再分類送走的三S殘盤處理原則。

3.餐具要分類置於托盤後再端至廚房送洗。

(二)收拾餐桌中央備品及調味料罐

1.將餐桌中央所擺設的花瓶、鹽罐、胡椒罐等備品，以托盤先移到服務櫃暫時存放。

2.若有尚未使用的奶油、果醬則放回原存放處，至於其他物品則依類歸定位。

(三)清潔桌面及座椅

1.桌面上物品收拾乾淨。
2.檢視桌位附近地板是否乾淨，若有殘餘掉落物則應撿拾乾淨。

(四)更換新檯布

1.餐桌若鋪有頂檯布，除非上下檯布均弄髒，否則僅須更換頂檯布即可。
2.餐桌若僅鋪設大檯布，則更換新檯布時，最重要的原則為不可使桌面光禿外露。其要領須依檯布鋪設方法來操作。

(五)重新擺設

1.將移至服務櫃的原來備品再以托盤端送到餐桌，依餐具擺設要領完成規定擺設（圖16-13）。
2.將座椅歸定位，經檢視一切清理整理就緒即告完成。

圖16-13　重新擺設
資料來源：康華飯店提供

餐務作業

餐廳餐務作業流程始於營運前的準備工作，迄於收善餐務。餐廳收善餐務工作的好壞，攸關餐飲安全衛生及餐廳服務品質良窳，其重要性不言而喻。

餐廳收善餐務除了餐廳用餐區環境之清潔維護外，還囊括餐具之清理、廚餘與垃圾之處理，以及資源回收等等餐廳衛生之維護管理工作。爲使讀者瞭解餐飲企業收善餐務工作之作業要領，本單元將逐節分別予以介紹。

第一節　用餐區之清潔維護

餐飲衛生係餐廳服務品質的一項重要指標。餐廳之所以能吸引顧客前來，根據美國一項調查研究發現，有三項主要誘因，即精緻美食、親切服務及清潔衛生。由此可見餐廳用餐區之清潔衛生是何等重要。謹將餐廳用餐區環境之清潔維護工作及其維護管理分述如下：

一、建立餐廳衛生責任制

1.確立衛生責任制：對於餐廳用餐區之工作環境、設備、器皿及用品之清潔維護工作，可採用個人負責的責任區辦法，以定人、定時間、定任務、定責任的「四定」方式來落實用餐區之清潔及維護工作。

2.建立管考制度：指定專業管理部門，每天定期、不定期檢查各部門及各環境工作區之整潔與衛生品質，若發現問題應及時要求改善，並列入追蹤考核。

3.訂定餐廳清潔維護標準作業：針對服務人員在餐飲安全衛生及服務作業所要做的各項工作之操作步驟與要領，予以明確規範作爲服務人員操作之藍本，也可作爲考核之依據。

4.訂定工作輪值表：將清潔維護工作詳列，並分配給所有服務人員來分工合作。

二、培養服務人員個人良好衛生習慣

餐廳環境之清潔維護均須透過服務人員來完成始能竟功。如果服務人員個人衛生習慣欠佳，即使餐廳衛生管理工作投入再多人力、物力也無濟於事，功虧一簣，因此餐廳須加強培育其工作人員的個人衛生習慣：

(一)個人衛生習慣方面

1.清潔的工作服。

2.確保手部衛生，勤洗手，勤剪指甲。

3.確保儀容整潔及口腔衛生。

4.工作前，如廁後要勤洗手。

(二)衛生教育方面

1.定期舉辦員工衛生講習。

2.分發宣導手冊或傳單。

3.放映衛生教育影片及視聽媒體。

4.個別機會教育。

三、餐廳環境清潔維護須知

1.餐廳環境的清潔維護工作，必須做好事前整理，事後清理，平日小掃，定期大掃之工作。

2.訂定「工作輪值表」與「工作分配」，配合「責任制」來落實用餐區之清潔維護工作。

3.清潔維護工作係經常性的工作，唯最好利用營業時間以外的空檔來加強處理。

第二節　清理及分類餐具

爲確保餐廳高雅的進餐環境氣氛，在餐飲服務之過程中，對於客人已不再使用或多餘的餐具應立刻收走，尤其是殘杯與殘盤更應盡快優先清理乾淨，並予以分類整理後送洗，以隨時保持用餐室之整潔。本節謹就餐具清理收拾的原則、作業要領及其工作應注意事項予以介紹。

一、清理收拾餐具的基本原則

餐中清理收拾餐具的基本原則有下列三項：

(一)以服務員最遠離客人的手來收拾清理

1.所謂「最遠離客人的手」，係指須自右邊收拾時，服務員應以右手操作（圖17-1），若須自左邊服務則以左手爲之。此外，爲了服務方便起見，右側服務時須先上右腳，以右手服務；反之，自左側服務時須先上左腳，並

圖17-1　右邊收拾，以右手操作
資料來源：康華飯店提供

以左手來服務，此為服務的最基本原則。

2.中餐餐具收拾時，原則上係以服務員的右手，自客人右側來收拾殘盤殘杯。

3.西餐餐具收拾時，除了上菜服務係放置在客人左側之麵包盤碟與沙拉外，其餘菜餚盤碟、杯皿均以右手自客人右側清理。

4.上述麵包盤及沙拉盤皿則以左手由客人左側收拾。

(二)服務員以在不影響客人用餐情境下來收拾

清理收拾餐具以不妨礙客人最為重要，例如當服務員前往收拾殘盤時，依規範係由客人右側清理，但是若客人正與右側鄰座客人談話，此時服務員必須懂得權變，改由左側來清理收拾，以免妨礙客人的談話。

(三)服務員伸手時，以勿跨越客人正前方為原則

1.餐桌禮節強調勿伸手跨越鄰座取調味料罐，同樣道理，服務員也不應該為清理桌上殘盤、殘杯而伸長手臂跨越客人正前方來收取餐具。

2.服務時除了不跨越客人正前方外，盡量避免自客人正前方來收取餐具或服務茶水、菜餚。

二、收拾清理餐具的作業要領

餐具收拾清理不論中餐或西餐其作業流程大致相同，基本上必須先將殘盤或殘杯上的殘渣刮除倒掉，再分類堆疊後分開送洗。茲分述如下：

(一)殘盤收拾的要領

收拾殘盤的方法很多，在此僅介紹較常見的英式收盤法供參考：

1.首先服務員須先在客人右側向客人說聲：「您好！可以爲您收盤嗎？」以提醒客人注意。
2.服務員自客人右側，以操作手收取桌上殘盤，然後退到客人身後再左轉，並將殘盤轉交給持盤手。
3.持盤手以拇指在上，食指與中指分開在下的方式來夾取殘盤（**圖17-2**）。此時手臂呈直角彎曲，前臂與地面呈平行狀，至於拇指係壓在盤緣，以食指與中指來支撐盤子；無名指與小指則伸出盤緣外，指尖朝上，約與拇指同高度。其目的乃運用拇指根部，無名指尖以及小指尖構成「三角支撐點」，以擺放陸續收拾的殘盤（**圖17-3**）。

圖17-2　持盤的方法

圖17-3　以「三角支撐點」收拾殘盤

4.持盤手殘盤持穩之後，再以操作手將殘盤上之刀叉擺成「十字型」之交叉狀，再以拇指壓住叉柄固定之（**圖17-4**）。
5.依順時鐘方向走到第二位客人右側，以操作手拿取殘盤，然後退到客人身後再左轉，並將操作手殘盤置放在持盤手前述「三角支撐點」之位置，再以操作手將殘盤上的餐刀先插入第一盤餐叉之下面，然後以餐叉刮除殘盤殘渣於第一盤上。清理完畢，最後再將餐叉疊放在第一盤餐叉上面，到此即完成第二盤之收拾清理工作（**圖17-5**）。

6.依上述要領，可視手臂力量繼續收拾約六至八個盤子左右。

圖17-4　殘盤刀叉擺成十字形狀

圖17-5　收拾殘盤第二盤之姿勢

(二)殘杯、扁平餐具及其他餐具的收拾要領

1.收拾清理殘杯等各種餐具必須使用托盤來操作。

2.收拾殘杯必須一個一個，以手持杯腳或杯子底部的方式，將殘杯放置在抗滑托盤上。絕對不可將手指伸入杯口內，一次抓取數個杯子。

3.杯子、餐刀、餐叉、餐匙、碗、筷、味碟等餐具之清理，均要先剔除殘渣或倒掉湯水，再分類堆疊後以托盤搬運到廚房送洗，唯玻璃杯皿不可堆疊，以免破損或卡住。

4.大型宴會結束時，通常係以多功能餐廳服務車來收拾搬運（**圖17-6**）。唯仍須遵循刮、堆、離三S收拾殘盤之原則。

三、收善整理的作業原則

服務員在清理及分類餐具時，無論是在營業中或結束後，均須注意下列三項原則，另稱收善餐務工作三S原則。茲分述如下：

圖17-6 多功能餐廳服務車收拾搬運餐具

資料來源：華塑公司提供

(一)靜肅（Silence）

1.餐廳無論是否還有客人在進餐，服務人員收拾餐具時應盡量避免太大的聲響或碰撞聲，尤其當餐廳還有其他客人在用餐時，更要特別注意，以免影響客人用餐的情趣與氣氛。
2.收拾清理餐具時，不可大聲叫嚷或聊天，須盡速清理就緒再重新擺設。

(二)快速（Speed）

1.當客人結帳離去後，服務人員應以最迅速、最熟練的動作來收拾整理餐桌。一方面可準備再迎接新客人的光臨，提升營業額與翻檯率，另一方面也可保持餐廳高雅柔美的氣氛。
2.餐聽服務品質之高低與服務人員的工作士氣及工作效率息息相關，因此任何餐飲服務工作均須講究快速。

(三)安全（Safe）

1.餐聽收善餐務工作除了強調靜肅、迅速外，最重要的是安全第一。絕對不可爲了爭取時效而在忙亂中或一時疏失而刮傷、扭傷或跌倒。
2.餐盤搬運時絕對不可堆疊太高，或是搬運超過體力、臂力所能負荷之重物，以免發生意外傷害。

3.搬運餐具時須先依規格、尺寸大小，分門別類來搬運，絕對不可以將各種餐具混合堆砌在一起，因爲不但不雅觀，餐具也容易因碰撞而破損。

4.收善整理工作在安全方面，須注意下列幾點：

(1)避免奔跑或突然止步、轉身，以免碰撞。

(2)即時清除溢出之食物。

(3)即時將置於桌面邊與櫃檯面之盤碟放回原處。

(4)使用托盤方法要正確，以免盤碟滑落。

(5)勿將盤碟堆積過高，以防傾覆。

(6)咖啡杯柄要朝相對方向排列，才能相互緊密排列。

(7)勿以手指將數個玻璃杯持取在一起，以免邊緣碰碎或產生刮痕。

(8)須將容器之長柄移離熱板或櫃台邊緣。

(9)食櫥之門要隨時關好，以免不小心撞傷。

(10)須依規定門戶進出或按指定動線方向行走。

第三節　廚餘之處理

廚餘容易產生惡臭，孳生蚊蠅、蟑螂、老鼠，如果餐廳廚餘清理不當，將成爲餐廳病媒之溫床，也將影響餐廳廚房的安全衛生。如何有效來清理餐廳廚房因菜餚製備與供食服務所產生的大量廚餘，實爲今日餐飲業極爲重要的課題。

一、廚餘的定義

所謂「廚餘」係指飯菜殘渣，烹煮前撿剩之菜渣、果皮、肉類、生鮮、熟食或過期食品而言。易言之，餐廳所謂的廚餘係指餐廳營運時產生的剩菜、剩飯、蔬果、茶葉渣等有機廢棄物，以及廚房食材料理前後所產生的所有廢棄物或過期食品等，均統稱爲廚餘。

二、廚餘清理的方法

廚餘清理的方法，由於餐廳類型、規模大小不同，因此餐廳對於廚餘的處理方式不盡相同。一般而言，可歸納爲下列兩種方法：

(一)分類倒入有蓋密閉廚餘桶，再委外處理

1.餐飲業者將所有廚餘分類倒入廚餘桶內，暫存放於有空調的儲藏室，再委由公民營廢棄物機構每天統一集中處理。

2.廚餘桶必須有密閉的蓋子，且易於搬運及清洗（圖17-7），最好內置塑膠袋以利清理。

3.部分業者係將分類置放的廚餘，每天營業前或營業後由民間養豬戶前來收集清理。

圖17-7　廚餘桶須有密閉蓋子，且易搬運

資料來源：寬友公司提供

(二)運用殘菜處理機或廚餘粉碎機處理

1.有些餐飲業者係採用殘菜處理機（Garbage Disposal），又俗稱「鐵胃」，將大量廚餘投入此機械經磨碎後，再經脫水分離出液體排出下水道，剩餘粉末狀固體廚餘再密封貯存，然後才集中清運處理，其程序如下：

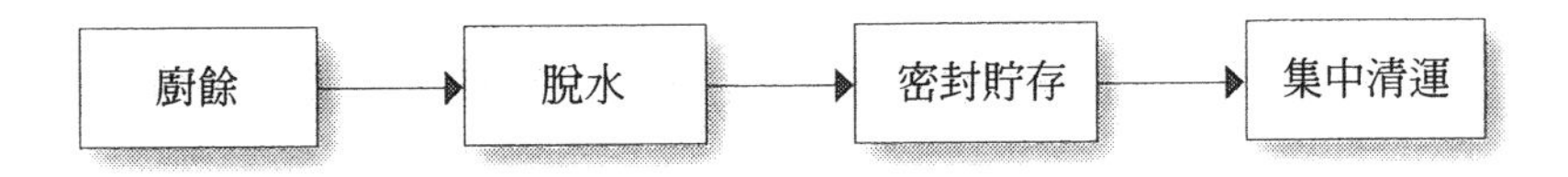

2.排放出的液體須經截油槽（Grease Pit）處理後，才可排放入下水道，否則容易造成環境污染。

三、清理廚餘應注意事項

廚餘清理工作最重要的是分類、迅速、衛生、安全，茲分述如下：

(一)分類

1.堆肥廚餘：如果皮、蔬果、葉片、茶葉渣及未經煮過之食材廢棄物等有機物。
2.養豬廚餘：除上述生鮮未經煮過之廚餘外均屬之。

(二)迅速

1.細菌繁殖速度甚快，如腸炎弧菌在常溫下，平均每二至十五分鐘即分裂一次，如果餐廳廚餘任其置放在工作場所，而未及時清理，很快將會腐敗產生惡臭，並成爲餐廳廚房各種病媒之溫床。
2.任何廚餘均須立即放進有蓋的廚餘分類桶內，不可任意棄置於工作場所。

(三)衛生

1.廚餘桶須內置塑膠袋，以利清洗。
2.每回作業完畢，應立即清洗並消毒。廚餘桶內外及四周環境須以消毒液消毒。

(四)安全

1.廚餘存放區須遠離生產製備區，最好3公尺以上。

2.廚餘存放區通風要良好，最好有室溫控制，以免溫度太高，再加上置存時間太久而產生強烈異味、惡臭。

3.須有密閉容器，以免招引蚊蠅、蟑螂、老鼠等昆蟲及齧齒類動物因接觸食品而產生二次污染。

第四節　垃圾之分類

為保育生態環境珍惜社會有限資源，使國人能享有一個清新、不受污染及公害威脅的高品質健康生活環境，目前政府正積極推動綠色產業——資源再生利用計畫。為響應政府此綠色環保政策，當務之急乃有賴全國朝野上下一致做好「垃圾分類」的工作。依據我國現行垃圾強制分類的政策規定，垃圾可分為下列三大類：

一、一般垃圾

所謂一般垃圾，係指日常生活作息所產生的廢棄物而難以回收再生利用者。易言之，除了資源垃圾與廚餘以外的任何廢棄物均屬之。

二、資源垃圾

資源垃圾係指可回收再生利用的下列廢棄物而言：

1.容器類：如紙容器、鋁箔包、鐵鋁罐、玻璃瓶、塑膠類（含乾淨的塑膠袋，污損者直接丟棄）、寶特瓶、清潔劑瓶、洗髮精瓶、沙拉油瓶、保麗龍等免洗器具及乾電池等等均屬之。

2.機動車輛：如汽車、機車等等。

3.車輛零件備品：如輪胎、鉛蓄電池、潤滑油等。

4.電子電器物品：如電視機、洗衣機、電冰箱、冷暖氣機等等。

5.資訊物品：如電腦以及其周邊設備貼有可回收標誌者。

三、廚餘

廚餘依回收方式及其內容可分爲下列兩類：

1.養豬廚餘：如餐廳廚房的殘菜、剩飯、魚肉類、內臟、熟食及過期食品等適合豬飼料者均屬之。

2.堆肥廚餘：如烹煮前撿剩之菜渣、蔬果、果皮、茶葉渣、咖啡渣、落葉、花材及酸臭食物等不適合餵豬之廚餘均屬之。

第五節　餐廳資源回收之處理

爲維護大自然生態環境，避免生活環境遭受破壞或二度污染，我們必須積極配合政府共同來發展綠色產業，做好垃圾分類及資源回收的再生利用。消極面而言，可降低垃圾污染；積極面來說，資源回收可再創造價值，並可培育惜福愛物的美德。

一、資源回收的意義

資源回收的意義可分別就下列幾方面來探討：

(一)消極面而言

1.避免生態環境遭受污染破壞：

(1)廚餘是餐廳垃圾中量相當大且可回收的廢棄物，由於易腐敗產生惡臭，孳生蚊蠅，若未妥善處理將成傳播病媒的溫床，也影響居住環境的生活品質。

(2)乾電池、鉛蓄電池等含鉛有毒的重金屬若任意棄置於地，將會污染水質及土壤，造成生態環境的破壞（圖17-8）。

(3)塑膠類容器或廢棄輪胎任意棄置於地，將成登革熱傳染的元兇；若任意焚燒則會產生戴奧辛，影響空氣品質造成公害。

2.垃圾減量，減少垃圾處理成本及資源浪費：

(1)根據環保署統計，有機廢棄與可回收資源約占一般家庭垃圾71%以上，若以餐廳而言其比率將更高。

(2)資源回收之後，也可減少餐廳垃圾委外處理清運之開支。

圖17-8　廢棄電池要回收，以免污染環境

(二)積極面而言

1.資源回收利用，再創造經濟價值：將有機資源回收，不僅可供作養豬飼料，也可供作堆肥，作爲改良酸鹼化土壤，增進農業用地的生產力，綠化美化大地，發展觀光休閒農業。

2.資源回收，可改善生態環境，提升生活環境品質：由於資源的回收，可減少生態環境及生活環境之污染，增進綠化，清新空氣，有益身體健康。

3.培養國民惜福、惜緣、愛物的良好美德：經由廢棄物之再生利用，可培養餐旅從業人員珍惜資源之良好生活習慣，也可消弭社會資源浪費之不良習慣。

4.資源回收具多元化效益：資源回收對社會、經濟、環境及教育等各方面均有相當正面的效益。

二、資源回收的管道

資源回收的管道，計有下列幾種方式：

(一)採外包方式，委外資源回收

1.此方式較適合觀光旅館，大型餐飲業等廚餘量大且資源垃圾較多的餐廳、機關團體所採用。

2.此外包方式係將垃圾事先分類，集中於貯存場所，再由外面回收廠商或廢棄物清理機構每天前來清除（圖17-9）。

圖17-9　垃圾清運子車
資料來源：寬友公司提供

(二)送交環保局清潔隊回收點

1.一般中小型餐飲業每日廚餘或資源垃圾量不大時，可運用環保局設置於社區或公共場所之資源回收點清理。

2.至於較大件資源回收垃圾，可利用資源回收專線「0800-085717」（您幫我清一清）來協助清理。

(三)自行參與資源回收工作

1.將廚餘自行回收利用或標售給民間養豬業者，以增加營業收入。

2.自行將保麗龍、塑膠類、鐵鋁罐類、紙類等等資源垃圾運至一般資源回收場販賣，也可有一筆額外收入，可供作員工福利。

(四)委由慈善團體回收資源

目前有一些社福或慈善團體也有在從事資源回收的工作，如慈濟功德會即是例。

(五)其他

環保局在每週「資源回收日」，均會在各回收點協助清理資源垃圾，另外在國內各地也均設有資源回收點可資利用，如大型販賣場、社區、機關團體以及各公共場所等均有回收點。

第三篇　自我評量

一、解釋名詞

1. Steward Department
2. Room Service
3. Sommelier
4. Lazy Susan
5. Flambé Trolley
6. Silence Pad
7. Finger Bowl
8. Pilsner Glass
9. Cycle Menu
10. California Menu
11. à La Carte
12. Kashrut
13. Hors d'oeuvre
14. 三P
15. State Banquet
16. Mise en Place
17. Service Station
18. Hand Carry
19. Table Setting
20. Cover
21. Center Pieces
22. Platter Service
23. Silver Service
24. Guéridon Service
25. Buffet Service
26. Counter Service
27. Show & Check Wine
28. Aperitif
29. Espresso Coffee
30. Medium Rare
31. Well Done
32. Sunny Side Up
33. Over Easy
34. Poached Egg
35. Omelete
36. 三S

二、問答題

1.目前大型國際觀光旅館之餐飲部，通常下設許多部門，來推展餐飲營運業務，其中那一部門係位居餐廳外場與廚房調理之居中協調的後勤支援單位？其主要工作職責爲何？

2.請說明下列餐飲從業人員之主要工作職責：
(1)Hostess (2)Chef de Rang
(3)Commis de Rang (4)Chef de Vin

3.如果你正在籌備一家法式餐廳，請問你在採購餐桌椅時會考慮那些方面？試申述之。

4.餐廳設備常見的是服務員的工作檯，另稱服務櫃或服務桌，通常此工作檯所擺放的備品或器具有那些？試列舉之。

5.請以中英文列舉中、西餐餐桌常見的陶瓷餐具各四種。

6.目前高級餐廳銀器餐具之使用頻率甚高，且備受歡迎，唯清潔不易，請問此類餐具應如何保養維護？試述之。

7.如果請你設計一份菜單，你會考慮那些要件？試述之。

8.何謂“Menu Engineering”，試述其功能。

9.如果您是宴會主人，當您宴客名單中有回教徒與猶太教徒，請問您在研擬菜色時須特別注意那些事情？爲什麼？

10.試述飲料單及酒單的意義，並說明其種類。

11.正式宴會席次安排須遵守的基本原則有那些？試述之。

12.餐桌進餐的禮儀很多，請就如何正確使用西餐餐具提出個人的看法。

13.中餐主要的餐具爲筷子，你知道宴席中筷子使用的禁忌嗎？請列舉之。

14.餐廳服務之準備工作有那些？試摘述之。

15.餐具清潔擦拭之作業流程及要領爲何？試以杯盤餐具之擦拭

爲例，加以說明之。

16.餐廳常見的餐巾摺疊式樣很多，主要可歸納爲那幾大類？並請說明其摺疊時應遵循的基本原則。

17.餐廳服務車種類很多，其中以多功能服務車最爲普遍，如果請你來操作此服務車，請問你會注意那些事項？試申述之。

18.你認爲餐飲服務人員在提供客人餐具服務時，應事先考慮的基本原則有那些？試申述之。

19.試就目前中餐小吃、中餐宴會，以及貴賓廳房的餐桌擺設方式予以比較其不同點。

20.西餐餐桌擺設時，須加以考量的基本原則有那些？試摘述之。

21.餐廳餐桌服務的方式主要可分爲那幾大類？試述之。

22.西餐餐桌服務的方式當中，以那一種翻檯率最高、服務最爲快速？並請說明此服務方式的特性。

23.當今美國精緻美食高級餐廳所採用的服務方式爲那類型服務？其服務的特色爲何？試述之。

24.國內外高級餐廳目前均兼採用旁桌服務方式來吸引顧客，唯此服務方式有些缺點及一些操作時應特別注意的事項，你知道嗎？請摘述之。

25.自助式餐飲服務已成爲時代潮流，你認爲此服務方式之所以廣受歡迎，其原因何在？試述之。

26.何謂"Room Service"？此類服務作業流程爲何？試摘述之。

27.法國著名化學細菌學者Louis Pasteur說：「葡萄酒是種有生命的飲料。」你相信嗎？爲什麼？

28.餐會上，如果請你點選兩種以上的葡萄酒，你會選擇那兩種酒？爲什麼？

29.近年來，每年11月的第三個星期四凌晨，全世界酒黨均會同

步狂歡法國薄酒萊（Beaujolais）品嘗會，如果你受邀參加該宴會，你知道如何正確鑑賞此美酒嗎？

30.餐前酒與餐後酒的特性有何差異？請你想一想。

31.美味茶飲與香醇咖啡的沖調要領是否一樣？你能否在家自行調製二份愛心飲料請父母品嘗看看。

32.如果你是餐廳領檯人員，請問你應當注意那些事項，始能扮演好此領檯之角色？試述之。

33.你認爲一位優秀餐飲服務員在接受客人點菜時，須注意那些作業要領？試列舉其要說明之。

34.何謂上菜服務？請就中餐宴席上菜服務之作業要領摘述之。

35.西餐服務的方式有多種，唯其服務流程大致一樣，請就你所知將常見的服務作業流程摘述之。

36.爲提升餐廳服務品質，建立良好餐廳企業形象，你認爲餐廳應如何加強用餐區的清潔維護管理工作呢？請提出你個人的看法。

37.清理收拾餐具的基本原則有那幾項，你認爲那一項最爲重要？爲什麼你認爲它重要？請談談你的看法。

38.如果一次要徒手收拾清理五份主菜殘盤，請問你能否勝任此工作？請試以英式殘盤收拾法自我練習。

39.何謂廚餘？你認爲餐廳廚房應該以那些方法來有效清理廚餘較好？

40.目前政府正積極推展垃圾分類與資源回收的綠色產業，你認爲資源回收有何意義？

三、術科實作題

1.請就菜單設計之原則，自行設計一份精美實用的菜單。

2.請就席次安排的原則，依序安排桌次，如主桌、次桌……桌數分別爲二桌、三桌、四桌、五桌。

3.餐巾摺疊實作，分別試以杯花、無杯花（盤花）各三種形式來實作；時間約十分鐘。

4.檯布鋪設實作，分別以鋪設檯布及更換檯布兩單元來實作；時間約十分鐘。

5.請依中餐餐桌擺設的要領，完成下列形態的餐具擺設：

(1)中餐小吃餐桌擺設

(2)貴賓廳房餐桌擺設

(3)六人份中式宴席餐桌擺設

6.請依西餐餐桌擺設的要領，完成下列形態的餐具擺設：

(1)基本餐桌擺設

(2)法式單點餐桌擺設

(3)二人份西式菜單餐桌擺設

（菜單內容：煙燻鮭魚、海鮮湯、肉類主菜、蛋糕）

7.請依酒會服務作業之要領，規劃設計聖誕酒會的場地布置。

(1)地點：專業實習教室。

(2)對象：親朋好友。

(3)主題：聖誕酒會。

(4)內容：酒會場地空間配置、檯形設計、動線規劃、主題氣氛營造。

8.托盤實作，請分別以平托法與肩托法兩單元來實作練習，托盤上須置放裝滿杯之水杯三個；準備檯與操作檯之距離至少10公尺；時間十五分鐘。

9.餐具服務技巧實作，以指夾法與指握法兩種方式來練習派送圓麵包之服務，時間十分鐘。

四、教學活動設計

綜合活動(一)

主題	餐具的認識
性質	欣賞教學、分組練習方式，使學生熟悉各類餐具
地點	專業教室或實習餐廳
時間	30分鐘
方式	1.教師先介紹各類餐具之名稱、用途及其特徵，使同學能有基本認識。 2.教師將所有各式餐具，如金屬類、玻璃類、陶瓷類……等，予以分類集中放置餐具檯面上。 3.教師將全班分組，並請各組推派代表一名參加挑選餐具之比賽。 4.教師公布所要挑選出來的餐具名單，並由各組推派代表抽選試題，依序自餐具檯選取餐具，並置放於各組展示檯（限時十分鐘）。 5.教師最後評分，並綜合講評。

綜合活動(二)

主題	餐具之識別
性質	餐具認知能力評量
地點	專業教室
時間	15分鐘
方式	1.餐具工作檯事先擺好各式刀、叉、匙、杯皿，以及各式餐盤、托盤各五套於餐具檯備用。 2.每梯次以五位同學參加測驗爲原則。 3.教師先備好五份載明不同餐具名稱之評量題目，請同學抽選，再依所選試題內容前往工作檯選取餐具。 4.同學選取餐具須以正確姿勢操作，並以托盤爲之。 5.教師綜合講評。

綜合活動(三)

主題	餐巾摺疊
性質	期中術科能力評量
地點	專業教室
時間	每梯次20分鐘
方式	1.測驗前，教師先備妥五份試題籤，每份試題有杯花與無杯花各五種不同款式之餐巾摺疊名稱。 2.測驗時每梯次有五位同學受測。先抽題目，再依題目內容所示款式來操作。 3.每位同學站在指定操作檯正後方準備受測，試題一律置於操作檯左下角。 4.哨音響即開始計時，全程二十分鐘。 5.完成作品須依序排列整齊，力求整體美。
評分標準	1.在規定時間內正確完成餐巾摺疊。 2.成品須美觀大方、具創意。 3.動作熟練、儀態端莊。 4.良好安全衛生之工作習慣。

評分標準

評分表

項次	評分項目	評分內容	配分	評分	總計
1	服裝儀容（15%）	1.整潔服裝（工作服）	10		
		2.儀容端莊	5		
2	動作熟練（15%）	1.姿勢正確	5		
		2.動作迅速	5		
		3.時間控制	5		
3	衛生習慣（10%）	1.工作習慣	5		
		2.手指甲衛生	5		
4	工作態度（10%）	1.愛惜公物	5		
		2.敬業精神	5		
5	成品展示（50%）	1.創意	10		
		2.美感	20		
		3.雅致	20		
評審人員			總分		

綜合活動(四)

主題	餐桌檯布鋪設及更換
性質	期中術科能力評量
地點	專業教室
時間	每梯次10分鐘
方式	1.測驗前，教師先指定同學在餐具檯備妥摺疊整齊、漿燙好的乾淨白色檯布三十條，以及操作檯（西餐方桌）五張備用。 2.測驗時，每梯次五位同學受測，每梯次測驗時間十分鐘。 3.測驗時，每位同學先到餐具檯選取白檯布二條，置於操作檯旁邊的椅子上備用。 4.哨音響即開始計時，先取一條檯布，依檯布鋪設要領完成鋪設動作後，再進行檯布更換作業。 5.經評分完，立即進行善後收拾工作，將檯布重新摺疊整齊放回餐具檯歸定位，再回到操作檯站好，等候教師指令，始完成全程測試。
評分標準	1.服裝儀容整潔，工作態度良好。 2.動作熟練，技巧純熟。 3.成品美觀。 4.良好安全衛生之工作習慣。

評分表

項次	評分項目	評分內容	配分	評分	總計
1	服裝儀容（15%）	1.整潔服裝（工作服）	5		
		2.儀容端莊	5		
		3.手指甲衛生	5		
2	動作熟練（15%）	1.姿勢正確	5		
		2.動作迅速	5		
		3.時間控制	5		
3	工作習慣（10%）	1.安全習慣	5		
		2.衛生習慣	5		
4	工作態度（10%）	1.愛惜公物	5		
		2.敬業精神	5		
5	成品展示（50%）	1.鋪設檯布	20		
		2.更換檯布	20		
		3.整潔美觀	10		
評審人員			總分		

第四篇
旅館服務

單元學習目標

- 瞭解旅館的商品
- 瞭解旅館組織及其部門的工作職責
- 瞭解旅館旅客遷入與遷出之作業要領
- 瞭解旅館客房的設備、器具與備品之維護管理要領
- 瞭解旅館客房的類別及床鋪的標準規格
- 熟練國內外鋪床作業的要領
- 熟練餐旅服務技術士檢定的鋪床要領
- 熟練旅館公共區域之清潔維護作業技巧

旅館的組織與各部門的工作職責

旅館是一個勞力密集的服務事業，其主要商品爲服務。爲使旅館營運順暢，達成預期營業目標，務須仰賴每位員工共同努力，相互合作，發揮團隊精神，始能竟事。因此，爲了使每位員工有明確的工作目標與努力方向，並使其瞭解彼此間之隸屬關係及各部門的工作職責，旅館乃根據其營運目標與營業性質，運用組織系統圖來顯示其指揮系統，期使全體員工能有所依循，一起努力來達成共同理想目標。

第一節　旅館的商品

二十世紀初，美國連鎖旅館創始人，享有「旅館大王」之稱的Statler云：「旅館所賣的商品只有一種，那就是服務」。易言之，旅館就是出售服務的企業。

旅館所賣的商品主要有四大項：環境、設備、餐食與服務，不過均須經由服務人員專業技能與親切接待服務，始能彰顯其優質溫馨的品質。質言之，旅館的商品可歸納爲兩大類，即有形的商品與無形的商品。茲分述如下：

一、有形的商品（Tangible Products）

1.環境：係指旅館外部的環境，如建築造型外觀、地理位置及周邊景觀；內部環境係指室內布置、裝潢設備、綠化美化。旅館室內與室外環境均須能滿足旅客安全舒適、溫馨寧靜之需求。

2.設備：旅館的設備除了雅致溫馨的客房住宿設施外，尙須提供休閒性、安全性、便利性、娛樂性、機能性等等服務性多元化設備，以滿足旅客之需求。

3.美食：旅館所提供之佳餚須具特色，除了滿足旅客視覺、嗅覺、味覺之享受外，更能陶醉在高雅的餐飲文化進餐環境中。

二、無形的商品（Intangible Products）

所謂旅館無形的商品係指服務（Service）而言，旅館的服務除了提供現代化設施、設備之物的服務外，還提供親切溫馨的接待人員之服務。

第二節　旅館的組織

一、旅館的組織

由於每家旅館營運規模、營運性質、營運對象均不同，因而其組織形態與架構也不一樣。一般而言，旅館的組織概略可分為下列兩大部門（圖18-1）：

(一)外務部門（Front of the House）

1.所謂外務部門，係指前場營業單位，另稱「前檯」，乃指與客人有直接接觸的旅館營業單位而言。

2.外務部門計有：客務部、房務部、餐飲部、公關行銷部，以及其他營業單位如商務中心、商店街、健身育樂中心、租賃部等等。

(二)內務部門（Back of the House）

1.所謂內務部門，係指後場管理單位，另稱「後檯」支援單位，

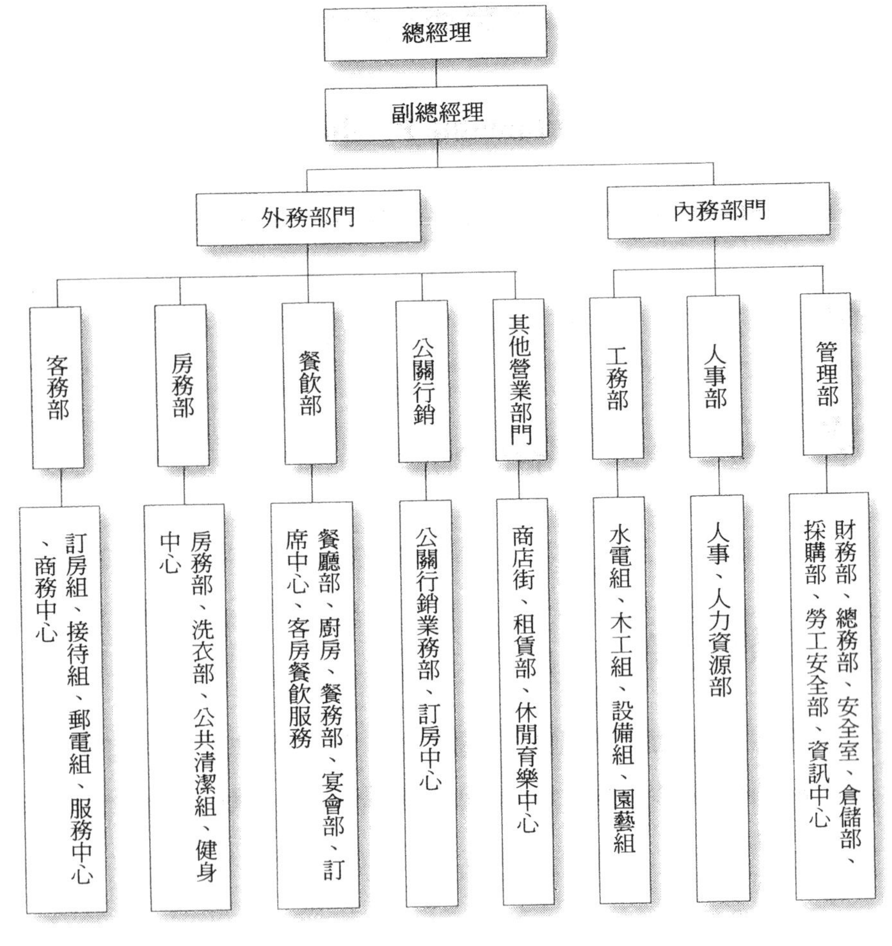

圖18-1 大型旅館組織圖例

乃指負責支援旅館前檯營業單位，以提供適切服務之管理單位。

2.內務部門計有：行政單位如人事、總務、採購、管理、資訊中心；財務單位如會計、出納；工務單位如水電、木工。

二、旅館各部門的工作內容

(一)客務部（Front Office）

客務部之主要工作爲：房間出售、訂房、住宿登記、郵電傳眞、鑰匙保管、旅客行李搬運、詢問服務、外幣兌換、客帳處理等工作。

(二)房務部（Housekeeping）

房務部之主要工作爲：客房之清潔與維護、公共場所之清潔、布巾之洗滌管理，以及旅館客房備品之補充與申購，此外有些旅館尙設有健身中心。

(三)餐飲部（Food & Beverage）

餐飲部之主要工作爲：旅館各餐飲單位之餐飲銷售服務、各餐廳之清潔維護管理，以及各廚房之生產製備管理。

(四)工務部（Engineering）

工務部之主要工作爲：負責旅館所有硬體設施及設備之維護、修繕工作，如冷氣、空調、水電、燈光音響、冷凍冷藏設備等之維修保養工作。

(五)公關業務行銷部（Marketing & Public Relation）

公關業務行銷部之主要工作爲：負責旅館各項產品之推廣、行銷工作。有些旅館係將公關與業務行銷分開，獨立設置。

(六)人事部（Human Resource）

人事部之主要工作爲：負責旅館人員之任用、考核、勤惰、差假、福利、勞保等作業。有些旅館係稱爲「人力資源部」，部分旅館如台北喜來登另設「教育訓練中心」。

(七)管理部門（Management）

旅館管理部門有：財務部、總務部、採購部、安全部以及勞工安全衛生部簡稱「勞安部」。另外，部分旅館還設有資訊中心或電腦室。

三、旅館其他營業部門

旅館營收原來係以客房收入與餐飲收入爲主要來源，但近年來，由於住房率下降，使得旅館更加重視國內市場之開拓，期以增加營收，使得旅館其他營業部門漸漸受到重視，在旅館中之地位也因而提升不少。謹將目前國內大型旅館附屬之營業部門，介紹如下：

1.美容院（Beauty Saloon）。
2.三溫暖（Sauna Bath）。
3.網球場（Tennis Court）。
4.游泳池（Swimming Pool）。
5.高爾夫球場（Golf Links）。
6.會員俱樂部（Member's Club）。
7.夜總會（Night Club）。
8.商店街（Shopping Store）。
9.主題遊樂區（Theme Park）。

第三節　客務部的工作職責

客務部另稱「旅館部」或「前檯」。早期旅館規模較小，並無獨立設置客務部，僅泛稱之爲客房部。唯近年來旅館規模趨大，乃將房務單位獨立並升格爲房務部。目前大部分旅館之客務部係包括：櫃檯、大廳、服務中心等單位。茲將其主要工作職責摘述如下：

一、櫃檯接待作業

(一)出售客房，調配客房

■瞭解房間狀況

確實由訂房組核對訂房表，再配合房務部房間檢查報告表來瞭解房間狀況，以便將空房能銷售給沒有預約的旅客（Walk-In），以及臨時要求延長住宿的旅客。

■房間狀況控制表

房間狀況控制表之記錄要項有下列幾項：

1.空房（Vacant Room）。
2.散客（Foreign Independent Tour, FIT或Foreign / Free Independent Traveler / Tourist, FIT）。
3.團體（Group）。
4.預定抵達（Expected Arrival）。
5.預定退房（Expected Departure）。

6.取消訂房（Cancellation）。
7.訂房但未到達或出現（No-Show）。
8.提早退房（Early Check-Out, Understay）。
9.延長住宿（Extension, Overstay）。
10.臨時訂房（Additional/Adds）。
11.今天準備退房的客人或房間（Due Out=Due to Check Out Today）。
12.預估可售房間（Available）。
13.當日住房率（Today Occupancy）。
14.公務用住宿（House Use）。
15.故障房（Out of Order, OOO）。
16.免費住宿招待（Complimentary）。

(二)房間分派

須制定房間分配表（Master Arrival Report），此表務必在客人到達當天中午十二點前完成，以利客人進住。

(三)住宿登記手續作業

住宿登記的目的除了依法規辦理外，主要目的乃在獲取客人資料、分配房間、訂定價格及瞭解客人住宿天數。

■一般住客登記手續

一般住客登記手續要領如下：

1.先詢問客人是否已訂房？是否有在等待信件？
2.已訂房者，可從旅客抵達名單（Arrival List）上找出客人姓名，並立即取出該旅客資料夾（Folder）。旅客資料夾計有：
(1)保留預定房間表。

(2)住房登記表。

(3)鑰匙卡。

(4)郵電、信件、留言。

3.幫客人填寫住房登記表（表18-1）。

4.依客人要求房間種類，找出其所要的房間，再填房號於登記表上。

5.最後再與客人確認停留時間、付款方式，確認後將鑰匙及資料一起交給客人，整個工作始告完成。

■未訂房旅客進住登記手續

未訂房的旅客進住登記處理要領如下：

1.未訂房旅客與訂房旅客一樣重要，唯須要求旅客預付訂金，約一天房租，另加10%服務費。

2.旅客如係刷卡，則僅須在空白信用卡付帳單上先簽名即可，若該卡片無問題，則可不必預先在刷卡單上簽字。

■團體旅客住宿登記

1.團體住客登記之手續係由櫃檯人員代為登記，並將鑰匙全部交給領隊轉發客人。

2.團體旅客進住，須先將房間分配好，避免大廳擁擠。

(四)超額訂房（Overbooking）

旅館為了提高其住房率，在旺季時往往會根據以往已訂房又未報到之比率，作為決定超額訂房之數目。易言之，係指接受比實際可銷售房間數還多的訂房，通常約為3%至5%。

旅館處理超額訂房的方式，其作業要領如下：

1.旅館須負擔將旅客自機場接送到其他同等級的飯店，以及次日

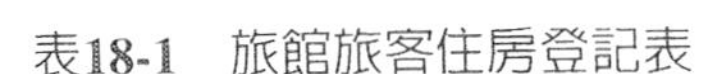

表18-1　旅館旅客住房登記表

PLEASE IN BLOCK LETTERS

RV NO.	ARRIVAL DATE & TIME		DEPARTURE DATE & TIME
RM TYPE	RM NO.	RM RATE	NO. OF GUESTS

姓名
FULL NAME ____________________
LAST　　FIRST　　MIDDLE

出生年月日
DATE OF BIRTH ____________　　護照號碼
YEAR　MONTH　DATE　　PASSPORT NO. ____________

配偶姓名
NAME OF SPOUSE ____________　　國籍
NATIONALITY ____________

公司名稱
COMPANY NAME ____________________

地址
ADDRESS ____________________

____________________　　電話
TELEPHONE ____________

付款方式
SETTLEMENT OF ACCOUNT　☐CREDIT CARD　☐CASH　☐VOUCHER
☐OTHER ARRANGEMENT ____________

簽名
GUEST SIGNATURE ____________　　接待員
RECEPTIONIST ____________

備註
REMARKS ____________________
____

1.10% SERVICE CHARGE ON ROOM, FOOD & BEVERAGE.
2.NO PERSONAL CHECKS WILL BE ACCEPTED.
3.PLEASE SETTLE YOUR ACCOUNT WITH THE CASHIER EVERY FIVE DAYS.
4.IF EXTENSION OF STAY IS NEEDED. PLEASE CONTACT REGISTRATION DESK.

資料來源：圓山大飯店提供

接回本旅館之免費接送服務。

2.房間預先放置好花、水果及卡片，以便次日客人接回旅館時，能立即安排其進住。

3.次日須由旅館經理或副理親自前往負責接回旅館，以示歉意。

4.如果旅館只是一般房型售完，則對於已訂房且準時到達之旅客，應予以無償升等。

二、旅館訂房作業

(一)中央訂房中心

訂房人員透過訂房中心能與各地旅行社、客戶接觸，容易掌控市場需求並即時作業。此中心的設立，如果全國僅一處，萬一停電或電腦當機出問題則無法運作，此爲其缺點。

(二)旅館訂房的方式

1.電腦網路訂房——未來訂房的主流。

2.電話訂房——最普遍使用的一種方式。

3.書信訂房。

4.客人親自訂房。

5.電報、傳眞訂房。

(三)訂房作業流程圖（圖18-2）

1.接到訂房時，先查看訂房表是否有空房。

2.若尚有空房，即可報價。

3.顧客同意，即編製訂房資料卡（表18-2）。

4.告知顧客訂房代號。

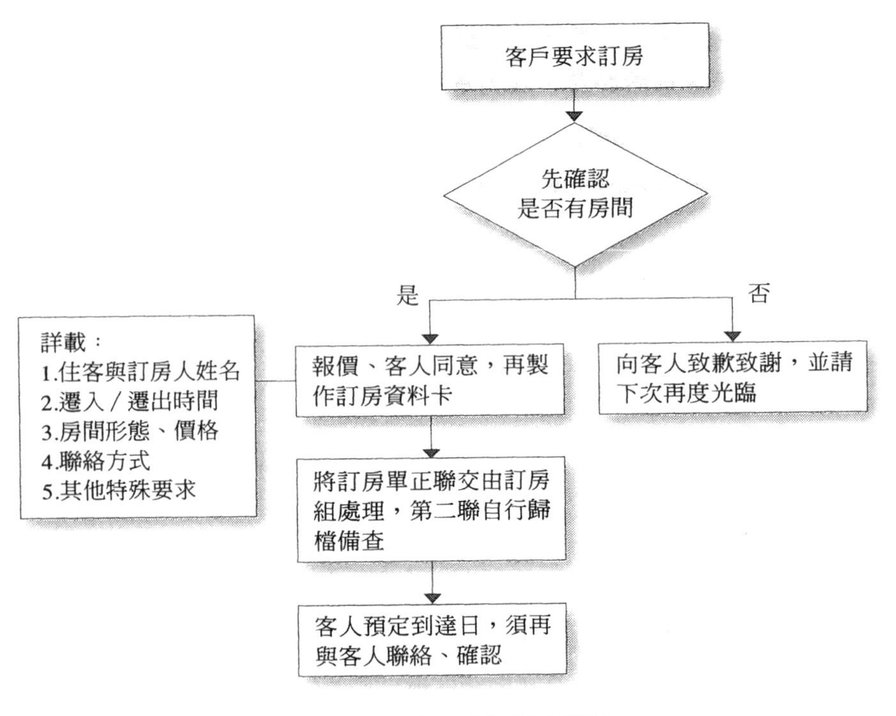

圖18-2　旅館訂房作業流程圖

表18-2　訂房資料卡

旅館 ________________ 抵達日期 ________ 離開日期 ____

住宿天數 ________ 抵達班機 ____ 抵達時間 ____ 接機服務 ____

客人姓名 ________________ 電話 ________ (H) ________

傳眞 ________ e-mail ________ 住址 ________

房間形態 ____ 房價 ____ 房間數 ____ 客人數 ____ 加床 ____

訂金 ________________ 付款方式 ________ 自付□　公司付□

聯絡人姓名 ________ 聯絡人電話／傳眞／e-mail ________

特殊需求 ________________________________

____

____

旅行社□ ____ 公司□ ____ 訂房方式　電話□　傳眞□　e-mail□

訂房日期 ____ / ____ / ____　　訂房人員姓名 ________

資料來源：孫瑜華（2004）。《餐館與旅館管理》。

(四)旅客接受訂房後，可能會有下列四種情況發生

1.旅客如期要求進住。
2.旅客更改要求後，才進住。
3.旅客取消訂房。
4.旅客未取消，也未如期進住。

(五)訂房促銷的技巧

1.勿對客人說「沒有房間」、「房間全賣完」之類不得體的辭令，而是以抱著一種歉意態度委婉向客人說明，因「訂房已滿，沒有空房」。
2.訂房員與客人講話時，盡量要求以「我們」代替「我」之字眼。
3.盡量促銷較貴的房間給客人，並且要詳加解說該房間之特色，使其感覺到「物超所值」。
4.盡量告訴客人現在是旺季，所以客滿，而非告知客人有團體進住所以客滿。

三、旅館郵電、詢問工作

旅館郵電工作主要係負責館內、外客人進出的郵件、包裹、電報、傳眞、留言以及客人的詢問服務事宜。

(一)提供旅館及市區設施之諮詢服務

1.預先準備旅館設施、市區設施及全省重要資訊資料，以備客人詢問時提供適時的服務。
2.櫃檯上備妥旅館卡，或印有「請帶我到○○飯店」之卡片，以供客人外出取用。

3.任何問題在回答時，態度要誠懇、語氣要親切，且要肯定、明確，忌諱語焉不詳或模稜兩可之回答方式

(二)旅客留言（Message）之處理服務

所謂「旅客留言」，係指任何來自館內或館外的旅客電話、書信、傳真或「口頭」等方式傳遞的訊息均屬之。其處理要領如下：

1.接到留言應立即處理，並在十五分鐘內送到客房，同時要打上時間，再簽名以示負責。
2.住客房間號碼，無論如何絕不可告訴他人。
3.即使對方保留下「姓名」，也須視為留言來處理。
4.若有訪客想找客人，可提供館內電話供其使用，勿讓訪客逕自上樓。

(三)電報、傳真及信件包裹的處理

1.首先查出訪客姓名及房號，再將電報、傳真放入信封內轉交給旅客。
2.若旅客外出，則將留言通知書或該信封放在客人鑰匙格（Key Rack）內，等客人回來再交給他。
3.若客人鑰匙並未在格內或未外出，則將客房留言燈打開，再請行李員將留言通知送到客房，通知客人來領取。
4.若客人已退房或取消訂房，則須查閱近期客人是否有第二次訂房，若有則註明訂房日期暫放抽屜內，但每天要核對，等到客人進住時，再一併交給他。若客人仍未再進住，則所有信件保留「兩週」，兩週後若無人領取，則退還寄件人。

(四)電話總機工作

電話總機（Operator）之工作重點，係負責館內外電話、國際電話、喚醒服務及緊急事件播音工作。其作業要領如下：

■國內直撥電話（**Domestic Direct Dial, DDD**）、國際直撥電話（**International Direct Dial, IDD**）

此直撥電話電腦會直接登錄記帳，話務員只要將帳單登錄轉交出納即可。

■對方付費電話（**Collect Call**）

如若客人要打對方付費的電話時，其服務作業要領爲：

1.瞭解受話者電話、姓名。
2.撥打國際台「100」，報知有關對方電話號碼，並說明是對方付費的受付電話，再通報客人姓名、房號，再互報代號。
3.電話接通後，再轉至客人房間，若未通話但超過一分鐘仍收取服務費。

■喚醒服務（**Wake-Up Call或Morning Call**）

喚醒服務之工作相當重要，須特別謹愼小心處理，否則極易造成嚴重糾紛或招致旅客抱怨。其作業要領如下：

1.接到客人喚醒服務要求後，首先依序將喚醒時間、房號、客人姓名等資訊登錄在喚醒服務記錄簿上，並再加以確認無誤。
2.總機務必要隨時注意提醒自己，屆時一定要確實做到客人已經接到通知而起床，才可告一段落。

四、禮賓接待工作

旅館經常有貴賓如國家元首、國際名流等重要人士進住，此時旅館之接待工作要特別謹慎。因爲屆時一定有大批媒體記者來採訪，此時係旅館形象、知名度最佳行銷時機，因此要特別在事前準備充分，一直到貴賓離開旅館爲止，做好各項迎賓接待工作。謹將其作業要領摘述如下：

(一)貴賓到達前之準備

1.確認抵達日期、時間、班機號碼，隨時與旅館機場代表聯繫。

2.事先備好房間、住宿登記資料夾。

3.檢查貴賓房之各項設備確保功能正常，環境布置整理完美無缺，如備妥鮮花、盆景、水果、禮品等。

4.張貼歡迎海報、安置代表性旗幟。若國家元首須再鋪紅地毯，並加強安全檢查。此外，若事先徵得貴賓同意，則可另外安排拍照攝影事宜。

(二)貴賓蒞臨迎賓接待

1.董事長、總經理、經理等各級重要一級主管，須在大廳列隊恭迎，並安排拍照工作。

2.門衛（Door Man）在大門前維持秩序，並禮賓接待。

3.禮賓公關部上前獻花，並引導先行進入房間，貴賓行李及住宿登記手續稍後再補辦。

4.旅館櫃檯鑰匙格架上須插紅色貴賓條，以資鑑別，並隨時提醒同仁注意後續服務。

(三)貴賓離開

1.事先安排交通工具，並通知機場代表在機場協助貴賓辦理離境機場作業。
2.贈送公司禮物、拍照相片專輯，再於門口列隊歡送。
3.離開旅館前，旅館門口要有交通管制，必要時得請求警察支援。

五、旅客遷入與遷出旅館作業流程

(一)散客遷入作業

旅客遷入之作業流程（如圖18-3），另分述如下：

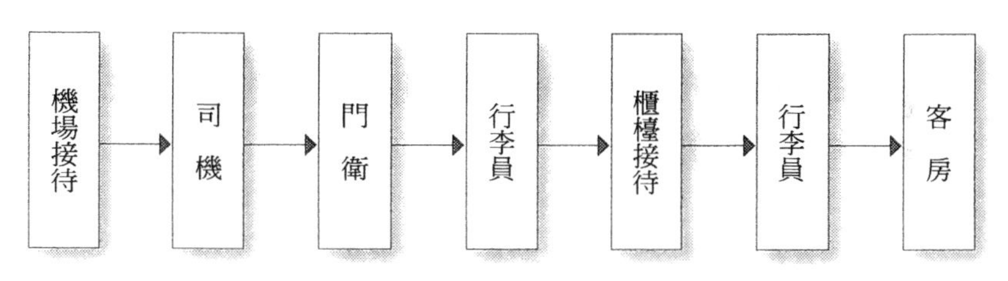

圖18-3　旅客遷入作業流程圖

■機場接待

1.機場接待是旅客進住旅館接待服務的第一線。機場接待在班機抵達前，須先確認飛機旅客名單上是否有該訂房旅客名字，並確認旅館是否當天可再接受旅客訂房，以利一併安排接待事宜。
2.機場代表可手持方形紙板，書寫旅館名稱及擬接待旅客姓名，於入境大廳迎接。

3.接到旅客後，協助旅客搬運行李，並引導至旅館專車再送客人到飯店，並妥善照顧客人行李，協助將行李送上車。

■大廳接待

1.專車抵達旅館門口時，首先由司機爲旅客開車門，再由門衛趨前致歡迎之意，協助行李員共同將客人行李搬下車，放置在大廳到達旅客行李暫存區。
2.行李員引導客人到櫃檯，辦理進住Check-In手續。行李員並將每件行李掛上行李牌，在旁邊等候客人，引導入房。
3.客人手續辦完後，則從櫃檯人員手上拿取房間鑰匙，並將房號塡在行李牌上，引導客人進房間。
4.若客人行李太多，則先引導旅客先進房間休息，行李再以行李車（**圖18-4**）隨後送到房間。
5.到達客房後須先按鈴，再打開房門、打開電源（鑰匙須先插入鑰匙架始能啓動電源）。
6.詳細爲客人介紹客房設備之使用方法，再將行李安置在行李架，始致意離去。

(一)鳥籠式行李車

(二)衣架式行李車

圖18-4　行李車
資料來源：寬友公司提供

(二)團體旅客（Group Inclusive Tour, GIT）遷入作業

■機場接待

機場接待要領同散客，唯事先須評估是否需要加派行李車，如果團體行李太多，則要另外加派專車接行李。

■大廳接待

1.先將旅客團體引導至旅館適當場所休息，由櫃檯人員將鑰匙及客房分配表交給領隊來統籌分配給團體旅客。
2.行李員將團體行李搬運下車後，安置在大廳團體行李暫存區，並將行李逐件掛上行李牌，並確實核對件數。
3.當客人辦完手續，再請客人將房號填寫在行李牌上。
4.引導客人先進房間，行李再逐層分送到各客房給旅客。行李送達時間須在旅客進入房間後，十分鐘內完成。

(三)散客、團體旅客遷出旅館作業

旅客遷出作業流程（如圖18-5），另分述如下：

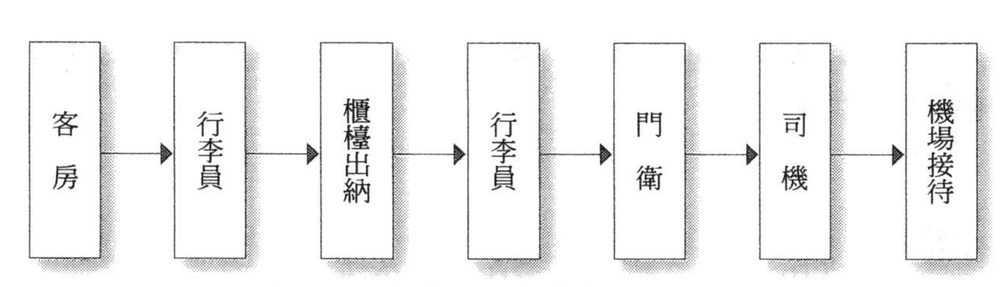

圖18-5　旅客遷出作業流程圖

■客房搬送行李

當櫃檯接到旅客要遷出時，立即在五分鐘內請行李員到旅客房間

協助將行李搬運至大廳。

■大廳接待

1.請客人繳回房間鑰匙。
2.結帳，須注意各部門帳單是否均齊全，並請問旅客當天是否尚有何消費款項。
3.帳單結畢，再請行李員協助客人將行李搬上車，並向客人致意，歡迎再度光臨。
4.如果是團體旅客，則請其行李放在房門各層樓走道上，再由行李員以行李車搬運至大廳團體行李存放區。
5.專車到達後，請客人先上車，再將行李協助搬上車，並詢問客人是否尚有房間鑰匙未繳交櫃檯，以防客人遺忘繳回。

■機場送機

機場代表在專車到達機場後，協助客人將行李搬下車，並引導到所搭乘航空公司團體櫃檯辦理行李託運，再向客人致意後離開。

(四)快速退房服務（**Express Check-Out**）

目前國外許多觀光先進國家，提供旅客一種利用客房內網路設備，即可迅速辦理退房遷出手續，不但可節省旅客時間，也可精簡旅館櫃檯人力配置。

第四節　房務部的工作職責

「客房」是旅館的心臟，而房務是旅館心臟的守護神，房務工作十分辛苦，但卻相當重要。房務工作的良窳會影響到整個旅館的服務品質，如何給予住店旅客一個溫暖乾淨、舒適整潔之休憩環境，完全須仰賴旅館房務部全體工作伙伴之努力，所以今天的房務部已成為目前各大旅館之一大部門。謹分別就房務部之工作職責及重要性概述如後：

一、房務部的主要職責

1.負責旅館客房、樓層走道及公共區域之清潔維護工作。
2.負責客房備品之提供、補充與申購。
3.負責客房冰箱或小型酒吧各項食品、飲料之檢查、補充及開具帳單等工作。
4.負責研擬客房內部營業項目及產品之收費價格。
5.負責旅館所有布巾類物品之洗滌、修補及管理工作，如餐飲部門之口布、桌布、檯布、制服，以及客房部之大小毛巾、床單、枕套等等布巾及其員工同仁制服。
6.負責旅館客房設備、設施之清潔與保養工作。
7.提供住店旅客客房接待相關服務，如開夜床服務、洗衣服務、擦鞋服務、外出購物、保母託嬰服務、旅客換房等等。
8.負責檢查客房、巡視客房，以維護旅客安全。
9.確實掌握旅館客房房間使用狀況，並隨時與櫃檯保持聯繫，以提高旅館客房之住房率。
10.負責住宿旅客之接待服務，使其有賓至如歸之溫馨感。
11.負責與櫃檯、工務、總務等其他部門聯繫並相互支援。
12.其他相關服務事項。

二、房務部的功能與重要性

(一)提供旅客安全、舒適、整潔的客房與環境

房務部之主要職責乃在確保旅館客房與公共區域環境的整潔，提供旅客一個高雅、安全、舒適的休憩場所。當旅客進入客房所感受到的第一印象，會影響到他對旅館整個印象之好壞，因此有人說：「客房是旅館的心臟」、「客房是旅館商品的表徵」。

(二)提供旅客溫馨貼切的人性化服務

當房務部樓層服務台接到櫃檯通知客人已到達客房時，須先備好冰水保溫壺，再連同本日報紙一併送到客房，恭敬地向客人致歡迎之意，並告知客人，旅館有那些服務可以提供他參考，期使旅客感到受重視，而有賓至如歸溫馨之感。

(三)負責旅館客房設備之保養維護

旅館客房設備成本極高，若欠缺妥善維護與保養，不但折舊率會提高，同時也會影響旅館整個服務品質，甚至招致客人不滿與抱怨。

(四)確保旅館員工及旅客之安全

房務部的職責除了確保旅館的客房與公共區域環境之整潔外，尚須針對消防安全、能源管理、保防工作等加強防患於未然。

(五)負責旅館客人、員工衣物及布巾之清洗與管理

房務部除了負責客房部、餐飲部各種床巾、餐巾、口布、員工制

服之洗滌工作外，最重要的是住店旅客衣物之洗滌服務，尤其是旅館VIP旅客之送洗衣物更要特別慎重，藉以提高旅館形象。

三、旅館房務管理工作之評鑑

旅館房務工作是否良好，可由下列幾方面來考評：

1.客人能否有良好的第一印象：客房是否能讓客人一走進房間，即感覺到一種溫馨、雅淨、友善的氣氛。
2.房間是否有異味：旅館窗戶若通風不良，床單、布巾洗滌不乾淨，或衛浴設備清掃洗刷不乾淨，久而久之即會產生此種令人難以忍受之異味。
3.房間備品是否整潔，是否齊全：旅館客房備品須經常檢查，若發現不足，即須加以補充，若衛生紙不足四分之一，則立即換新。
4.房間是否安全、舒適，隔音是否良好：旅館客房之中央空調須注意溫度、溼度之控制，每間客房須備有安全栓、自動感應器、緊急疏散圖。
5.服務員是否檢查備品，並介紹客房各項設備。
6.行李員是否將旅客行李置放在行李架上。
7.行李員是否向客人暗示索取小費。

第五節　旅館基層從業人員之職責

一、客務部從業人員之職責

(一)櫃檯主任（Front Office Manager）

1.負責督導櫃檯所有業務，確保業務運作順暢。
2.負責訓練及督導櫃檯人員，提升服務人員之水準。

(二)接待員（Greeter; Concierge）

1.負責住宿旅客之住房登記、房間分配與銷售事宜。
2.負責旅客進住及遷出的作業處理。
3.旅客抱怨事項之處理。
4.代購機票、車票服務。
5.其他旅客接待服務事項。

(三)詢問服務員（Information Clerk）

1.負責處理旅客詢問事項之解答與服務。
2.負責蒐集館內與館外之相關旅遊、文教、政府機關、駐外單位等各項最新資料，以便旅客詢問服務及資訊提供。

(四)郵電服務員（Mail Clerk）

1.負責旅客及館內員工信件、郵電、傳真之處理。

2.旅客留言之處理。

3.其他旅客接待服務工作之協助處理。

(五)記錄員（Record Clerk）

1.負責旅客住宿登記表之登記及資料整理工作。

2.製作住店旅客名條（Slip）及帳卡資料。

(六)訂房員（Reservation Clerk）

1.負責訂房有關事宜。

2.超額訂房（Over Booking）之處理。

3.掌握市場動態，作爲客房銷售之參考。

4.提升旅館客房之住房率。

(七)夜間櫃檯接待員（Night Clerk）

1.負責製作客房出售日報表各項統計資料。

2.查看房間狀況，是否尙有空房，更新房間狀況資料，以利空房之銷售。

3.協助客人夜間進住之登記手續及旅館訂房事宜。

(八)夜間經理（Night Manager）

1.負責旅館夜間一切營運作業及旅客接待工作。

2.緊急突發偶然事件之處理。

3.旅館夜間最高負責人，代表經理處理各項業務。

(九)櫃檯出納（Front Cashier）

1.負責旅客帳單款項之催收與處理事宜。

2.外幣兌換工作。

3.信用卡帳目之處理。

4.旅客信用徵信調查。

(十)服務中心主任（Uniformed Service Supervisor）

1.負責督導服務中心人員，如行李員、門衛、電梯服務員之工作。

2.接受櫃檯主任之指揮，協助旅客進住及遷出之接待服務。

3.團體旅客行李之託管及搬運服務。

(十一)行李員（Bellperson / Porter）

1.旅客進住與遷出之行李搬運服務。

2.引導賓客到樓層客房之接待工作。

3.遞送物件、郵件、留言及報紙等瑣碎工作。

4.代客保管行李，及代購各項客機船票之差事。

5.負責旅館大廳（Lobby）之整潔與安全維護。

6.其他旅客交辦事項。

(十二)電話總機（Operator）

1.館內館外電話之接線服務。

2.國際電話之撥接服務。

3.喚醒服務（Morning Call）。

4.館內廣播或緊急播音服務。

5.電話費之計價等帳務工作。

(十三)門衛（Door Man）

1.大門迎賓，協助客人裝卸行李、開啓車門服務（**圖18-6**）。

2.叫車服務。

3.維持旅館大門口之秩序與整潔。

4.車輛管制及指揮停車事宜。

圖18-6　門衛須協助客人開啓車門

資料來源：SRS全球旅館訂房服務中心

(十四)電梯服務員（Elevator Starter or Girl）

1.負責電梯之整潔、安全衛生。

2.旅客搭乘電梯之接待服務。

3.維護旅客之安全，給予溫馨親切之接待。

(十五)衣帽保管員（Cloak Attendant）

衣帽保管員主要是負責暫時保管客人隨身的衣帽、雨傘，及手提行李。

二、房務部從業人員之職責

(一)房務部領班（Floor Supervisor）

1.負責該樓層所有客房之清潔維護管理。

2.督導所屬男、女房務清潔員房務整理工作。

3.負責該樓層備品室物品之保管。

(二)客房清潔人員（House Keeper）

1.負責客房清潔、打掃及衛浴設備清潔工作。

2.負責旅館客房備品，如洗髮精、沐浴乳、香皂、牙膏牙刷、浴帽、梳子及刮鬍刀等七件式備品之補給。

3.晚班人員（Night Shift）須協助開夜床之服務。

(三)公共區域清潔人員（Senior House Person）

1.負責旅館公共區域，如大廳、洗手間、走廊等區域之清潔維護工作。

2.協助員工餐廳、員工更衣室、休閒中心之清潔工作。

(四)布巾管理員（Linen Room Attendant）

1.負責住店旅客送洗衣物之洗滌事宜。

2.負責旅館所有員工之制服送洗服務。

3.旅館客房及餐廳布巾之洗滌保管工作。

(五)嬰孩監護員（Baby Sitter）

嬰孩監護員主要是負責住店旅客小孩之託管照顧工作。

房務部的設備、器具與備品

「工欲善其事，必先利其器」，房務部爲確保旅館環境之整潔，使旅館客房設施能提供旅客美好的舒適享受，因此必須仰賴一些重要設備、器具來做好其分內的保養維護工作。此外，爲滿足旅客多樣化的不同需求，房務部更須費神去準備各種精緻貼心的備品，以應旅客之需。

第一節　房務部的設備

房務部的設備相當多，舉凡客房的設備如床具、家具、彩色電視機、收音機、自動電話、冰箱，以及衛浴設備的洗臉盆、浴缸、淋浴設備與馬桶等等設備，均屬房務部財產。

除了上述客房內的設備外，房務部門爲求有效扮演好其本身的角色，尚有很多重要的設備，俾使房務部人員能順利執行其旅館整潔維護與保養之責。茲分述如下：

一、布巾備品車（Linen Cart）

布巾備品車簡稱爲布巾車，係房務部清潔人員最重要的一項設備，所有旅館房務工作之能否順利推展，幾乎均要借重此車。

樓層房務員每天在清理客房之前的準備工作，就是先整理其布巾車。每位服務員均有一台布巾車，他必須根據其今日要打掃的房間數多寡，來準備所需之備品種類及數量，如床巾、大毛巾、中毛巾、小毛巾、枕頭套等各種布品，以及文具、衛浴消耗用品等，並將工作所需清潔用品、工具等均詳加檢查後，再搬上車。易言之，此部車即爲房務員工作之主要伙伴，也是一種活動庫房。

布巾車之結構，事實上係一種工作推車，每家旅館依其需求之不同，所購買之工作車規格也不一樣。謹就其特性介紹如下：

1.為避免布巾車移動時發出聲響妨礙客房安寧，布巾車的輪子均以膠輪為主，移動方便靈活。
2.此車移動迅速，為便於工作中車身能固定，均附設煞車裝置，不因地面不平而滑動。
3.依實際需求，垃圾袋及布品袋為活動式，可隨時裝卸。
4.布巾放置區之隔層架可調整上下高度。
5.為力求美觀及衛生，布巾車之車身有些還設計活動門可開啓，也可上鎖。
6.此類多功能布巾備品車結構可分四層。頂層放置杯皿、礦泉水、飲料罐及衛浴備品；車身上層放置各式毛巾、衛生紙及文具印刷品；中間層放置單人床單、枕頭套、床墊布；下層擺雙人床單及套房毛巾。此外，車身前後各加掛垃圾袋、送洗布巾袋、清潔工具與設備（圖19-1）。

二、工作車（Working Trolley）

此類工作車結構較簡單，主要是其功能需求較少，通常係供作為搬運布巾或搬運清潔用品及工具而已。

國外旅館房務人員喜歡使用較輕便的工作車（圖19-2），此車結構較簡單，外表看起來並不華麗，也不會多吸引人，不過卻很受國外旅館房務員喜愛。其特色為：

圖19-2　房務工作車

資料來源：寬友公司提供

1.此工作車十分輕便，係以鋁管為支

1.衣架
2.拖把
3.玻璃杯
4.紙巾
5.文具用品
6.菸灰缸
7.冰桶
8.清掃工具
9.瓶罐飲料
10.馬桶刷
11.火柴、捲筒衛生紙
12.肥皂清潔用品
13.浴巾
14.燈泡
15.手巾
16.抹布
17.浴墊布
18.單人床單
19.枕頭套
20.雙人床單
21.衛生紙
22.大號床單
23.髒布巾袋
24.垃圾袋
25.小掃把
26.雜物袋
27.吸塵器

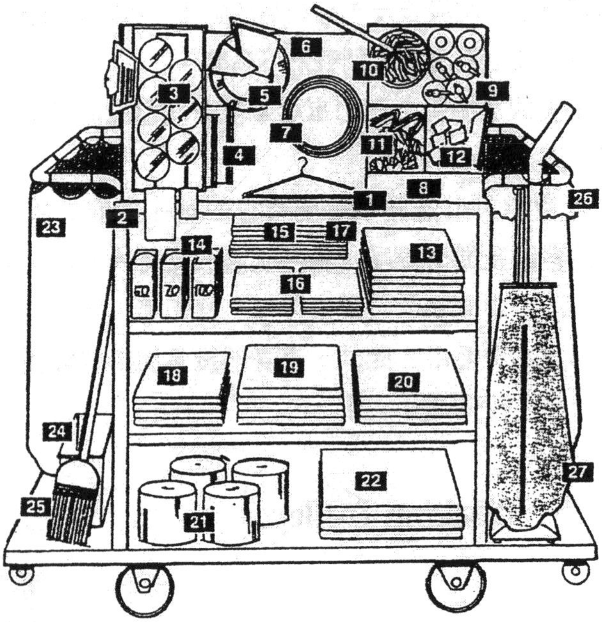

圖19-1　房務部布巾車備品配置圖

資料來源：整理自詹益政（2002）。《旅館管理實務》。

架，再以白鐵條鑲四周，外表看起像籠子。此車附有三層活動式格架。底層架鍍合成樹脂，具有防塵、防鏽功能。

2.此工作車四周鋼架及層板架係活動式，可拆除摺疊，也可加掛圾垃袋或布品袋，以開放式空間來設計。

3.此車前方尚附有橡膠防護擋板，以免工作車損及牆面或刮傷家具。

4.車輪附有固定裝置設施，以防滑動。

5.如果作爲布巾車使用，其底部清理方便，不會殘留棉絮或雜物。輕便靈活、容量大，易於搬運布巾。

三、吸塵器（Vacuum Cleaner）

吸塵器本身由於功能不同，有些僅能吸灰塵，有些尚可吸水，乾溼兩用，而有各種大小不同之規格，不過其結構大致一樣，係由吸頭、吸管、機體、電源線等四部分組合而成（圖19-3）。

通常吸塵器之選購須考慮其最大輸出功率至少一千二百瓦以上，較適合客房房間清理工作。至於小型吸塵器可供作爲清理家具、電器產品除塵之用。吸塵器之使用須注意下列幾點：

圖19-3　沙發、椅墊專用手提吸塵器

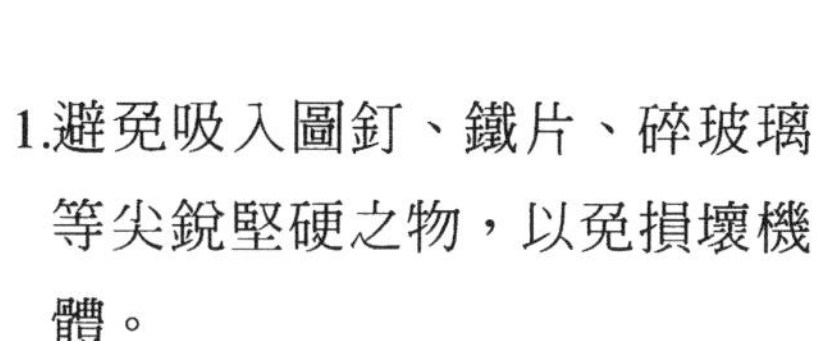

1.避免吸入圖釘、鐵片、碎玻璃等尖銳堅硬之物，以免損壞機體。

2.每當工作完畢，須立即清除集塵袋，並清理吸頭毛刷上之毛髮、棉絮等雜物。

3.如果吸塵器電線無自動捲線裝置，則要以順時鐘方向纏繞整齊，避免打結，以防線路故障。

4.機體馬達要每年定期保養一次，以延長其使用年限，確保其性能。

5.操作吸塵器之前，宜先關閉機體開關，再插上插座，操作時避免電線絆倒他人。

四、蒸氣清潔機（Steam Cleaner）

此部設備係利用機身所噴灑之熱氣，再輔以清潔軟毛刷之熨斗來清理整燙布品、椅面、沙發。

此蒸氣清潔機，可直立置放，較不占空間，其主要配件有一噴頭、水箱附滾輪，可藉高壓噴出蒸氣來清潔家具、整燙椅面、衣物。

五、電動打臘機（Electric Wax Machine）

打蠟機是房務員清潔工作不可或缺的保養維護設備之一。通常木質或大理石地板打掃乾淨後即可打蠟。打蠟時，其方式有兩種，一種是電動打蠟機，一邊噴灑水蠟一邊打磨光。此外，最普遍的一種是國內旅館較常用的方式，即先以人工打蠟，再以打蠟機磨光。

使用打蠟機清理地板時，其作業要領如下：

1.先將地板蠟均勻塗抹在地板上，避免重複上蠟，也不要塗抹太多蠟，產生反效果。
2.上蠟十分鐘之後，等蠟稍乾才可準備打磨。
3.插入電源插座之前，務必要先檢視打蠟機開關是否在「off」關閉位置，確認無誤才可插上電線，否則可能會造成相當大的危險與傷害。
4.打蠟機須先握穩，再啓動電源，若沒有抓穩握把，一旦啓動打蠟機，由於衝力甚大會衝撞出去，極易產生意外，須特別小心。
5.打蠟時，由於打蠟機之轉盤係碟式圓形盤，因此須以打圓之方式來打磨，將會使地面光澤亮度及規則線條較美觀，另一方面也較省力，操作較方便。
6.打蠟時，盡量不要影響到其他客人，因此電源線不可拉太長或橫置通道，不僅容易絆到東西或他人，也不雅觀。

7.打蠟完畢，須先關掉電源開關於關閉（off）位置，然後再輕輕拔掉電線插頭，並將電線依規定以順時鐘方向捲繞收好。

8.電動打蠟機之碟式底座刷盤，有些型號可拆卸更換清掃毛刷底盤，可兼作爲地板清潔機使用。

六、高架工作梯（Working Ladder）

房務部工作人員有時需要高架工作梯，尤其是在清理大廳天花板之燈飾，或更換燈具等高空之工作時，更需要有相當安全性之高架工作梯。

在國外大型旅館如美國世紀廣場飯店（Century Plaza Hotel）即以高架梯，下鋪設安全網，房務人員攀登其上方，以一種高壓噴槍清潔工具來清理大廳之燈飾。

國內部分旅館係委託外面清潔公司定期清理維護，不過若是臨時燈具故障，也須立即更換，此時高架工作梯即可發揮其獨特功能。

七、地毯清潔機（Carpet Cleaner）

此類地毯清潔機，通常均使用在走道或空間較大的場所，如旅館大廳（圖19-4）。此設備係由吸盤、機身水箱、吸水馬達所組成，有些則附有清潔劑自動噴灑器，其操作要領同打蠟機。

第二節　房務部的器具

房務部人員爲了扮演好維護旅館客房及公共區域環境整潔之工作

圖19-4　地毯清潔機

角色，除了須有清潔作業等之機電設備外，最重要的還是傳統的手工具清潔用具，也唯有仰賴人工操作之工具與器皿，始能將房務清潔工作做好。謹將房務部人員常用的器具及選購原則分述如下：

一、房務部的器具

(一)刮刀

通常係以塑膠刮刀來清理客房外部之玻璃。此類刮刀有長、短兩種規格（圖19-5）。

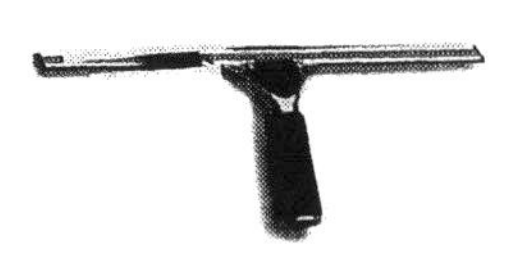

圖19-5　玻璃刮刀

(二)小刀及剪刀

房務人員須隨身攜帶可摺疊式小刀如瑞士刀，或多功能之剪刀，以應清潔工具之需。

(三)掃帚及畚箕

每日房屋清潔工作，房務員均少不了此套清潔工具（圖19-6、圖

19-7）。掃帚之規格很多，材質也不一，在選用時則須考慮其性能。一般均以竹製品、棕毛製品及塑膠合成纖維爲多，原則上可考慮塑膠合成製品較方便實用。

圖19-6　掃帚

圖19-7　附蓋式畚箕

(四)拖把

房務人員在清潔客房浴室地板、旅館大廳地板或公用樓梯等場所均需要此工具（圖19-8、圖19-9）。其材質有布料、紡紗纖維、合成橡膠海綿等多種。

其選用原則須考量拖把本身之吸水性及輕便性，以利地板之清潔工作，此外要注意其清理是否方便，是否會掉棉絮或雜物，以免造成工作額外負擔。

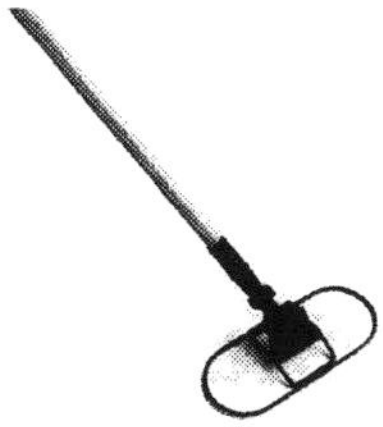

圖19-8　浴室拖把

圖19-9　客房地板拖把

圖19-10　靜電拖把框

圖19-11　靜電拖把布

(五)靜電拖把

此類拖把較適於平坦地板及房間地毯之清潔維護保養工作。其優點爲較輕便，不會引起塵土飛揚，對於毛髮、棉絮之清理最具效果。唯每當清潔一次即要更換一張至數張靜電紙，成本較高，可採用靜電布質拖把（圖19-10、圖19-11）。

(六)鐵絲絨毛

此工具體積小，但效益大。可用來去除不易清除之斑點、污垢，但對於精緻家具或銀器則不適合，因爲容易傷其表面而留下刮痕。

(七)海綿

海綿吸水性強、質地柔軟，極適於清理浴室之浴缸、洗臉盆、水龍頭及其他客房設施。

(八)刷子

刷子有長、短刷之分，可清洗浴室便器、馬桶、浴盆、浴室地板及牆壁。其材質有塑膠、竹子、豬鬃、動物毛及鐵絲絨等多種（圖19-12、圖19-13）。

圖19-12　刷子

圖19-13　馬桶刷

(九)水桶

塑膠小水桶約20公升左右，便於攜帶清洗。

(十)籃子

房務清潔工作需要很多清潔用品及各式備品，爲了裝盛搬運方便，往往以塑膠籃框來置放各種零星用品或清潔用品。

(十一)抹布

抹布是房務員使用頻率最高的工具，大部分旅館均以其報廢的布巾，加以裁製成抹布來利用。不過，旅館之布巾材質均不一樣，如果要作爲抹布來使用，必須挑選吸水性強，不易掉落毛絮之棉織布，絕對不可以尼龍布或TC混紡織布來裁剪作爲抹布。

(十二)其他

如吹風機、螺絲起子、工具箱、預備床等等均屬之。

二、房務部器具選購的基本原則

(一)符合使用者之需求

器具之購置，最重要的是能符合使用者之需求，如果所購置之器具操作不方便，費時費力或安全上不穩定，必定無法讓使用者滿意，屆時此項器具將形同一堆廢物，徒占空間而已。

(二)器具功能要良好

器具之外觀要高雅，其本身性能要優越，適合各種場地維護管理之需。

(三)符合經營管理者之需求

器具須堅固耐用，便於維修與零件更換，其購置成本合理，耗材耗電少。此外要便於存放，勿占太大儲藏空間。

(四)器具須符合實用性、安全性、便利性

房務部選購之器具，最重要的考量爲器具本身是否性能好、操作簡單、安全性高，同時易於管理維護。

第三節　房務部的備品

觀光旅館之所以引人入勝，除了旅館華麗的雄偉建築、金碧輝煌的裝潢設施，以及客房高雅的昂貴家具與設備外，首推旅館精緻典雅的備品及消耗性用品。因此，每一家旅館對於彰顯其形象與地位之客房備品，均費神予以考量設計。本節謹就旅館房務部備品設計須考量的因素及備品的類別分述於後：

一、旅館備品設計須考慮的因素

(一)實用性、便利性

旅館客房所提供給客人之備品，最重要的是能符合客人的需求，使客人感覺到非常貼心，方便舒適。若客房備品無法滿足客人此項基本需求，則其一切努力可謂徒勞無功。

(二)完整性、多樣性

近年來，旅館客源除了觀光客、商務旅客外，家庭親子團、女性旅客以及銀髮族客人也愈來愈多，因此客房備品須能考量以多元化市場旅客之不同需求。

例如仕女型旅客之化妝品、衛生用品；親子團的兒童衛浴用品；銀髮旅客所需之防滑設備，或放大鏡等等備品，力求盡量完整，考慮到多元需求。

(三)形象性、時尚性

旅館客房備品之設計，要能營造出企業形象（Corporate Identity System, CIS）風格特性，並能符合時代潮流與社會時尚。例如目前環保觀念盛行，旅館備品外包裝是否也考慮少用塑膠製品，盡量以再生紙或布製品來取代。另外，養生美容之風興起，旅館是否也考慮用芳香精油、沐浴鹽等來吸引旅客，投其所好。

(四)經濟性、便利性

備品之設計盡量要便於客人使用，操作要簡單，步驟勿太繁瑣。此外，更需要考慮備品的成本花費。

(五)安全性、健康性

旅館備品之包裝、式樣、色調與旅館形象標誌，必須能提升旅館品牌形象，不過最重要的是備品本身之安全性。例如清潔用品是否能適合一般體質的旅客；客房浴袍布料是否純棉貼身、拖鞋是否免洗又具抗滑功能、備品功能是否具美容養生之健康功效。

二、旅館房務部的備品

(一)旅館備品的定義與類別

旅館的備品（Supplies或Amenities）是一種概括性名詞，包含旅客可帶走的消耗品、客房用品、衛浴清潔用品、電器用品及家具用品等。易言之，旅館的備品可分為兩大類，即消耗性備品與非消耗性備品。

1.消耗性備品：係指旅館財物之使用年限在兩個月以內，或因使用即會消耗者，如清潔用品、衛生紙、文具、印刷品、肥皂、浴帽、牙膏、牙刷、針線包、洗衣袋等等均屬之（圖19-14）。

2.非消耗性備品：係指旅館財物之使用年限在兩年以下，兩個月以上之客房用品，其特性爲耐用年限較不易確定，但使用時必定會耗損或破壞其外觀者，如布巾、床單、枕頭套、衣架、肥皂盒、員工制服等等均屬之。

(二)旅館房務部的備品

旅館房務部客房的備品，除了少數儲存房務部樓層庫房備用外，其餘均分別安置在旅館客房的客廳、臥室、化妝衛浴間、衣櫃置物間等四區。茲分別表列說明如表19-1。

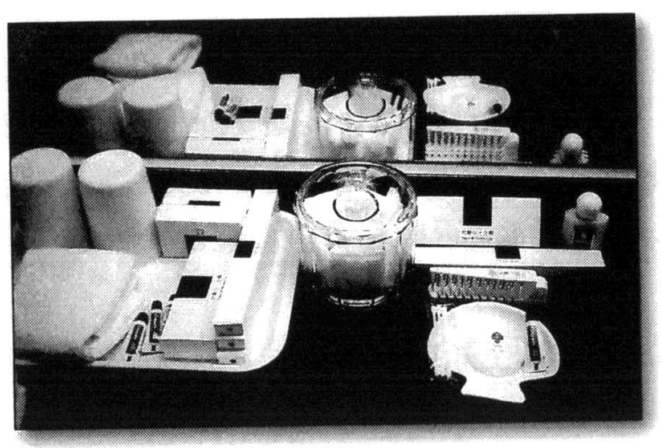

圖19-14　旅館的消耗性備品

表19-1　房務部備品一覽表

備品／地點	消耗性備品	非消耗性備品
客廳（起居室）	1.歡迎卡 2.火柴盒 3.便條紙 4.原子筆、鉛筆 5.歡迎信 6.文具組 7.中西式信封 8.信紙 9.明信片一式四張 10.顧客意見表 11.傳眞紙 12.針線包 13.茶 咖啡包 14.杯墊紙 15.調酒棒 16.迷你酒吧帳單 17.防煙面罩	1.年曆卡 2.水果盤／籃；餐刀、餐叉 3.菸灰缸 4.雜誌 5.小冊子 6.服務指南 7.便條紙盒／夾 8.客房餐飲菜單 9.文具夾 10.電話說明卡 11.工商分類簿 12.電話簿 13.冰桶、冰夾 14.托盤 15.玻璃杯皿 16.壓克力面紙盒 17.花瓶
臥室	1.早餐卡	1.窗簾 2.床墊布 3.床裙 4.床單 5.羽毛被／套 6.毛毯 7.枕頭套 8.床單 9.腳墊布 10.聖經

（續）表19-1　房務部備品一覽表

備品 / 地點	消耗性備品	非消耗性備品
化妝、衛浴間	1.洗髮精 2.潤髮乳 3.沐浴乳 4.護膚乳液 5.刮鬍刀／刮鬍膏 6.牙刷／牙膏 7.肥皂 8.梳子 9.浴帽 10.棉花棒／棉花球 11.指甲挫片 12.杯墊紙 13.水杯紙套 14.衛生紙／袋 15.礦泉水	1.浴墊布 2.備品籃／盤 3.肥皂盒／碟 4.玻璃水杯 5.棉花球罐 6.面紙盒 7.小花瓶 8.毛巾架 9.浴巾（大毛巾） 10.面巾（中毛巾） 11.手巾（小毛巾） 12.客衣藤籃 13.浴簾 14.止滑墊 15.浴鹽罐
衣櫃置物間	1.洗衣袋 2.洗衣單 3.購物袋 4.擦鞋袋 5.擦鞋布 6.擦鞋油 7.擦鞋卡 8.拖鞋 9.垃圾袋 10.墊紙	1.雨傘 2.衣架 3.衣刷 4.鞋籃 5.鞋刷／鞋拔 6.備用枕頭 7.備用毛毯 8.浴袍 9.請勿打擾牌 10.保險箱說明卡

客房與公共區域的清潔維護

房務管理的主要任務，係負責旅館建築、客房，及其設備之清潔保養維護，使旅館大廳、走廊等公共區域煥然一新，同時保持旅館客房清潔、舒適，進而營造出一種友善溫馨的氣氛。

第一節　客房的分類

旅館客房分類方式很多，如依法令規定、立地位置、床位多寡等方式來分類，茲分述如下：

一、床的種類

(一)依床的規格尺寸來分

■單人床（**Single Bed**）
規格：長（200公分）×寬（100公分）

■雙人床（**Double Bed**）
規格：長（200公分）×寬（135公分）

■半雙人床（**Semi-Double Bed**）
規格：長（200公分）×寬（150公分）

■大號雙人床（**Queen-Size Double Bed**）
規格：長（200公分）×寬（160公分）

■特大雙人床（**King-Size Double Bed**）
規格：長（200公分）×寬（200公分）

■摺疊床（Extra Bed）

規格：長（200公分）×寬（90公分）

特性：一般臨時加床使用的一種活動床鋪（圖20-1）。

圖20-1　摺疊床

資料來源：台北晶華酒店提供

■嬰兒床（Baby Cot）

(二)依床的結構用途來分

■普通床（Conventional Bed）

1.附有床頭及床尾板（圖20-2）。

2.床較床架低。

3.床中央凹處置放床墊。

圖20-2　普通床

資料來源：台北晶華酒店提供

■好萊塢式床（Hollywood Bed）

1.無床頭板，有時也無床尾板（可拿掉）。

2.可兼作爲「沙發」使用。

3.可將兩張單人床合併，而成爲好萊塢式雙人床（Hollywood Twin Bed）。

■沙發床（Studio Bed）

1.係由好萊塢床改良而成，床鋪緊靠牆壁。

2.白天床鋪覆蓋床罩後，作爲沙發用，晚上當床用。

3.最大特色爲適合小房間小坪數客房使用。

4.係由史大特拉希爾頓旅館（Statler Hilton Hotel）最先使用，故

又名為"Statler Bed"。

■隱藏方式的床鋪

1.門邊床（Door Bed）：

(1)床頭與牆壁以鉸鍊連接。

(2)白天將床尾往上扣疊，緊靠牆壁，晚上再放下來作為床鋪用。

2.裝飾兩用床（Wall Bed）：白天可摺疊作為牆壁飾物架，晚上再作為床用。

3.隱藏式床（Hide-A-Bed）：係一種沙發床，為雙人床兼作為沙發用。床架可摺疊起來作為沙發使用。

(三)床的高度與組成

通常床鋪之高度約為45至60公分，它係由上、下兩床墊組合而成。旅館之下床墊均裝有活動之腳輪，以利房務整理，至於上床墊通常為彈簧床，為避免床墊變形，通常要定期翻轉床墊，一方面可延長使用年限，另一方面客人也較為舒服。

二、旅館客房的分類

(一)依旅館法規之分類

根據「觀光旅館建築及設備標準」規定，旅館客房可分為三種：

1.單人房（Single Room）。

2.雙人房（Twin Room）。

3.套房（Suite Room）。

(二)依一般旅館業之分類

■單人房

單人房，簡稱爲“S”，係指客房僅擺放一張床之意思，通常此床鋪爲一張標準雙人床爲多，如果標準床改爲較大一點，則稱爲高級單人房（Superior Single Room）；若是特大床，則稱爲豪華單人房（Deluxe Single Room）（圖20-3）。

■雙人房

所謂雙人房簡稱“T”，係指客房擺設著兩張床之意思。若再細分可分爲兩種：

1.標準雙人房：係指客房擺設兩張標準單人床之意思。
2.高級雙人房：係指客房擺設兩張標準雙人床之意思。
3.豪華雙人房：係指客房擺設兩張King-Size的床。

■套房

所謂套房，係客房內除了臥房外，尙有客廳，有些較完善的套房

圖20-3　單人房

配備，有酒吧、會議室、休息室等設施。因此套房若以其周邊設施及裝潢等級來分，約可分爲下列幾種：

1.標準套房（**Standard Suite Room**）：此類套房通常至少有客廳與臥房等設施。
2.豪華套房（**Deluxe Suite Room**）：此類套房係由客廳、臥房或小型會議室所組合而成，臥房的床鋪也較一般雙人床大些（圖**20-4**）。
3.商務套房（**Executive Suite Room**）：此類套房係爲商務旅客之需求而規劃設計。其設備有辦公桌、傳眞機、網路線等。
4.總統套房（**Presidential Suite Room**）：此類套房使用率不高，通常僅作爲形象廣告，提升旅館本身在消費市場之知名度。此類套房設施、功能十分完善，裝潢、設備可說超水準，此外其安全性考量、專屬管家服務（Butler Service）、頂級禮賓專車才是其最大特色。
5.其他：如樓中樓型的雙層套房（Duplex Suites）、較浪漫型的蜜月套房（Honeymoon Suite Room）、半套房（Semi-Suite）均屬之。

圖**20-4**　豪華套房

資料來源：凱莎琳飯店提供

(三)其他分類法

■依客房位置方向而分

1.向內的客房（Inside Room）：此類客房的位置，通常係位在樓層中間或偏角落，其特徵爲無窗戶，視野無景觀，安全也較堪虞，價位會較便宜。

2.向外的客房（Outside Room）：此類客房的位置，係面朝外邊景觀，如可遠眺山水景色，此類客房若位在海邊，如夏威夷之旅館，可分爲面海的客房（Sea-Side Room）與面山的客房（Mountain-Side Room）兩種。

■依客房與客房的關係位置而分

1.連通房（Connecting Room）：係指兩間比鄰的獨立客房，但其中間有門相連者，平常爲兩間各自獨立的客房，但必要時可由內部連通門戶進出。此類房間極適於結伴旅遊住宿之大家庭或兩家庭出遊之住宿服務。

2.鄰接房（Adjoining Room）：係指兩間客房比鄰連接，但中間並無門戶可互通，這是一般相鄰的客房。

■依客房旅客人數而分

1.三人房（Triple Room）：此類客房可供三人住宿，通常擺設兩張大小不同的床鋪。一張單人床，一張雙人床（圖20-5）。

2.四人房（Quad Room）：此類客房可供四人住宿，其房內置有兩張大型雙人床，或四張單人床（此型較少）（圖20-6）。

圖20-5　三人房（一大床，一小床）
資料來源：凱莎琳飯店提供

圖20-6　四人房（二大床）
資料來源：凱莎琳飯店提供

第二節　客房清潔作業

客房清潔作業的功能乃在提升「客房」產品的服務品質，並確保客房設備及設施能維持最佳狀況，期以提供旅客最舒適的人性化親切住宿設施。此外，客房清潔工作之良窳，也是目前各國旅館星級等級評鑑之重要指標。本節謹分別就客房清潔作業加以介紹如後：

一、客房清潔前的前置作業

(一)報到、換裝

房務員上班簽到後，即要穿好制服，整肅儀容。

(二)參加房務會報

房務員須前往房務部辦公室參加早上房務會報，接受服儀檢查，領取本日排房清潔表、樓層主鑰匙、旅客名單及呼叫器等物品。

(三)整理樓層走道及公共區域

負責將房客置放在客房前之待擦皮鞋、送洗衣物或餐具先加收拾整理。

(四)安排打掃客房順序及準備備品之工具

根據住客名單，瞭解今日擬「遷出」、「遷入」之房間，以安排整理房間之順序。再依今日擬打掃房間之數量，備妥所需備品、布巾、消耗品數量以及所需工具，並整理布巾車，以利客房清潔工作順暢。

二、客房清潔作業流程

(一)清理客房前的準備工作

1.整理布巾車或工作車：

(1)清點各種客房備品、布巾之數量，依序放置在車上。

(2)客房備品：信紙（大、中、小）各十張、信封（大、中）各四張；明信片、意見表、鉛筆各一份。

(3)浴室備品：洗髮精、沐浴乳、香皂、牙刷牙膏、浴帽、梳子、刮鬍刀等稱之爲浴室「七件式備品」，若再加上護膚乳液、潤髮乳、棉花棒、化妝棉、牙籤，即爲加值服務。

2.準備工具：

(1)刷子、塑膠海綿、清潔劑、小水桶各一個。

(2)乾抹布、溼抹布各兩條。

(3)吸塵器、掃把各一支。

(二)進入客房前的禮節

1.到達房間，先以食指與中指之關節輕敲房門。輕聲告知「自己是房務員，要求是否可入內打掃」。

2.若連續兩次敲門仍無回應，始可動用主鑰匙開門。若發現客人在房內，則應致歉迅速退出房間。

3.若客房前掛有「請勿打擾」牌，或門反鎖，則不可進入。

(三)進入客房後的作業

1.以布巾車堵在門口：房門打開後，以整理房間牌子掛在房門，並將門打開，直到打掃完。

2.檢查客房燈光及設備：若有燈泡或設備損壞，立即向領班報告並派人檢修，同時將情況登錄在「房間狀況報表」（表20-1）。

3.門窗打開：打開所有門窗，使空氣流通，若窗戶無法打開，則將空調轉到最低度。

4.清理垃圾：

(1)先將房內客房餐飲服務之餐具移出房內，再送回餐飲部。

(2)清出客房內所有垃圾、菸蒂、空瓶罐及垃圾桶之紙屑。

表20-1　房間狀況報表（**Housekeeping Room Report**）

Floor（樓層）：　　　　　　　　Date（日期）：

Room Attendant（房務員）：

Room No.（房號）	Vacant（空房）	Occupied（續住房）	C/O（遷出房）	VIP（貴賓）	L/S（長住房）	Door Lock'd（反鎖）	No Sleep In（未回）	Remark（備註）
601	VC			ˇ				
602	VC			ˇ				
603		OC			ˇ			
604		OC			ˇ			
605		OD				ˇ		
606	VD		ˇ					
607	VC							
608		OC						
609		OC						
610		OD				ˇ		
612	VC							
613	VD		ˇ					
614	OOO							
615	OOO							
616	VC							
617	VC							
618	VC							
619	VC							
620	VC							

VC：Vacant Clean，代表：乾淨、整理好的空房。

VD：Vacant Dirty，代表：已遷出，尚未整理的空房。

OC：Occupied Clean，代表：已整理好，有房客住的房間。

OD：Occupied Dirty，代表：尚未整理，有房客住的房間。

OOO：Out of Order，代表：客房暫停使用，待修。

(3)垃圾桶內雜物要先倒在地上鋪設之舊報紙上，先檢視是否有客人不慎遺落之物品。

(4)使用過的垃圾桶及菸灰缸要清洗乾淨。

(5)若為續住房，客人物品及桌上東西，即便是小紙條，均不可丟棄，整理整潔即可。

(6)不可徒手伸入垃圾桶拿取垃圾。破碎物品須另外包裝好，並

加註記號再丟掉，以免刮割傷。

5.收集使用過之床單、毛巾、布巾：

(1)先檢視床上是否有衣物或物品。若有則將衣物掛起放進衣櫃，再將其他物品收好歸定位。

(2)將床拉出離床頭櫃約10公分，若床是固定，則只要拉出床墊即可。

(3)將用過的床單、毛巾、枕頭套拿掉，放進工作車布巾袋。

(4)檢查毛毯、床墊布是否污損，若有則更換送洗，並記錄於房間狀況報表。

(5)床墊須定期頭尾掉換及前後面翻轉，平均每三個月一次，以免床凹陷或變形。

(四)打掃浴室

1.清理垃圾、整理布巾：

(1)先將使用過的備品、空盒等廢棄物，置放垃圾袋內。

(2)使用過的毛巾、浴巾或浴袍，放置在工作車布巾袋。

2.噴灑清潔劑，再刷洗衛浴設備：

(1)先噴灑清潔劑於臉盆、浴缸、馬桶。

(2)依序由洗臉台、浴缸、浴室門、牆壁及馬桶外部，以海綿來刷洗。

(3)馬桶內部與馬桶蓋，及座板外部與內緣，須以馬桶刷爲之。

(4)再以熱水沖洗乾淨後，以乾布擦拭乾淨。

(5)沖洗時須由上往下，避免水滲入電源插座。

3.擦拭乾淨：

(1)任何金屬器皿均須以乾布拭亮，或先塗一點銅油再擦亮。

(2)浴室地板、牆壁、浴簾、鏡面、洗臉台、馬桶外等等均須擦乾，不可殘餘水漬或水痕跡。

(3)馬桶消毒、洗淨、拭乾後，再以印有已消毒（Cleaned & Disinfected）字樣之紙條封上，使客人感到衛生又安全。

4.補充浴室備品及布巾：

(1)浴室備品：一般有七件式備品，或另加值附上護膚乳液、潤髮乳、化妝棉、牙籤、棉花棒等備品，須擺整齊，標誌朝上。

(2)浴室布巾：

①浴室布巾有大浴巾、中面巾、小毛巾、腳踏墊等四類。

②毛巾數量（各旅館規定不一）：

標準房及單人房：大、中、小毛巾各兩條。

套房：大毛巾四條；中、小毛巾各三條。

雙人房：大毛巾四條；中毛巾三條；小毛巾兩條。

(3)更換面紙及衛生紙：通常面紙、衛生紙若僅剩下三分之一，即須更換。

5.經檢視無誤，始結束離開：結束前，須再最後巡視一遍，確認備品齊全、無遺留毛髮、水珠或水漬，始可熄燈，將浴室門虛掩離開。

(五)打掃衣櫥

1.擦拭置物架、衣架、掛衣桿及保險箱。

2.整理鞋籃，內有擦鞋卡、擦鞋布、擦鞋袋。

3.檢查購物袋、洗衣袋、洗衣單、拖鞋、浴袍等物是否齊全。

4.檢查電源開關是否正常。

5.檢查保險箱是否有客人遺留物品，唯續住房不用檢查。

(六)打掃起居室、客廳

1.整理抽屜：

(1)房間若爲續住客，可暫不必整理。

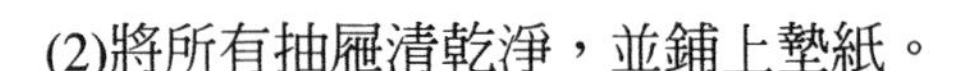

(2)將所有抽屜清乾淨，並鋪上墊紙。

(3)若發現有客人遺留物品，立即報告領班，盡速還給客人。若客人已離開旅館，則物品交房務部保管處理。

(4)若房客爲長住客，則其抽屜代爲整理整齊即可，但勿亂翻閱。

(5)整理完畢，將抽屜關好。

2.清理字紙簍、垃圾桶、菸灰缸：

(1)將字紙簍或垃圾桶清理乾淨。

(2)菸灰缸清洗乾淨，並在上面放置火柴一盒。

(七)鋪床（Make a Bed）

鋪床之前，每天最少以吸塵器清潔兩次，以確保客床之乾淨衛生。鋪床之作業，每家旅館作法均不太一樣，唯須力求整潔、舒適且一致。

(八)清潔擦拭家具

先由房門及門欄開始清掃起，徹底打掃乾淨。重點如下：

1.房門及房號牌。

2.牆上壁畫、掛飾。

3.桌面若有玻璃墊，須每週將底面互換一次。

4.將家具、電視、冰箱、燈座、燈罩、窗戶、窗簾等清潔乾淨。

5.以清潔劑、保養油來擦拭皮質沙發椅面。

6.以吸塵器或特製刷子來清潔呢質椅面或沙發椅。

7.銅器須定期每週一次，擦拭銅油打亮。

(九)房間地板清掃

1.通常旅館地板均鋪設地毯，因此須以吸塵器將室內地毯整理乾淨，其中以房門口之地毯要特別加強清理。如果有污垢，則須先去除黏著物，再塗上乾洗溶劑，然後以刷子輕刷毛毯即可去除。
2.如果地板爲軟木木質地板，可先剔除污物，再以除蠟劑、清潔劑或以地板蠟來打磨去除。
3.使用吸塵器或打蠟機作業之要領如下：
 (1)先將吸塵器及打蠟機之電線解下。
 (2)檢視開關是否在關閉（off）的位置。
 (3)檢視插頭及插座，確定無異常才可插上插頭。
 (4)由房間最內側開始操作，由內漸漸往外。
 (5)操作時避免重複，以規律途徑打磨或清除，不但較省時省力，也較美觀。
 (6)若發現有水漬或咖啡、茶等汁液，須先以乾抹布吸乾，再以清潔劑、醋及水的混合液加以刷洗。
4.地板若有破損，則須加以記錄於表中，並報告主管處理。

(十)房間備品補充

客房文具、紙張、信封、信紙、筆及明信片等消耗品是否齊全，如不足，則應加補齊全。一般房間備品有：

1.信紙：大、中、小各十張。
2.信封：大、中信封各四個。
3.明信片：一套四張。
4.鉛筆或原子筆：一支。
5.意見表：兩張。

(十一)清潔完畢，離房前再檢視一遍

當地毯、地板清潔作業完成後，為確保房務作業之服務品質，須再做最後之巡視工作。確定各項物品、家具、備品均歸定位，再將工具放置在工作車，始關燈，並關上房門離開。

第三節　機具設備之清潔與維護

客房是旅館的產品，也是旅館的心臟。一般觀光旅館客房之裝潢均十分昂貴，如果欠缺周詳的保養維護，不僅影響旅館服務品質，更會縮短其使用壽命，徒增旅館營運上之困擾，以及成本費用之增加。謹就旅館客房機具設備之保養維護作業，摘述於後：

一、旅館客房機具設備保養作業

(一)保養方式

設備機具之保養，一般可分為兩種：

1.定期保養：每週、每月、每季及每年，實施不同性質之保養維護工作（圖20-7）。
2.不定期保養：係以旅館住房率較低之空檔來實施保養。

(二)保養重點

圖20-7　旅館客房各項設備須定期保養

■電器、設備用品

1.電話機。

2.音響。

3.電視機。

4.冰箱。

5.中央空調冷氣通風口。

6.浴室排風機。

7.擴音喇叭。

■家具設備用品

1.客房木門。

2.木質家具。

3.銅器設備。

4.銀器設備。

5.家具布質配飾。

6.鏡子。

7.玻璃。

8.大理石檯面或浴缸。

■其他工具用品

房務部之工具用品很多，如吹風機、吸塵器、工具箱、摺疊床以及各種布巾車等，均須經常保養維護及整理。

二、電器、設備之清潔與維護

(一)電話機

■使用工具

抹布、棉花、酒精、芳香清潔劑、原子筆尖。

■作業要領

1.擦拭聽筒、話筒及機座：

(1)以棉花蘸酒精擦拭聽筒及話筒，尤其是話筒要特別加以消毒。

(2)電話機座以清潔劑如穩潔，先輕噴灑，再擦拭即可。

2.擦拭電話線：以乾抹布蘸清潔劑，將電話線拉直擦拭即可去除污垢。

3.電話鍵盤：先以乾抹布套住筆尖或細竹籤，清除鍵盤縫溝之污垢表面，再以穩潔等清潔劑噴灑，使用乾布拭亮。

(二)音響

■使用工具

抹布、中性清潔劑及溫熱水。

■作業要領

1.音響外觀：

(1)先以抹布蘸中性清潔液來擦拭外部機殼。

(2)然後以溼抹布清除外表殘餘污垢。

(3)最後再以乾淨抹布擦乾即可。

2.音響鍵盤：將抹布蘸溫水輕輕擦拭內部即可，不可用清潔劑等化學物質來清理其機件。

(三)電視機

■使用工具

抹布、靜電紙巾、高壓空氣除塵器。

■作業要領

1.電視機之木質部分：

(1)先將抹布以熱水洗淨，再扭乾，來擦拭電視機外殼之木質及塑膠部位。

(2)縫隙可以高壓空氣除塵器來清除積塵。

2.電視機銀幕：

(1)電視銀幕避免用溼布擦拭，以免發生危險。

(2)以靜電紙巾輕拭其外表灰塵即可。

(四)冰箱

■使用工具

軟質抹布、海綿、中性清潔劑、溫熱水。

■作業要領

1.須先拔掉電源插頭，以免觸電。

2.將冰箱內所有飲料及物品移出。

3.將冰箱移出木櫃。

4.製冰盒及冰箱內置物架，先以水清潔沖洗乾淨。

5.以軟布蘸溫水輕輕擦拭內部四周及把手上的污垢，若污垢太多，則蘸少許清潔劑去除之。

6.最後再以乾淨溼抹布將冰箱內壁擦拭乾淨，不可殘留清潔劑。

7.將擦拭乾淨之製冰盒及架子放回原位。

8.再將冰箱歸位，然後才將各種飲料、物品依規定擺整齊。

9.所有工作完畢，一個小時後才將電源插上，可使冰箱馬達壽命延長。

(五)中央空調冷氣通風口

■使用工具

鋁梯；乾、溼抹布；清潔劑；防鏽油；口罩。

■作業要領

1.先關掉冷氣電源開關。

2.將鋁梯置於冷氣通風口下方。

3.戴上口罩，攜帶乾、溼抹布各一條，小心攀上鋁梯。

4.以溼抹布將冷氣通風口之葉片逐加清理，須注意勿太用力，以免異物飛進眼睛或鼻腔。

5.灰塵清理完畢，再以乾淨抹布蘸清潔劑予以擦亮。

6.通風口面板若是金屬，則須塗上防鏽油。

7.將通風口葉片歸定位，打開電源開關，檢視運作是否正常。

8.收拾鋁梯、工具，放回工具間。

(六)浴室排風機

■使用工具

鋁梯、螺絲起子、清潔劑、刷子、溼抹布、口罩。

■作業要領

1.先將口罩戴上，再將鋁梯放置於排風口下方，須特別注意穩定度，以免地板滑而傾倒，發生意外。
2.關閉排風機電源開關。
3.攜帶抹布兩條，攀上鋁梯。
4.以螺絲起子先將兩側螺絲釘卸下。
5.拆下排風機外罩，以清潔劑沖洗刷淨。
6.以溼抹布輕擦拭排風機內部，並將風扇加機油保養。如果面板爲金屬製品，則須塗上防鏽油保養。
7.清理完畢，將電源開關打開，檢視其功能是否正常。
8.最後再收拾工具離去。

(七)播音喇叭

■使用工具

鋁梯、清潔劑、亮光蠟、抹布、口罩。

■作業要領

1.先戴上口罩，將鋁梯架置於播音喇叭下方，留意腳架要穩定。
2.攜帶抹布，攀上鋁梯，以溼布輕拭去外表灰塵，避免灰塵掉落傷及眼睛。
3.再以乾抹布蘸清潔劑擦拭外面喇叭箱蓋。
4.最後再以亮光蠟塗抹，予以打亮爲止。
5.清潔完畢，將工具收拾好，置放於工具間。

三、家具設備之清潔維護

(一)客房木門

■使用工具

銅油、不鏽鋼劑、鋁絲絨、抹布。

■作業要領

1.先以抹布蘸擦銅油，輕拭擦房號銅牌，唯須小心勿將銅油沾到木板門。
2.若銅牌嵌上黑體字，則要小心勿損及字體。
3.以不鏽鋼清潔劑擦拭門把、掛鉤及反鎖鍊，再以乾淨抹布擦亮。
4.如果污垢不易清除，再輔以鋁絲絨。

(二)木質家具

■使用工具

抹布、亮光蠟。

■作業要領

1.先檢視木質家具是否有損壞或脫漆，若有上述情事，則須通知辦公室安排木工先行修繕。
2.先以抹布泡熱水，再扭乾來擦拭家具。
3.接著以乾抹布再擦拭一遍。
4.最後以乾淨抹布蘸亮光蠟予以均勻塗抹，再用力打亮即可。
5.檢視保養部位是否潔淨有光澤。

6.收拾工具，歸定位。

(三)銅器設備

■使用工具

寬膠帶、牙刷、銅油、保養油、清潔劑、抹布、舊報紙。

■作業要領

1.先以寬膠帶貼在擬擦拭銅飾四周或兩側，以免擦拭時不愼沾污其表面。
2.另外鋪設舊報紙於銅飾下方，以免銅油滴落沾黏污損。
3.將銅油先搖晃使其均勻，再塗抹布上，然後再用力擦磨銅質部位。
4.再以乾淨抹布予以擦拭直到光亮爲止。
5.雕花或細縫處，可以牙刷沾銅油輕輕刷，再以乾布擦亮。
6.最後以清潔劑來擦拭其他非金屬部位。

(四)銀器設備

■使用工具

抹布、海綿、擦銀液、擦銀膏、洗銀器、塑膠袋。

■作業要領

1.先以海綿蘸擦銀液或擦銀膏，再輕輕擦拭銀器，徹底去除氧化銀之污斑，但絕不可以菜瓜布來擦拭，以免傷其外表。
2.再以乾淨軟質布加以擦拭光亮，尤其是邊角或間隙部分要特別注意清潔。
3.將擦拭光亮之銀器以水沖洗乾淨，再以軟質抹布拭乾淨，不可殘留水痕或水珠。

4.最後以塑膠袋包裹，避免受潮或暴露空氣中，以免氧化而變色。

5.善後處理工作，須特別注意要將擦拭用布及海綿，以清潔劑洗淨、晾乾再歸定位。

(五)家具布質配飾

■使用工具

洗衣刷、清潔劑、醋、小水桶、乾溼吸塵器、抹布。

■作業要領

1.如果係輕微菸蒂燒焦，可以銅幣輕輕刮除，再以刷子蘸清潔劑輕輕刷去。

2.若污點較大，如沙發椅面，則須將沙發椅面之沾污部位，予以拆解下來清洗，以免污染其他部分。

3.若無法拆解或污染部位不大，則可先將污損部位打溼，再以洗衣刷蘸水桶內已調好之清潔劑混合液（清潔劑、醋、水）輕輕刷洗。

4.再以清水擦拭一遍，以除去布面殘留之清潔劑混合液。

5.以乾溼吸塵器將水分吸乾，再放置陰涼處自然風乾，但不可曬太陽，以免變色或褪色。

(六)鏡子的保養

■使用工具

玻璃亮潔劑（穩潔）、酒精棉、乾抹布、竹片。

■作業要領

1.先將玻璃亮潔劑均勻噴灑在鏡面上，噴灑時小心勿碰觸及眼睛，最好離鏡面25公分遠。

2.以質地較柔軟之抹布擦拭鏡面。擦拭時最好以規則方式進行，如打圓方式，由圓心至圓周圍，或上下、左右方式，以免費時費力或遺漏掉某區位。

3.擦拭完畢，須再三檢視。其方法為：

(1)由側邊看，再由下方往上看，即可發現是否潔淨。

(2)由於反光會誤判，避免正視鏡面檢視。

4.若以亮潔劑仍無法清除污點，則可以竹片輕輕刮除，或以酒精棉擦拭。

(七)窗台玻璃

■使用工具

吸塵器、塑膠刮刀、穩潔玻璃亮潔劑、碧麗珠亮光蠟、抹布。

■作業要領

1.先以吸塵器尖型吸管將窗台灰塵清理乾淨。

2.然後以溼抹布擦拭窗台及玻璃框木質部分。

3.接下來，以溼抹布擦拭玻璃之灰塵。

4.以穩潔亮潔劑噴灑玻璃，力求均勻，並以乾淨抹布擦拭即可。

5.窗台、木框等部位，須以碧麗珠亮光蠟再用抹布來打磨光。

6.旅館外邊玻璃若無法由內擦拭，可使用塑膠刮刀來清理灰塵，但嚴禁攀爬到外邊擦拭，以免發生意外。

7.整理完畢，須再三檢視，確定沒問題始可收拾工具歸定位。

(八)大理石檯面的保養

■使用工具

碧麗珠亮光蠟、美容蠟、刀片、抹布。

■作業要領

1.先將大理石檯面上的備品、飾物移開。

2.以刀片或薄鋼片，將檯面沾黏物刮除。刮除表面污垢時，須斜面來操作，避免刮傷大理石檯面。

3.然後以溼抹布先擦拭，再以乾抹布來擦拭。

4.接下來保養工作乃塗抹亮光美容蠟：

(1)白色大理石檯面，以「碧麗珠」亮光蠟來保養，再以乾抹布打磨光澤。

(2)黑色大理石檯面，以「美容蠟」塗抹均勻，再以乾布打磨光亮即可，但不要使用碧麗珠亮光蠟，以免留下蠟痕。

(3)如果是大理石浴缸，不可再塗亮光蠟或美容蠟，以防範客人不慎滑倒，造成意外傷害。

5.清理完畢，再將所有備品歸定位擺放整潔。

6.經檢視一切均無問題，再收拾工具，並置放於工具室。

第四節　布巾管理實務

旅館的布巾種類繁多，且數量大，爲旅館最大宗的消耗品，如果欠缺有效的制度與辦法來控管，將會影響旅館營運成本及費用支出之增加。一般大型國際觀光旅館有自設洗衣部工廠，至於較小型旅館均委外洗衣廠承洗。謹分別就布巾管理相關工作介紹如下：

一、旅館布巾的種類

(一)客房部布巾

1.毛巾：大毛巾、中毛巾、小毛巾（圖20-8）。
2.浴墊。
3.浴袍。
4.足布。
5.床墊布。
6.床單。
7.枕頭套。
8.羽毛被。
9.被套。
10.夜床巾。
11.帆布袋。
12.洗衣袋。
13.抹布。
14.口布。

圖20-8　客房浴室毛巾

(二)餐飲部布巾

1.檯布：大檯布、小檯布。
2.口布。
3.轉檯套。
4.服務巾。
5.杯墊。

6.圍裙。
7.抹布。
8.廚師服務巾。

二、旅館布巾的材質

旅館布巾材質的好壞，不但影響旅館本身形象，也會影響布巾品之使用年限及費用支出，因此旅館布巾的材質及選購工作相當重要。謹將旅館布品質量成分介紹如下：

(一)純棉布巾

此類布巾爲百分之百的純棉（Cotton 100%），其優點爲質地柔軟、透氣、吸水性強，如口布、服務巾、被套、床單、枕頭套，均以此純棉較高級。

(二)混紡布巾

此類布巾較挺，不易皺。依其含棉成分不同，可分兩種：

1.CVC布料：係指Cotton Viny Cotton，其棉的成分占一半以上。
2.TC布料：係指Textile Cotton，其棉的成分約占40%。

(三)人造纖維布巾

此類布巾係百分之百的人造纖維織成的布，外表亮麗不會皺，且易洗易乾，唯不吸汗、不易透氣。可供作爲床罩、窗簾或檯布。

三、旅館布巾的管理

(一)布巾倉庫的管理

1.布巾發放作業，應以先進先出法爲原則。

2.布品須分類摺疊整齊存放，並以塑膠袋或包裝紙打包，以免污損或褪色。

3.布品倉儲的地點須注意下列幾點：

(1)避免設置在通風不良、潮溼的地方。

(2)倉儲位置須有防範病媒入侵之設施，如防老鼠、蟑螂、跳蚤、白蟻等措施。

(3)布巾室設置地點避免陽光直射，或熱水、蒸氣管線穿越，如果無法避開，則須加強隔熱、防水、防漏之外緣處理。

(4)避免設置在地下室，尤其低窪地區之旅館更要注意設置地點之安全性。

4.布巾倉庫或布巾室之發放，須由領取人先塡具申領單並簽名，以利存量控管。

5.布巾倉庫之標準安全庫存量，通常以五套爲標準：

(1)一套正使用中。

(2)一套送洗。

(3)二套樓層布巾室備用。

(4)一套全新未用布品，留存旅館倉庫。

6.布巾平均使用年限爲兩年，不過要依其材質、使用頻率及保養維護良窳而定。

(二)布巾送洗標準作業程序

旅館各部門如客房部、餐飲部等布品送洗時，須依循下列標準作業程序送洗：

■分類

1.須將各類布品依種類、尺寸、顏色之不同，先逐加分類。勿將不同尺寸大小布品或顏色不同者，混合在一起，以免褪色污染其他布品。
2.潮溼布品要分開，勿將乾溼布品置放一起。

■檢查

1.送洗布品當中，要檢查是否有危險物品或異物夾雜在裡面，須先剔除掉，如牙籤、骨頭、魚刺或尖銳物，以免工作人員受傷或損及其他布巾。
2.若發現布品有特別污損地方或破洞，則須將該部位另行打結，以提醒洗衣房人員給予特別處理或予以報廢。

■打包

將布品依類別之不同，分別加以捆綁打包：

1.大尺寸布品：如床單、檯布、中毛巾，每五條一捆。
2.中尺寸布品：如枕頭套、腳墊布、口布、餐巾，每十條一捆。
3.至於大浴巾、足布或溼的布品則分別打包。

■送洗

1.依分類清點好的布品、品名、數量，填具「布品送洗單」二聯單，一聯自存，另一聯隨同布品送交洗衣房點收。

2.分類好的待洗布品分別裝車送洗。

(三)布巾分發標準作業程序

■分類摺疊

洗衣房清洗整燙完成的布品，須依種類、規格予以逐加分類，並摺疊整理及檢查是否乾淨或破損。

■品管檢查

將初步檢查不合格之洗燙衣物重新清理，並將色澤泛黃、染色或污損嚴重無法再使用者，予以挑出報廢處理。

■清點上車

1.將整理好的布品，依各單位送洗單所列之品名、規格、數量逐項清點，並整齊放置在各單位布巾備品車上。
2.再將各單位布巾備品車上，貼上各單位的布品送洗單，以備核對點交。

■點交發放

1.各單位領取送洗布品時，須持該單位自存聯單，前往領取。
2.經核對無誤，再將第二聯送洗單簽名確認，送返洗衣部存查，再領回所送洗的布品。

四、旅館布巾的報廢管理

(一)布品的使用年限

1.一般布巾的使用年限爲兩年。

2.布巾使用的年限，通常係根據布料的材質、布品類別及使用頻率高低而定。

3.謹將一般布品平均耐洗次數分述於下：

(1)全棉的床單：一百八十至二百次。

(2)混紡的床單：二百至二百五十次。

(3)全棉的檯布及口布：一百五十次。

(4)全棉染色檯布及口布：一百八十至二百次。

(二)布品報廢的標準

1.布品破損，如破洞、邊角撕裂，無法修補再使用者。

2.布品遭染色或褪色，無法清理者。

3.使用單位變更形式，原有舊型錄布品不宜再使用者。

(三)布品報廢的作業程序

1.旅館各部門布品，若發現有布品受污損，已達不堪使用時，須填具報銷單（表20-2），由房務部主管核章後，始完成正式報銷手續。

2.由布品室分類檢查報廢布品，再予以分類統計，製作「旅館布品報廢明細表」二聯單（表20-3），一份自存，另一份隨同報廢品移送到財務部報廢。

3.報廢布品須分類包裝，並標明品名、數量，送交財務部。

4.財務單位再將各單位報廢布品集中，並做有效再利用。

5.房務部主管再根據各單位報銷單，予以綜合分析檢討原因，並利用會議提出檢討報告。

6.一般耗損率爲1%至1.5%，若是報廢品在此合理範圍下尙屬可接受，若超出太多，則須追究原因及責任。

表20-2　報銷單

報銷單

部門別：＿＿＿＿＿＿＿＿　員工姓名：＿＿＿＿＿＿＿＿
日期：＿＿＿＿＿＿＿＿　時間：＿＿＿＿＿＿＿＿
品名：＿＿＿＿＿＿＿＿　數量：＿＿＿＿＿＿＿＿
單價：＿＿＿＿＿＿＿＿　總價：＿＿＿＿＿＿＿＿
事由及說明：＿＿＿＿＿＿＿＿＿＿＿＿＿＿＿＿
＿＿＿＿＿＿＿＿＿＿＿＿＿＿＿＿＿＿＿＿＿＿
＿＿＿＿＿＿＿＿＿＿＿＿＿＿＿＿＿＿＿＿＿＿
＿＿＿＿＿＿＿＿＿＿＿＿＿＿＿＿＿＿＿＿＿＿
＿＿＿＿＿＿＿＿＿＿＿＿＿＿＿＿＿＿＿＿＿＿
＿＿＿＿＿＿＿＿＿＿＿＿＿＿＿＿＿＿＿＿＿＿
填表人：＿＿＿＿＿＿＿＿　部門主管：＿＿＿＿＿＿＿＿
第一聯：報廢部門
第二聯：財務部
第三聯：倉庫

資料來源：張麗英（2003）。《旅館房務理論與實務》。

表20-3　布品報廢明細表

日期：＿＿＿＿＿＿

	單位	房務		咖啡廳		前檯		健身中心	
品名	金額	件數	金額	件數	金額	件數	金額	件數	金額

填表人：＿＿＿＿＿＿　主管：＿＿＿＿＿＿
第一聯：財部務
第二聯：洗衣房

資料來源：張麗英（2003）。《旅館房務理論與實務》。

第五節　公共區域之清潔與維護

公共區域是旅館占地最廣、也最不容易保養維護的地方。事實上，公共區域之整潔與否，攸關整個旅館之形象。此外，旅館公共區域之設施與設備若受到妥善的維護，不但美觀吸引人，同時也能延長其使用之年限，其重要性不容等閒視之。

一、公共區域的範圍

旅館本身由於經營形態、立地位置及管理理念之不同，對於公共區域清潔界定之範圍也不同。

一般而言，旅館的公共區域主要有客用公共區域及員工公共區域兩大類。通常員工公共區域如員工餐廳、員工休息室、員工洗手間等地區，有些旅館係由總務部門負責，或責由相關部門派員協助清理，至於少部分旅館則仍由房務部負責整潔工作。

旅館公共區域，主要係指客用公共區域爲主，其範圍有：旅館大廳、會客室、客用電梯、客用洗手間、旅館走廊、樓梯、健身房、三溫暖、游泳池、停車場、園林區等地區。

二、公共區域清潔維護單位之作業

(一)主要職責

1.負責旅館內外公共區域之整潔。

2.負責旅館各項公共設施之清潔保養維護。

(二)工作時間

1.工作時間採兩班制，可分早班與晚班，以輪班方式上班。
2.早班：上午六點半至下午兩點半。
3.晚班：下午兩點至晚上十點。

(三)作業流程

1.著裝換制服報到：上班前須先簽到，然後前往更衣室換裝，整肅儀容，再前往房務部報到。
2.準備工具，依工作分配項目進行清潔工作：依據清潔責任區定點巡查及檢查表內容（表**20-4**），逐項依標準作業程序來進行清

表**20-4**　大廳檢查表範例

				日期：	
區域項目	清潔狀況	簽名	區域項目	清潔狀況	簽名
旅館正門			櫃檯		
入口腳踏板			電腦螢幕		
入口自動門			裝飾桌		
入口玻璃門			書報架		
窗戶與窗台			所有燈具		
落地門窗			辦公椅子		
大廳玻璃門			辦公桌及櫃檯		
大廳腳踏板					
旅館大廳			其他		
壁燈及燈罩			往庭院門		
大理石地板			往餐廳門		
大廳大型花瓶			電源開關		
壁畫及古董			地毯吸塵		
鏡面及銅條			大理石地面		
窗戶及窗台					
玻璃桌					
桌燈及落地窗					
一般茶几					
沙發					

資料來源：張麗英（2003）。《旅館房務理論與實務》。

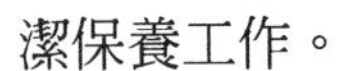
潔保養工作。

3.檢視公共設施與設備：工作期間負責巡視各公共區域之整潔外，若發現公共設施或設備有損壞，須告知工務部門，並填請修單請修，以確保營運之正常。

4.登錄清潔巡視表：每項工作完成後，須將時間、清潔狀況，予以登入清潔巡視表上，並簽名以示負責（表20-5）。

5.定時巡視公共區域，維護其整潔：公共區域清潔員須經常來回巡視各公共區域，以隨時保持其清潔。

6.完成當天清潔責任區之清理與簽到工作。

7.工作結束，完成交班，再將工具歸定位，始簽退離去。

三、公共區域的清潔作業

(一)旅館大廳（Lobby）

1.依「大廳檢查表」之工作項目，逐項加以清理。

表20-5　清潔巡視表範例

日期：			
清潔時間	清潔人員簽名	檢查結果	檢查人簽名
時　　分			
時　　分			
時　　分			
時　　分			
時　　分			
時　　分			
時　　分			
時　　分			
房務組長：		承辦員：	

資料來源：張麗英（2003）。《旅館房務理論與實務》。

2.隨時保持旅館大廳光鮮亮麗、一塵不染，如大廳、菸灰缸、家具、玻璃、大門鏡面玻璃、門框、手把等等。

3.以吸塵器清理地毯，應利用旅客較少的時段，如清晨或上午旅客遷出後之時段。

4.大廳盆栽、綠色盆景，須加強擦拭或修剪枯葉並澆水（圖20-9）。

5.大廳大理石地板，須以靜電拖把擦拭光亮。

6.注意大廳設備及照明等各項設施之功能，若有損壞須立即請修，並於清潔巡視表上註明請修項目。

7.旅館大廳須定期固定保養維護：

(1)每週須將旅館全面清潔一次：

①將古董飾物保養清點。

②銅質設備全部上油打亮。

③鏡面及大門玻璃噴灑清潔劑保養。

④地板打蠟磨光。

(2)每月須將吊燈、家具、不鏽鋼、冷氣孔以及太平梯做一次徹底的清潔保養工作。

圖20-9　大廳盆栽應修飾整潔，營造宜人氣氛

資料來源：晶華酒店提供

(3)每三個月，旅館外牆、飾物、招牌，須委外清潔公司做一次清潔保養工作。

(二)客用化妝室（Toilet）

■清潔前準備作業

1.將清潔告示牌擺在門口，提醒客人清潔打掃中。
2.確定廁所無客人，才可開始清理。
3.先收集垃圾，並集中置放於門口垃圾袋內。

■清潔作業程序

1.依「客用化妝室檢查表」（表20-6）規定，就其所列項目，加以逐項清理。
2.先噴灑清潔劑於洗手槽、馬桶、馬桶蓋及馬桶座上，再以菜瓜布及海綿刷洗，並注意是否有阻塞情事。若有此現象，則須填請修單，請工務部派員清理。
3.以抹布拭乾洗手槽及馬桶蓋。
4.沖洗地板、牆壁，以洗潔劑噴灑牆壁、男便池、洗手台並刷洗乾淨，再以清水沖乾淨。
5.以乾抹布擦乾所有洗刷的設施及設備。
6.將垃圾袋更換新的，並擦拭鏡面及補充備品，如擦手紙、洗手乳、衛生袋（女廁所）及不足三分之一的衛生紙。

■善後整理

1.收拾工具，將腳踏墊歸定位。
2.檢視廁所燈光、消防設施是否正常。
3.每月固定更新廁所清香劑及消毒劑。

表20-6　客用化妝室檢查表

												日期：				
時間 項目	07:00	08:00	09:00	10:00	11:00	12:00	13:00	14:00	15:00	16:00	17:00	18:00	19:00	20:00	21:00	22:00
馬桶																
垃圾桶																
衛生紙																
菸灰缸																
植物																
小便池																
擦拭鏡面																
洗手台																
大理石牆面																
補充備品																
洗手皂																
電燈泡																
地面清潔																
通風口																
其他（請說明）																

資料來源：張麗英（2003）。《旅館房務理論與實務》。

4.定時巡視各廁所，並於巡視表上簽到以示負責。

(三)客用更衣室（Dress Room）

1.須清除排水孔之垃圾及毛髮。

2.將清潔劑噴灑在水龍頭、蓮蓬頭、牆面及浴門、地板上，再加以刷洗、沖乾淨。

3.以乾布拭乾。

4.收取客人用過的布巾。

5.補充相關備品，如洗髮精、沐浴乳、香皂、面紙、棉花棒及擦手紙等等。

6.依「更衣室檢查表」規定各項，逐項檢查，並於清潔巡視表上簽字。

客房鋪設與房務服務作業

旅館服務品質的好壞除了第一線的客務作業外，首推房務服務作業，本章將分別針對國內外鋪床作業之方式，以及有關開夜床、換房、客房飲料服務、擦鞋服務等等房務服務作業加以詳述。

第一節　鋪床作業

旅館房務鋪床（Make a Bed）作業，國內外之作業方式與要領不盡相同，即使國內旅館業界之作法也互異。謹就較常見的鋪床要領摘述如下：

一、國內鋪床之要領與步驟

■鋪床墊布（**Bed Pad**）

先將床墊布均匀平放於床中央位置。

■鋪第一條床單（**Bed Sheet**）

1.將床單攤開，平放在床上，兩側垂下部分要等長。

2.將床單四角，以45度斜摺入床墊底下，床單要拉平整。

■鋪第二條床單

1.要領與鋪第一條床單一樣。

2.床頭處之床單，一邊與床頭對齊，垂下部分要等長。

■鋪毛毯（**Blanket**）

1.將毛毯均匀平鋪在床單上，毛毯一邊距床頭約20公分（以利第二條床單包住毛毯做襟）。

2.將毛毯拉平整，再將靠床頭之第二條床單拉起，包住毛毯，往下摺疊做襟，寬約20公分。

3.然後再將毛毯、床單，左右邊與下方露出之部分拉襯，再斜摺塞下床墊底下，並將床面拍平整。

4.最後放置換好新枕頭套之枕頭兩個。

■蓋上床罩（**Bed Cover, Bed Spread**）

1.床罩套好後，再往床頭處拉平整，左右對齊。

2.床罩色調要柔和，唯忌諱白色。

二、國外房務員鋪床的程序（圖21-1）

1.先將床墊正確平放於床上，再鋪上第一條床單。

2.將左上角床單，以45度斜摺入床墊下。

3.左下角床單，也以45度斜摺塞入床墊下面。

4.再將第二條床單鋪在床上，與上方及床頭平齊。

5.然後將毛毯鋪在床上，覆蓋在第二條床單上。

6.將第二條床單反摺蓋在毛毯上。

7.將第二條床單及毛毯，沿床緣依序摺入床墊。

8.將第二條床單及毛毯，在床尾左邊斜摺整齊。

9.接下來開始整理右邊。將第一條床單右下角，以45度角斜摺。

10.再將第一條床單摺入床墊。

11.將第二條床單及毛毯在右下角斜摺整齊。

12.將第一條床單上方，在床頭處斜摺。

13.將第二條床單摺入毛毯，做成襟。

14.將枕頭放在床頭，拍平整。

圖21-1　房務員鋪床的程序

15.最後將床罩蓋上，即完成鋪床。

三、豪華客房的鋪床方法

豪華客房的鋪床方法，一般旅館鋪床通常是鋪上兩條床單及一條毛毯或絨被，至於較高級豪華旅館的客房，則在毛毯上，另加鋪放一條上層床單，將毛毯以第二、第三條床單包覆著，頭端自床邊向下反摺成襟，寬約20至25公分，以便放置枕頭，如國內目前餐旅服務技能檢定之鋪床方法。

四、餐旅服務技能檢定鋪床作業

目前國內餐旅服務技能檢定，鋪床之作業程序，其要領及其步驟如下：

1.將清潔衛生墊鋪設在床上：須將鬆緊帶四角端，緊扣入床墊下，以免脫落。
2.鋪上第一條床單：須將床單均勻平鋪，四邊垂下等長，再將四周摺入床墊下。
3.鋪上第二條床單：由床頭處鋪放，將床單拋向床尾，平鋪於床上；床頭床單須下垂至床墊二分之一處，約20公分長。
4.鋪設毛毯在床單上：由床頭處鋪放，將毛毯平鋪床上，兩邊垂下等長。
5.鋪設第三條床單：由床頭處鋪放，要領同第二條床單，兩邊垂下等長。
6.將第二條床單、毛毯及第三條床單，往下翻摺：由床頭端，將第二條床單拉起，將毛毯與第三條床單，一起往下翻摺成襟，摺寬約20至25公分。

7.將床單毛毯之左右及床尾，三邊均摺入床墊下面：床鋪上方，宜用手輕拍平整，較美觀。

8.套上枕頭套，將軟枕平行放置在標準枕上：枕頭有標準枕及軟枕，各一個。枕頭套開口端向外。枕頭須靠床頭板放置。

9.最後將床罩鋪上，即完成：床罩須覆蓋住枕頭後緣，枕頭前方接觸床面處摺入約5至10公分，床尾及左右兩邊，宜稍加修飾整齊美觀。

第二節　房務服務作業

客人進住旅館伊始，房務服務工作即系列展開，期以提供客人最舒適滿意的服務。除了例行性整理客房工作外，尚須立即處理客房要求的服務或來電詢問工作，因此房務服務作業之範圍相當廣，謹就其要項介紹如下：

一、開夜床（Turn-Down Service）

(一)目的

便利客人晚上就寢，提供客人有一舒適、寧靜、雅致之房間，以利安眠。

(二)時機

通常下午五、六點之後，即準備爲客人做夜床之開床服務。

(三)作業要領

1.打開房門，將布巾車停在房門口（圖21-2）。

2.清理房內垃圾。

3.擦拭客人使用過之杯皿、家具。

4.補充備品或放置晚報。

5.將床罩收取、摺疊好整齊放在衣櫥或行李架上，但不可任意置放地板上。

6.將床襟之左方或右方，一邊拉起摺成三角形。開左方或右方，端視客人起床或上床方便為考量。

圖21-2　旅館備品工作車
資料來源：寬友公司提供

7.放置夜床相關服務備品：

(1)晚安卡、晚安糖及玫瑰花於摺角上。

(2)床緣前，靠近床頭音響處，擺墊腳布。

(3)拖鞋置放在墊腳布上，擺整齊。

8.關上窗戶，拉上窗簾，打開小夜燈。

9.檢查客房冰箱飲料，並入帳登記。

10.完成各項工作後，再巡視一遍，始退出客房。

11.登錄夜間房間狀況報表（表21-1）。

12.若客人房門掛上「請勿打擾」牌，或房門反鎖無法提供開床服務時，則將未開夜床通知單由門縫塞入客房，告知若需要服務，再通知房務部。

表21-1 夜床狀況報表（Housekeeping Night Service Report）

Floor（樓層）：　　　　Date（日期）：
Room Attendant（房務員）：　　　　Time（時間）：

Room No.（房號）	Vacant（空房）	Occupied（續住房）	C/O（遷出房）	VIP（貴賓）	L/S（長住客）	Door Lock'd（反鎖）	No Sleep In（未回）	Remark（備註）

資料來源：張麗英（2003）。《旅館房務理論與實務》。

二、換房服務（Room-Change Service）

(一)目的

爲滿足客人本身之個別需求，旅館所提供的一種服務方式。

(二)原因

1.房間與當時訂房要求不同。

2.旅客進住後，發現環境、氣氛不適應。

3.價格不符合等值服務。

4.客人想與親友、團體較接近之房間。

5.客滿時臨時安排暫住的房間。
6.其他個人特別因素之考量，如方位、風水等等。

(三)作業要領

1.接到換房通知單（Room-Change Notice）時，速將房內所設置之鮮花、水果盤、刀叉等物品，依規定移到新客房。
2.客人遺留物品、客人行李，均一併移到新客房。
3.若原房間所屬物品被客人移走，須負責取回。如果客人正在使用中，須俟客人退房後，加以取回歸建原房間。
4.若客人行李尚未事先整理好，須協助客人打包行李。
5.換房時若客人不在房內，將行李收好移往新房間後，須將所有行李物品，依原房間擺設方式加以放置好。
6.原房間所有客帳，均須同時移轉至新客房。

三、客房飲料服務（Minibar Service）

(一)目的

爲提供更多周邊之房務服務，通常在每間客房設置冰箱或小酒吧，以便利客人之使用。

(二)作業要領

1.每天打掃客房時，要順便檢查冰箱或酒吧。
2.核對各項飲料數量、種類及是否使用過。
3.核對飲料帳單與客人飲用的數量，並將日期、時間、飲用數量、金額等資料，登錄在冰箱飲料單上（表21-2），並簽名。
4.如果客人擬辦理退房時，則以電話通知櫃檯出納，告知客人使

表21-2　冰箱飲料單（**Minibar Captain Order**）

冰箱飲料單				
房號（Room No.）：	日期（Date）：		編號（NO）： 時間（Time）：	
總數（Stock）	品名（Items）	單價（Unit Price）	消費數量（Quantity Consumed）	小計（Sub Total）
1	白酒（White Wine）	500		
1	紅酒（Red Wine）	500		
2	台灣啤酒（Taiwan Beer）	100		
2	海尼根（Heineken）	120		
2	麒麟啤酒（Kirin Beer）	120		
2	百威啤酒（Budweiser Beer）	120		
2	蘋果汁（Apple Juice）	70		
1	可口可樂（Coca Cola）	100		
1	健怡可樂（Diet Cola）	100		
1	雪碧（Sprite）	100		
1	通寧水（Tonic Water）	100		
2	礦泉水（Evian Water）	100		
2	氣泡礦泉水（Perrier Water）	120		
2	波本威士忌（Bourbon Whisky）50ml	200		
2	白蘭地（Cognac V.S.O.P.）30ml	250		
2	琴酒（Gin）50ml	250		
2	馬丁尼（Martini）50ml	250		
2	伏特加（Borzoi Vodka）50ml	250		
2	貝禮詩甜酒（Bailey’s Irish）50ml	200		
2	蘇格蘭威士忌（Scotch）50ml	250		
1	薯片（Pringles）	100		
1	玉米脆片（Doritos）	100		
1	起士球（Combos）	100		
1	日式餅乾（Japanese Snack）	120		
1	三角巧克力（Toblerone）	100		
2	巧克力（M & M）	50		
總計（Total Amount）				

房客姓名／簽字（Guest Name/Signature）：
服務人員簽名（Room Maid）：　　入帳人員簽名（Posted By）：
第一聯：白色　第二聯：紅色　第三聯：黃色　第四聯：藍色

資料來源：亞都飯店提供

用數量及金額，以一併付帳。

5.如果客人爲續住房者，則將帳單底聯留在冰箱或小吧檯即可。

6.房務員須根據每個房間飲料帳單予以統計，製成每日冰箱飲料報表，再向飲料管理員領取須補足之飲料。

7.飲料擺放須依規定整齊擺在固定位置，標誌logo朝外或向上。

8.所有飲料、食品均須注意有效時間，以先進先出法的倉儲原則處理。

四、擦鞋服務（Shoeshine Service）

(一)目的

提供客人貼心、加値的房務服務，以解客人鞋子弄髒不便清理之困擾。

(二)作業要領

1.依要求擦鞋之房號，逐房蒐集，並以便條紙寫上房號，再貼於鞋內，以利分辨。

2.利用空檔時間完成擦鞋工作，除非客人要求在指定時間完成。

3.皮鞋擦拭完畢後，將皮鞋放入包裝袋，再以註記房號之便條紙貼在袋子上。

4.將鞋子逐房放入房間時，須將貼紙取下。

5.最後再登錄於樓層交代簿上，以備查。

五、保母服務（Baby-Sitter Notice）

(一)目的

爲提供部分旅客因無法帶小孩外出時之服務。旅館客人有時因要參加正式宴會或活動，但卻不便將小孩帶在身邊，此時可由旅館代爲託人照料其小孩。

(二)作業要領

1.首先須問明客人姓名、房號及所需看顧日期與時間。

2.告知客人收費標準。通常以三小時爲單位，超過時間再另外按時計算費用。

3.保母人選務必要由旅館員工擔任，不可請外人看顧，以策安全。一般係由房務部聘請旅館內較資深有經驗之休假員工爲主。

4.人選確定後，應服裝整齊並掛上旅館名牌，先介紹給客人，再於約定日期、時間，提早十分鐘向客人報到。

5.保母在照顧期間須經常與房務部人員聯絡，以利隨時掌握狀況。

6.當客人返回後，再將小孩親自送交客人，然後始禮貌退出房間。

六、旅客遺留物品服務（Lost & Found Service）

(一)目的

爲維持旅館良好聲譽，建立優質服務之企業形象，旅館全體員工應加強培養誠信之工作情操。

(二)作業要領

1.當發現客人遺留物品時，應先通知櫃檯，查詢客人是否已結帳離去，若客人尙未離去，則盡速將物品交還客人。

2.若客人已結帳離開，則先塡具一份「房客遺留物品登記表」，詳細登錄下列事項：

(1)日期、時間、地點。

(2)房號、房客姓名。

(3)物品名稱、數量。

(4)拾獲者。

3.將失物以塑膠袋打包，連同登記表送交房務部辦公室值班員處理。

4.再由櫃檯人員與客人聯繫，再決定處理方式，但不可直接將物品逕寄還客人，以免造成客人不便。

5.上述資料及物品，保存期限爲六個月，若屆時無人認領，則依旅館規定發還拾獲人或拍賣歸公。

一、解釋名詞

1. 旅館的商品
2. 外務部門
3. 房務部
4. 客務部
5. 超額訂房
6. 布巾備品車
7. 七件式備品
8. 旅館的備品
9. 旅館公共區域
10. 開夜床
11. Front Office
12. Housekeeping
13. No-Show
14. O O O
15. F I T
16. G I T
17. Wake-Up Call
18. Express Check-Out
19. Hollywood Bed
20. Studio Bed
21. Deluxe Suite Room
22. Connecting Room
23. Duplex Suites
24. Outside Room
25. Triple Room
26. Made a Bed

二、問答題

1.旅館的商品有那些？試詳述之。

2.一般大型的旅館組織可分爲那些部門？試述之。

3.旅館櫃檯主要的業務有那些？試摘述之。

4.如果你是旅館的櫃檯人員，若有旅客前來要求住宿登記，請問你將如何處理？

5.何謂“Overbooking”？假設你是櫃檯主任你將會如何來處理此項作業，試述之。

6.旅館電話總機之職責有那些？試述之。

7.目前各旅館對於一般散客之遷入與遷出作業流程爲何？試述之。

8.「客房是旅館的心臟，而房務是旅館的守護神」，請問此句話之涵意爲何？何以房務工作如此重要？試述之。

9.如果你是旅館房務部的主管，請問你將會如何來評鑑房務工作品質之良窳？試申述之。

10.布巾備品車係一種活動庫房，請問布巾備品車之整理準備工作要領爲何？試述之。

11.房務部選購器具時，須遵循的基本原則有那些？試述之。

12.旅館備品設計時，須考慮那些原則？試述之。

13.旅館客房的備品很多，請問客房衛浴、化妝間常見的消耗性備品有那些？試列舉之。

14.旅館客房所使用的床，若依規格尺寸來分有那幾種床？試述之。

15.依一般旅館業之分類法，客房可分爲那幾種？試摘述之。

16.旅館客房中常見的“Connecting Room”與“Adjoing Room”此兩者之差異何在？試述之。

17.旅館客房清潔作業之流程與步驟爲何？試列舉其要簡述之。

18.旅館客房房間須經常補充那些消耗性備品？試列舉之。

19.如果你是旅館房務人員，請問下列電器、設備應如何來清潔維護？試述其作業要領。

(1)電話機　(2)電視機　(3)冰箱

20.如果你是旅館樓層房務員，當你準備將自客房換下來的髒布巾送洗時，依規定程序你該如何處理？試述之。

21.旅館公共區域清潔維護工作係那一部門之職責？並請就其作業流程詳述之。

22.目前國內餐旅服務技能檢定鋪床之作業程序爲何？試述之。

23.何謂開夜床？試述其作業要領。

24.如果你是旅館樓層房務員，當客人向你抱怨其房間不理想，而想要更換其他空房時，你將會如何來處理？

第五篇
顧客抱怨與緊急事件危機處理

單元學習目標

- 瞭解餐旅顧客抱怨的原因
- 瞭解餐旅顧客抱怨的事項及其頻率多寡
- 瞭解防範顧客抱怨的方法與措施
- 熟悉顧客抱怨事項的處理原則與步驟
- 瞭解火災的類別及其構成要件
- 瞭解火災緊急事件的危機處理作業要領
- 瞭解預防食物中毒的基本原則
- 瞭解地震發生時的緊急危機處理作業要領

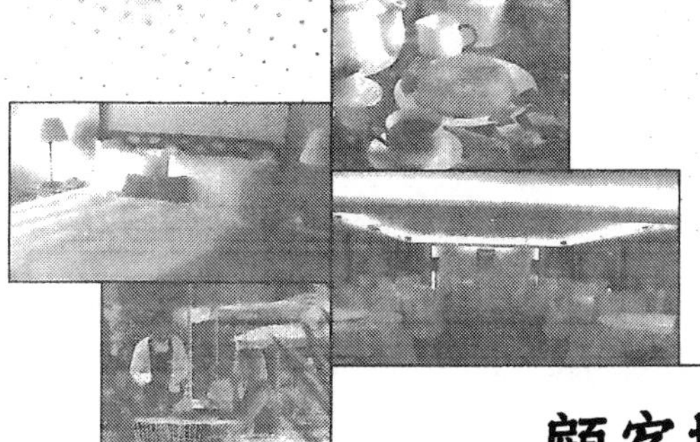

顧客抱怨之處理

餐旅業係觀光服務業的一種，但其與一般服務業最大的不同點，乃在於其商品所具有的獨特性，它須藉著周邊相關設施，並透過服務與之相結合，始能展現出產品的特性與價值。由於此商品變化多、異質性高、不易儲存且難以分割，再加上餐旅顧客類型不同，需求互異，更使得餐旅服務品質難趨於一致水準，所以當客人步入餐廳、旅館前，原先所預期的服務品質與實際所接受的服務有落差時，很容易招致客人的不滿與抱怨。

顧客的怨言無論如何微小，均會影響到餐旅業者的聲譽，身爲餐旅從業人員的我們，若未能正視此問題，並事先設法防患未然，那將如何奢言高品質的服務呢？本章特別就餐旅業最容易招致顧客抱怨的事項及其防範處理的原則與步驟，分別摘述於後：

第一節　顧客抱怨的原因

顧客前往旅館或餐廳消費都希望得到熱情的接待，受到應有的尊榮。如果餐旅服務人員所提供的餐旅產品服務，未能符合或滿足其原先之認知或欲求時，將會引起顧客的不滿。爲提升餐旅產品服務品質並創造顧客的滿意度，餐旅管理者必須設法先行研究導致顧客抱怨的原因何在，再據以研擬妥善之因應策略與具體改善之道。

一、顧客抱怨的原因

餐旅顧客抱怨的原因很多，主要可歸納爲主觀和客觀兩方面的原因：

(一)主觀的原因

1.餐旅產品問題：餐旅服務人員所提供的餐旅產品未能滿足顧客之期望，造成顧客之不滿。例如食物不新鮮、菜餚走味變質或烹調不當；客房衛浴備品殘缺不全、床單有異味或污漬等問題均屬之。

2.環境設施問題：顧客期盼餐廳、旅館所提供的休閒環境或娛樂設施均能盡善盡美，若周遭環境雜亂、空調運轉失靈、餐桌椅陳舊破損、健身中心空間不足、停車場動線規劃不當……等問題，均容易引起顧客不悅。

3.服務傳遞問題：所謂服務傳遞問題係指餐旅服務人員之服務態度、服務人員與顧客間之互動、餐旅組織內外場之作業聯繫，以及後勤支援系統之配合情形等問題。例如服務態度不佳、服務欠主動積極、使客人久候或未能及時提供所需之服務等等問題均屬之。

(二)客觀的原因

1.餐旅設備問題：餐旅企業之設備未能及時更新，不能符合時代之潮流，因而造成客人諸多不便。例如客房因陳舊，大熱天僅有風扇而無冷氣空調；電源插座僅有兩孔或缺少插座，造成客人的不方便。

2.價格收費問題：餐旅產品之價格標示不清楚、服務收費不合理或帳單有誤等等問題，均容易造成客人的不滿而抱怨。

3.物品遺失問題：顧客前往旅館進住或到餐廳消費，往往會不慎遺忘或遺失物品。此時餐旅服務人員應立即協助找尋，否則稍有不慎或處置應對不當，極易招致顧客之不滿。

4.顧客個性問題：餐旅顧客之客源來自不同的國籍，生活文化、

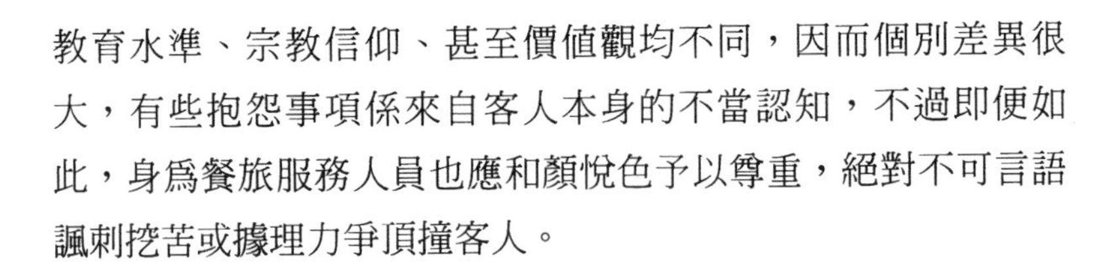

教育水準、宗教信仰、甚至價值觀均不同，因而個別差異很大，有些抱怨事項係來自客人本身的不當認知，不過即便如此，身爲餐旅服務人員也應和顏悅色予以尊重，絕對不可言語諷刺挖苦或據理力爭頂撞客人。

二、餐旅顧客抱怨事項的類別

(一)美國旅館協會與美國國家餐廳協會公布之事項

根據美國旅館協會（American Hotel & Motel Association）與美國國家餐廳協會（National Restaurant Association）曾做的調查研究指出，餐廳顧客最常抱怨的事項，按頻率多寡，依序爲下列幾項：

1.停車問題。
2.餐廳空間與動線不當問題。
3.服務水準問題。
4.餐廳售價與附加服務問題。
5.噪音問題。
6.員工態度問題。
7.食物品質與製備問題。
8.餐廳外觀問題。
9.餐廳備餐與供食服務操作時間問題。
10.服務次數問題。

(二)國內相關文獻之調查研究

根據國內相關文獻之調查研究，顧客抱怨事項可加以歸納爲下列幾大項：

1.服務態度方面：冷漠、傲慢、怠惰、欠主動、不誠實。
2.價格方面：標價不明確，價格太高不等值的服務。
3.服務印象：菜餚品質、異物、衛生、氣氛、噪音、上菜慢、等候太久及未受到尊重。
4.環境設施：場地大小、停車問題、設備等硬體問題。
5.顧客本身的問題：顧客的認知差異、生活習慣等個別差異。
6.其他因素：如供應商供貨之延誤、誤時、誤送或其他外在環境之影響因素。

三、顧客抱怨事項之防範

顧客抱怨事項防範之道無他，最重要的是須先設法消弭可能引起顧客抱怨之因子於無形，如此始能防患未然。謹將防範顧客抱怨的方法摘述如下：

圖22-1　加強餐飲人力資源之培訓

(一)加強餐旅人力資源之培訓（圖22-1）

1.培養餐旅服務人員的服務態度與機警的應變能力。
2.培養服務人員的專業知能與服務技巧。
3.培養服務人員良好的人格特質與正確服務人生觀。

(二)建立標準化的服務作業與服務管理

1.餐旅業最大的資產爲人，餐旅服務品質之良窳乃端視人力素質之高低而定，因此須加強服務管理。
2.餐旅服務品質的穩定有賴健全的標準化服務作業之訂定與執行，唯有透過標準化的服務，才能提升服務品質，使顧客對餐

旅產品產生一種「認同感」與「幸福感」，如此一來，當可消弭顧客之抱怨於無形。

(三)創造顧客滿意度

服務人員應隨時以創造顧客滿意度爲念，主動關注顧客，親切而有禮地適時提供問候與服務，以贏得客人對你的信任與好感，如此將會減少客人挑剔及吹毛求疵的問題。

(四)餐旅銷售契約要明確，須具等值的服務

1.餐旅銷售的契約條件及內容務須明確詳實告知客人，使客人能完全瞭解契約的內容，使其瞭解所付出的金錢可以享受到何種產品與服務。
2.大部分客人最不能忍受的是受到不等值的服務，而有一種受欺騙之感。
3.「誠信」乃餐旅從業人員最重要的職業道德。唯有以誠待人、信守諾言，才能贏得客人信賴，進而建立企業良好的市場形象。

(五)加強餐旅環境、設備與硬體設施之維護

1.提供客人良好便捷的停車服務或停車場。
2.給予客人溫馨、雅致的寧靜環境（圖22-2），如燈光、音響、裝潢、格局規劃、服務動線、植栽美化等等。

圖22-2　溫馨雅致的餐旅環境
資料來源：君悅飯店提供

(六)加強餐旅產品的研究與餐旅品質的控管

1.運用餐旅作業標準化來穩定產品品質，做好質量管理。

2.運用菜單工程，加強菜單之改良與品質提升。

第二節　顧客抱怨事項的處理

當顧客先前預期的服務品質水準與其實際所感受到的相差甚遠時，他們的心態或情緒極易受到影響，進而會透過言語或肢體行爲來表達其內心不滿之情，此時業者若沒有即時迅速有效加以處理，並讓客人當場滿意，可能會使事態擴大，勢必會影響到整個企業的形象與聲譽。謹在此將餐旅業者對顧客抱怨事項的處理原則與步驟摘述臚陳於後：

一、顧客抱怨的心理需求分析

顧客之所以會抱怨，往往是其欲求無法獲得適當的滿足或回應，進而宣泄其不滿之情，其主要目的乃在尋求彌補其欲求之不足或尋找發洩，以求心理之均衡感。謹就顧客抱怨的心理，綜合歸納分析如下：

(一)求尊重心理

任何一位顧客均希望獲得一致性的熱情接待服務，不希望受到不公平或冷漠的對待，他們要求受到應有的重視，享受溫馨賓至如歸般的貼切服務。如果服務人員未能洞察其心理需求，而未能在客人抱怨的第一時間即迅速給予致歉，並採取適當處理措施，將會錯失修補之良機，甚至得罪到顧客。

(二)求發洩心理

餐旅顧客之所以會抱怨，這是一種心理現象之自然反應。例如當顧客受到不等值的產品服務時，會利用抱怨之手段來宣泄心中壓抑之怒火，以維持心理之平衡。

(三)求補償心理

顧客對於餐旅服務人員所提供給他的產品服務品質若覺得不滿意，或感覺其權益受損，因而產生抱怨，究其心理需求而言，乃希望業者能向其致歉，並賠償或補償其所受的損失。例如抱怨菜餚量太少、房間空調故障、早晨喚醒服務延誤……等等均是例。

二、顧客抱怨事項的處理原則

1.理智冷靜，態度誠懇，對顧客關心，絕不可提高語調爭辯。
2.態度寬容，設身處地瞭解顧客心態，穩定其不滿情緒。
3.耐心傾聽顧客訴怨，絕不可打斷顧客詬病或與其爭吵。
4.迅速處理，切勿拖延，表現樂意協助對方之意。
5.謹慎結論，無論立即解決問題或顧客過分要求，不可輕率承諾或過早提出結論。
6.記錄存參，任何顧客抱怨問題須加以記錄，如客人姓名、意外事件發生日期、時間、事件原因及處理情形，以供爾後工作參考。

三、顧客抱怨事項的處理步驟

1.先弄清楚顧客姓名、事由，再向顧客致歉，並表同情，盡量讓現場氣氛平順和緩。
2.盡量請顧客傾吐怨言，說出關鍵問題所在，瞭解事情眞相。
3.注意聆聽，不可中斷顧客陳述，更不可與對方爭論。
4.發揮同理心，表示瞭解客人感受與觀點。
5.瞭解問題癥結後，應立即向顧客詳加解釋，並提出解決辦法，告知準備處理方式。一經對方同意，立即行動徹底執行，以免失信於人，徒增客人更大不滿。
6.最後謝謝顧客的建議與投訴。
7.問題處理完畢，應記錄下來，以供日後工作上的參考。
8.問題若無法圓滿解決，不可輕易做出結論，須立即陳報上級研商解決之道。
9.事後可寄致歉函，感謝顧客的寬容，並為所帶給他的不便致歉，以消除顧客的不良感受，並歡迎其再次光臨。
10.餐旅顧客抱怨事項的處理，通常是由領班以上幹部來負責。

四、顧客抱怨事項的特殊處理技巧

顧客的抱怨無論如何微小或不近情理，若處理不愼，均可能成為導火線，引起意外的麻煩與嚴重的後果。對於一般顧客合理的訴怨，我們可依前面所談的原則與步驟來處理，至於少數情緒化類似無理取鬧或過分的訴怨，則可運用下列應對技巧來處理：

1.質問法：這是一種以守為攻的有效策略。當客人陳述問題幾近不合情理，且異議愈說愈多，為避免客人過於情緒失控，可適時反問對方：「爲什麼？」期使他冷靜思考，並處於一種說明的地位，如此可避免對方話閘愈說愈多，弄得場面尷尬，此法相當有效。

2.引例法：這是一種消除客人疑慮，增強自己論點的方法。當客人提出反對的話之後，可引證過去類似事例，使客人自認爲其疑慮係屬多餘，而不再繼續堅持己見了。

3.閃避法：這是一種以柔克剛、以退爲進的有效方法。當客人非常情緒化反應時，則可採用此法，對客人陳述事項姑且先表同情之意，最後仍照樣委婉陳述自己的主張或見解。

4.轉向法：這是一種轉移話題，沖淡客人激烈情緒反應的方法。此方法係一種將客人注意力轉移到其他方面，以沖淡其情緒，客人往往經轉移注意力之後，就不會再繼續堅持其要求。

5.否定法：這是一種直接否定客人不合情理、過分要求的方法。此方法盡量少用爲宜，如果使用不當，將更激起對方反感。

五、顧客抱怨事項處理的禁忌

1.絕對禁止強辯或與客人爭吵，即使客人有錯，也不可當衆數落客人的不是。

2.勿私下給予交換條件，或太早做出承諾，以免屆時做不到或發覺不妥而招致客人更大的不滿。

3.勿隨便回答沒具體事證的不實言論，或涉及第三者之情事。

4.若有必要召開協調會，宜請社會公正人士當主席，業者本身避免兼當主席，以利協調會之順利仲裁。

火災事件的危機處理

消防最好的方法就是事先防範火警的發生。若不幸果眞發生火災，在最初的三至五分鐘內爲滅火救災的黃金時間，而此時段所採取的緊急行動也最爲重要。

餐旅業所發生的緊急意外事件當中，最嚴重的首推火災。雖然現代化旅館或餐廳均有完善的消防設備與防火設施，唯若平時欠缺消防安全教育與演練，一旦發生火警，將會因不知如何應變而驚惶失措，甚至造成永遠無法彌補之憾。因此本章將分別介紹有關消防與逃生的相關專業常識，以及緊急事件發生時危機處理的要領，期使讀者對此課題有一正確的基本認識。

第一節　火災之特性與分類

火災之所以會發生最主要的先決條件爲必須有可燃物，由於可燃物品性質不同，因此所造成的火災類別也不同。

一、火災的特性

一般而言，通常火災均具有擴大性、變化性、偶發性以及危險性等特性，謹分別說明如下：

(一)擴大性

擴大性另稱「成長性」，因爲火災一旦發生，將不斷快速成長且擴大延燒面積。若持續供應可燃物而無斷阻燃燒之因素介入，則火勢將不斷成長擴大。因此若要滅火，必須有效掌握剛起火之後三至五分鐘內之「黃金時段」，以掌控滅火黃金時機。

(二)變化性

變化性另稱「不定性」，乃因為火災之燃燒受到火災現場的燃燒物質、建築結構、地形以及當時氣象等等因素的影響，而使得火災現場變成一種狀況變化莫測的場所。例如火災初期也許僅是濃煙燻燒，然後變成熊熊火焰，接著可能產生氣爆或冒出火球。

(三)偶發性

偶發性另稱「突發性」，這是因為大部分的火災均是突然發生的，且無法預料得到，除非是人為縱火或暴露高溫之下。因此餐廳或旅館必須有自動警報裝置及自動滅火設備，始能防患未然。

(四)危險性

火災發生之後，因為所燃燒的物質會釋放出有毒的氣體及濃煙，對人體隨時有可能造成致命性危害。

二、火災發生之基本要件

火災發生的基本要件有下列四項，缺一不可。茲分述如下：

(一)必須要有可燃物或易燃物品

火災之發生一定要有可燃物或易燃品，才會引起火苗的燃燒。因此平時我們須注意將易燃品遠離火源，即使萬一發生火災，若無可燃物，火災自然無法蔓延或擴大，甚至很快即自己熄滅。

(二)須有相當高的溫度——燃點熱能

任何東西必須要達到相當高之溫度——即燃點，才會引燃可燃物或易燃品，因此降低溫度可作爲滅火方法之一，如灌水即爲此原理之應用。

(三)須有相當的氧氣

火災之發生除了具備上述兩項要件之外，還必須有氧氣，若無氧氣助燃，即使有可燃物及燃點之高溫仍無法造成火災。因爲氧氣是一種助燃劑，所以萬一發生火災，可採用空氣隔離法來達到滅火之目的，例如泡沫滅火器係應用此原理來達到救火之功。

(四)連鎖反應

火災現場火勢燃燒所產生的結果，會再擴大並助長火勢，因此會產生一種連鎖反應，使災情不斷擴大，此現象稱之爲「連鎖反應」。

三、火災的類別

火災可分爲A類火災、B類火災、C類火災及D類火災等四種：

1.A類火災（普通火災）：係指一般可燃性材料所引起的火災，如木造房屋、紙類、家具、纖維製品、塑膠等可燃物所引起的火災。
2.B類火災（油類火災）：係指油脂類火災而言，如石油類、天然氣、油漆等可燃性液體或氣體所引起的火災。
3.C類火災（電氣火災）：係指由電器、電線所引起的火災，如電器用品、電壓配線、電動機械等所引起的火災（圖23-1）。

圖23-1　廚房電器用品所引起的火災為C類火災

4.D類火災（金屬火災）：係指由金屬化學原料所引起的火災，如鉀、鎂、鈉等可燃性金屬原料所引起的火災。

第二節　滅火之原理與滅火器認識及操作

火災發生的原因很多，其引燃物質也互異，因此所適用的滅火器也不同。爲求有效達到滅火的效果，首先必須對滅火器有正確的認知，瞭解其正確的使用方法，否則一旦發生火警，卻不知如何使用它，豈不令人悔不當初。謹將滅火的原理以及常見滅火器之使用方法，分別摘述如後：

一、滅火的原理及其方法

任何火災的發生，必須同時具備可燃物、氧氣、燃點熱能及連鎖反應等四大要件，始能持續燃燒。因此當火災發生時，我們只要利用此原理，使其任一要件消滅，就能達到滅火之功效，而此原理也是滅

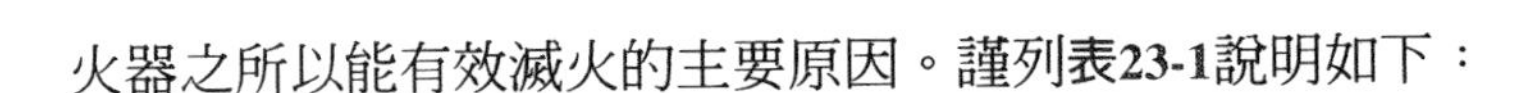

火器之所以能有效滅火的主要原因。謹列表23-1說明如下：

表23-1　滅火的基本原理與方法

項目／燃燒要件	方式	滅火原理	滅火方法
可燃物	拆除法	隔離或除去可燃物	將可燃物搬離火中或自燃燒的火焰中除去，以減少可燃物而停止燃燒，另稱隔離法。
助燃物——氧氣	窒息法	除去助燃物	排除、隔絕或者稀釋空氣中的氧氣，以減少助燃物，使火勢因而窒息，如泡沫、乾粉、氮氣、消防砂。
燃點熱能	冷卻法	減少熱能	使可燃物的溫度降低到燃點以下，如水、泡沫、二氧化碳之滅火即是例。
連鎖反應	抑制法	破壞連鎖反應	加入能與游離基結合的滅火藥劑如乾粉、海龍，破壞或阻礙連鎖反應。

資料來源：整理自消防署網站

二、常見的滅火器及其操作方法

滅火器係目前使用最頻繁且最常見的滅火工具，其種類相當多，如泡沫、二氧化碳、鹵化烷及乾粉等多種滅火器，其中以ABC類乾粉滅火器、二氧化碳以及泡沫滅火器最常使用。茲分述如下：

(一)ABC類乾粉滅火器

1.此類滅火器係使用化學乾粉等不燃性固體的特性，透過氮氣或二氧化碳來加壓，將其粉末噴射至火場，藉著稀釋、阻隔空氣的原理來抑制及窒息火焰，其用途最廣。

2.操作要領及步驟：

(1)提起滅火器，拉開安全插門。

(2)握住皮管瞄子，距火焰約3.5公尺處，站在上風位置朝向火苗。

(3)用力壓下開關壓柄。

(4)朝向火苗根部，左右移動掃射，直到火焰熄滅。

3.適用火災：

(1)ABC類乾粉滅火器效果較大，爲所有滅火器當中用途最爲廣泛，可適用於A、B、C類型火災。

(2)A類乾粉滅火器外桶有白色標示，適用一般火災。

(3)B類乾粉滅火器外桶有黃色標示，適用油類火災。

(4)C類乾粉滅火器外桶有藍色標式，適用電氣火災。

(二)二氧化碳滅火器

1.二氧化碳滅火器係利用二氧化碳爲一種「不燃性氣體」的特性，運用氣體本身的壓力噴射至火場，將空氣稀釋或阻隔，以達到窒息滅火的功能。

2.操作要領：

(1)提起滅火器，拉開安全插門。

(2)握住皮管瞄子，站在上風位置，朝向火苗。

(3)用力壓下開關壓柄。

(4)朝向火苗根部，左右移動掃射，直到火焰熄滅爲止。

3.適用火災：適用於B類油類火災及C類電器火災。

(三)泡沫滅火器

1.泡沫滅火器係利用碳酸氫鈉與硫酸鋁兩種溶液混合產生的化學泡沫，予以加壓直接噴射至火苗的燃燒物表面，藉以隔絕空氣而達到窒息滅火的效果。

2.操作要領：

(1)以右手握手把，左手持底部，將滅火器倒置，使噴嘴朝向火面，泡沫即噴出。

(2)對油類火災不得直接噴向油面，應採曲線噴射，使泡沫落蓋油面。

3.適用火災：泡沫滅火器適用於A類普通火災及B類油脂類火災。

(四)鹵化烷（海龍）滅火器

1.鹵化烷滅火器即俗稱「海龍」滅火器，係一種以蒸發性氣體來達到抑制燃燒「連鎖反應」之進行，以達滅火的功能。

2.鹵化烷受熱即變成一種不燃燒氣體。滅火時須利用氮氣來加壓，將鹵化烷射入火場來阻隔空氣，抑制火焰的燃燒反應以進行滅火。

3.此滅火器效果好，唯會破壞臭氧層，所以1994年國際公約規定海龍滅火器「零生產、零消費」，同時推出潔淨滅火器為海龍滅火器之替代新產品。

4.操作要領同乾粉滅火器所示。

5.適用火災：適於ABC三類火災（表23-2）。

表23-2　各類火災適用之滅火器

滅火器種類／火災類別	ABC類乾粉滅火器	二氧化碳滅火器	泡沫滅火器	鹵化烷（海龍）	水
A類火災	○	×	○	○	○
B類火災	○	○	○	○	×
C類火災	○	○	×	○	×
D類火災	×	×	×	×	×

註：○記號表示適合；×記號表示不適合。

第三節　火災緊急事件的危機處理

當你發現起火時，須當機立斷切忌慌亂，並判斷是否可以自行滅火，若可以，應立刻以滅火器或消防栓來滅火。反之，若經判斷無法自行滅火，須立刻按警鈴，或電話通知總機打119電話報警，並廣播及派員協助顧客緊急疏散，由安全門或太平梯前往較安全地區。

一、火災疏散作業要領

1.引導顧客疏散時須力求鎮靜勿慌亂，以鎮靜語調告知客人說明火災地點，並聲明火災已在控制中，引導顧客朝安全方向疏散。

2.引導人員須手提擴音器及手電筒，避免客人跌撞而產生意外。

3.疏散時，從最靠近火災起火點之樓層、客房優先疏散，老幼婦女為優先。成群顧客疏散時，前後均須安排引導人員，以安定顧客心理，避免因驚慌滋生意外，此為最有效的疏散方法。

4.若有濃煙要先使用溼毛巾掩住口鼻，或以防煙袋先充滿空氣罩套頭頸後，再迅速沿著走廊牆角採低姿勢，由太平門或太平梯往外朝下層疏散。

二、火災逃生疏散時應注意事項

1.救火最重要的黃金時刻為剛起火的三至五分鐘內，若無法自行滅火，須立即報警、廣播、疏散顧客。

2.疏散時不可穿拖鞋逃生，避免燙傷、刮傷等意外。

3.若使用防煙塑膠袋，在套取新鮮空氣時，須在接近地板上方撈

圖23-2　接近地板上方撈新鮮空氣

資料來源：消防署網站

空氣（圖23-2），若以站姿雙手在上空撈可能盡是濃煙。

4.逃生時嚴禁使用電梯。若無法逃生時，可用溼毛巾掩住口鼻在窗口、陽台呼救，但絕對不可貿然跳樓。

5.逃生過程若需要換氣，應將鼻尖靠近牆角或階梯角落來換氣。

6.如果濃煙多的時候，當你站著或蹲著都呼吸不到空氣時，只有趴在地板上方，鼻子距地面20公分以下始能吸到微薄新鮮空氣，此時宜以趴行方式逃生，雙眼閉著以雙手指頭代替眼睛，沿牆壁前進較容易找到逃生門（圖23-3）。

三、火災發生萬一被困在旅館內的緊急措施

1.設法進入距起火層較遠的房間，並關掉空調，以免濃煙瀰漫。

2.以溼毛巾、床單、毛毯將門縫及空調孔塞住。

3.將浴缸放滿水，並用垃圾筒裝水浸溼毛巾備用。

4.若電話仍未中斷，立刻以電話通知總機你的正確位置或房號。

5.走到陽台，站在背風面，利用手電筒、毛巾、床單等，讓外面救難人員發現你的位置，以等候救援。

圖23-3　濃煙多時以趴行方式逃生
資料來源：消防署網站

四、緩降機的使用方法

緩降機可分爲落地式、箱型式及外牆式三種，主要係由固定架及緩降機盒兩大部分所組成。其使用方法（圖23-4）如下：

1.掛上掛鉤：

(1)將緩降機自盒中取出，檢視配件是否齊全，如掛鉤、安全帶、束環、繩索等。

(2)打開掛鉤接口，將緩降機掛在固定架鉤環上，掛鉤螺絲旋緊。

2.丟繩索及輪盤：

(1)將繩索及輪盤丟至窗外時，須先確認沒有障礙物阻隔。

(2)繩索丟下時不可打結。

3.套安全帶：將安全背帶套於腋下。

4.束束環：將調節束環往胸前束緊。調節器與胸口之距，以不超過手臂長爲原則。

5.推牆壁：

(1)拉緊調節器下兩條繩索，攀出窗外，採面向牆壁之姿勢，以雙手輕觸牆壁自然下降。

(2)雙手絕對不可高舉，以免安全帶脫落。

6.解開安全帶：安全落地後，立即解開安全帶，以便下一位使用。當安全著地後，應立即解開安全帶。如果火場尚有受困者待援，此時須立即將繩索拉到頂，以便下一位使用。

圖23-4　緩降機使用方法

資料來源：台南市消防局網站

食物中毒、地震與意外傷害的處理

餐旅業在生產銷售的服務過程中，由於經常潛伏著一些不確定性之危害因子，如果未能事先加以有效防範，往往會造成人員及財物之重大損傷，如食物中毒、地震危害、刀傷、跌倒或扭傷等等意外事件。

第一節　意外傷害事件的處理

餐旅業經常發生的意外事件以刀傷、碰傷、扭傷爲較常見，其次爲瓦斯中毒，雖然其危害程度並不十分嚴重，但也不可忽視之。茲分別摘述如下：

一、瓦斯中毒事件的處理

火災發生的原因有時係因瓦斯氣體外洩或瓦斯用畢未關閉開關所引起，此時火災現場極可能造成有人不幸瓦斯中毒之意外事件。其處理方式如下：

1.首先應以溼毛巾掩住口鼻，迅速先將瓦斯關閉。
2.立即打開室內所有門窗，以利沖淡室內瓦斯，但絕對嚴禁扳動電源開關，如抽風機，以防爆炸。
3.將患者迅速抬到通風良好的地方，令其靜臥。
4.如果患者已呈昏迷狀態或呼吸停止，此時須先給予人工呼吸急救。

二、刀傷、碰傷的處理

1.若不愼受傷，絕對不可以口吸吮傷口，以免細菌感染。

2.若流血量多，須立刻先對傷口加壓止血。

3.清潔消毒傷口，搽藥治療。

4.若傷口較大，情況嚴重者須立即送醫診治。

三、燙傷、灼傷的處理

1.若不小心被熱沸油湯或爐火燙灼，此時應遵循「沖、脫、泡、蓋、送」五大步驟處理。

2.首先以流動冷水沖洗傷口十五至三十分鐘。

3.再於水中小心脫掉受傷部位衣物。

4.再用冷水浸泡十五至三十分鐘。

5.將受傷部位以乾淨的布巾覆蓋。

6.最後再送醫診治。

四、扭傷、骨折的處理

1.若因輕微扭傷，則可先行塗抹消炎藥膏或冰敷即可。

2.若患者骨折脫臼，則要小心處理，避免不必要移動。

3.首先必須小心觸診檢視受傷部位。

4.若有傷口不可碰觸，須先以乾淨紗布繃帶包紮傷口。

5.將骨折部位以夾板或固定物先予以暫時固定住，再迅速送醫診治。

五、呼吸終止及心跳停頓的處理

若發現有人因缺氧或吸入太多濃煙而導致呼吸停止心跳停頓時，須在送醫急救之前，先利用人工口呼吸及心肺復甦術（Cardio

Pulmonary Resuscitation, CPR）予以急救，並等待救護車到達，再送醫治療，以免腦細胞及器官因缺氧四至六分鐘而壞死。

第二節　食物中毒事件的處理

餐旅意外事件當中除了火災外，則以食物中毒事件最為嚴重。餐旅業主要的產品是提供消費大眾膳宿服務，因此必須具備餐飲安全衛生之基本知識，以及食物中毒事件之防範及緊急處理措施。茲就食物中毒之防範以及緊急處理方式分述如下：

一、食物中毒的定義

所謂食物中毒另稱「細菌性食品中毒」，係指因攝取遭受致病性細菌或其他毒素污染之食物而引起的疾病，唯須有二人或二人以上攝取相同食物而發生一樣的疾病症狀者，稱之為食物中毒。

二、食物中毒的類別

依產生中毒的原因來分，主要可分為下列三大類：

(一)細菌性食物中毒

係指因攝食遭受沙門氏菌、腸炎弧菌、葡萄球菌等等病菌所污染之食物而引起的中毒事件。

(二)天然毒素食物中毒

係指攝食含有天然毒素之食物，因而引起的中毒事件。例如誤食毒菇、河豚、發芽的馬鈴薯等食物即是例。

(三)化學性食物中毒

係指攝食遭受有毒性之化學物質或金屬所污染之食物，因而造成的中毒。例如砷、鉛、銅、汞、農藥或非法食品添加物等有毒元素。

三、食物中毒的原因

常見的食物中毒原因，概有下列幾項：

1.食物中毒最常見的原因為確保儲藏不當，如冷凍、冷藏溫度不夠。通常食物冷藏溫度應在攝氏7度以下，冷凍溫度在零下18度以下，至於急速冷凍則在零下40度以下。
2.食物加熱處理不當，如海鮮餐廳海產處理不當所造成的腸炎弧菌中毒。
3.食品或原料在處理製造過程中，被已感染病毒的人接觸過。
4.食用遭污染之食物或生食物。
5.容器、餐具不潔。
6.誤用添加物或不當使用添加物。

四、預防食物中毒的基本原則

(一)清潔

所謂清潔之措施，包括原料清潔、工作區清潔、炊具餐具清潔、儲藏庫與從業人員本身之清潔。易言之，清潔之範圍包括整個食品加工、調理、儲藏等過程在內，其主要目的乃盡量減少並防止細菌之污染。

(二)迅速

所謂「迅速」，係指以最短、最快之時間來處理食物，勿使細菌有足夠的空間來滋長，因此採購回來的食物，須立即盡快處理，如分類冷凍、冷藏，或烹飪處理。

(三)加熱或冷藏

一般細菌生長最適宜之溫度為攝氏7度至60度之間，若溫度超過60度，細菌大都會被消滅；若溫度在7度以下，細菌繁殖不易，生長速度減慢，到零下18度時，則細菌根本不能繁殖，所以加熱或冷凍冷藏是一種消滅細菌、破壞毒素、以及抑制其生長的最好方法。

五、「危害分析主要管制點」（HACCP）的管理系統

根據餐飲業整個製作生產過程，來分析探討各個步驟可能產生的危害因子及其危害程度，然後據以設定重要管制點來加以嚴格控制、事前防範，藉以確保產品的安全衛生。謹就其基本概念摘述如下：

1.危害分析（Hazard Analysis）：從食物生產過程中來分析各項可能造成危害的因子，及瞭解其危害程度。

2.建立主要管制控制點（Critical Control Point）：建立各管制點，設置監控方法與措施，隨時記錄並適時修正，以確保優質的品管。

六、食物中毒事件的處理

1.當餐廳發生兩人或兩人以上疑似食物中毒事件時，首先要立即保存剩餘食物或患者的嘔吐物或排泄物，以利追查原因。

2.除非患者昏迷，否則先給予食鹽水喝下。

3.迅速將患者送醫診治，並盡速於二十四小時內向當地衛生局（所）聯絡或報告。

第三節　地震意外事件的危機處理

台灣地理位置坐落在斷層帶、火山帶，因此地震頻率較高，甚至因建築物之倒塌所釀成之生命、財產損害不勝枚舉。餐旅服務人員必須對防震緊急應變措施及其作業程序有正確的基本認識，始能保障顧客生命財產之安全，並降低災情之損害。

一、餐旅業防震之基本措施

(一)硬體方面

1.建物盡量避免蓋在斷層地帶、不穩固或土壤可能液化之地區。

2.建物應依法設計建造，嚴防偷工減料。

3.新建築物須依1974年頒布之建築物耐震設計規範監造施工；舊有原建築物則依法補強。

4.嚴禁任意違法加蓋或任意拆除牆、柱，以免破壞原結構體。

5.大型飾物、家具、儲櫃應予以固定牢固，盡量避免使用吊燈、吊扇。

6.盡量以不燃性耐火材來裝修，以減少火災之損失（圖24-1）。

圖24-1　旅館建材須使用耐火材料
資料來源：喜來登飯店提供

(二)軟體方面

1.餐旅業須訂定防震緊急應變作業計畫。

2.加強平時防震教育及緊急應變措施之演練。

3.研擬緊急疏散圖及人員組織任務編組。

二、地震發生時的緊急危機處理

(一)地震發生時之應變措施

1.地震發生時，應立即先躲在安全的掩蔽體之下，切忌在第一時間往室外跑，以免被掉落物壓到或撞傷。

2.打開門窗，善用防煙面罩，並遠離吊燈、玻璃或窗戶。

3.地震時應立即滅掉火源並關閉瓦斯。

4.地震正在進行時，勿往樓梯跑，因爲樓梯是建築物結構體最脆弱的地方。

5.地震時不可搭乘電梯，以免因停電被困在電梯內。

6.若欲開車離開建物避難，應將車子緩慢開往路邊停放，並暫時留在車內。

(二)緊急疏散旅客作業程序

1.緊急廣播狀況，告知旅客。

2.協助旅客往避難室疏散集合。

3.確實清點顧客及員工人數。

4.準備茶水、食物，並安撫旅客情緒。

5.報告地震發展狀況。

(三)地震發生後之危機處理

1.若地震高達四級以上時，須設置戶外緊急避難區，並協助顧客移往該地區，同時清點掌控人數。

2.準備禦寒物品、茶水、食物，並極力安撫客人。

3.勿占用電話線路，以便留給需要緊急聯絡或求救的民眾優先使用。

4.總機應隨時收聽收音機，留意地震的後續消息，並隨時與指揮中心聯絡。

5.統一由公關發言人對客人說明狀況，以統一口徑。

6.勿前往災區圍觀，以免妨礙救災工作之進行。

7.若有員工因地震而受到驚嚇，心靈受創傷，則須尋求專業醫師協助，以免造成後遺症。

8.應以人身安全爲考量，勿急著搶救財物。

(四)地震結束後之善後處理

1.地震停止後，須立即清點損失，確定大樓建築結構、水電均無安全顧慮後，始可請客人返回旅館客房。

2.召開善後工作檢討會議。

第五篇　自我評量

一、解釋名詞

1. 質問法
2. 擴大性
3. B類火災
4. C類火災
5. 連鎖反應
6. ABC類乾粉滅火器
7. 泡沫滅火器
8. 食物中毒
9. CPR
10. HACCP

二、問答題

1.餐旅顧客抱怨的原因有那些？試述之。

2.顧客抱怨之事項很多，一般而言可分爲那幾大項？試述之。

3.如果你是餐旅業主管，請問你將會採取何種方法來防範顧客抱怨事件之發生？試申述之。

4.如果你是位餐廳經理，當顧客向你抱怨下列幾件事情，請問你當時會如何來處理？

(1)菜餚有異物　(2)鄰桌客人太吵　(3)上菜太慢

5.若依火災引燃物之不同，通常可分爲那幾大類？試述之。

6.滅火器之種類很多，你認爲那一種用途最廣？並加說明其操作要領。

7.假設你是餐廳主管，萬一餐廳發生火警時，你將如何處理？試申述之。

8.試述緩降機操作的步驟及要領。

9.如果你是餐廳主廚，當你發現廚師有瓦斯中毒現象，請問你會採取何種緊急應變措施？

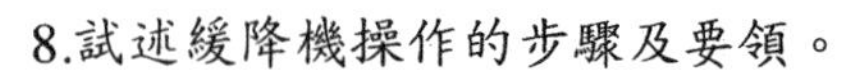

10.何謂「食物中毒」？你認爲應該如何來預防食物中毒事件之發生？試申述之。

11.你認爲餐旅業應如何加強防震措施，始能減少地震所帶來之災害損失？試申述之。

12.如果你是旅館經理，當地震發生時，你會採取怎樣的緊急措施呢？試述之。

參考書目

一、中文部分

Kittler原著，全中好（審譯）（2004）。《世界飲食文化》。台北：桂魯有限公司。
萬光玲（1998）。《餐飲成本控制》。台北：百通圖書公司。
Robert Christie Mill著，吳淑女譯（2000）。《餐飲管理》。台北：華泰文化公司。
倪桂榮（2000）。《餐飲服務入門》。台北：百通圖書公司。
CBI編著，劉蔚萍譯（1992）。《專業的餐飲服務》。台北：桂冠圖書公司。
John R. Walker著，鄭建瑋譯（2004）。《餐旅管理概論》。台北：桂魯有限公司。
許順旺（2005）。《宴會管理》。台北：揚智文化公司。
游達榮（1998）。《餐廳與服勤》。彰化：文野出版社。
Graham Brown、Karon Hepner著，林仕杰譯（1996）。《餐飲服務手冊》。台北：五南出版公司。
鈕先鉞（2004）。《旅館營運管理實務》。台北：揚智文化公司。
薛明敏（1990）。《餐廳服務》。台北：明敏企管公司。
甘唐沖（1992）。《觀光旅館業人力資源管理制度與形態之研究》。台北：中國文化大學碩士論文。
林玥秀等（2004）。《餐館與旅館管理》。台北：國立空中大學。
屠如驥等（1999）。《觀光心理學概論》。台北：百通圖書公司。
張麗英（2003）。《旅館房務理論與實務》。台北：揚智文化公司。
楊上輝（2004）。《旅館事業概論》。台北：揚智文化公司。
楊宏雯等譯（2004）。《餐旅服務業管理》。台北：桂魯有限公司。
劉修祥（2000）。《觀光導論》。台北：揚智文化公司。
蔡曉娟（2000）。《菜單設計》。台北：揚智文化公司。

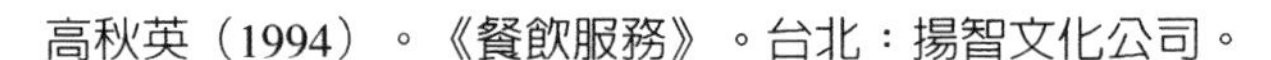

高秋英（1994）。《餐飲服務》。台北：揚智文化公司。
周文偉（1994）。《調酒師的聖經》。屏東：睿煜出版社。
海斯凱特著，王克捷、李慧菊譯（2000）。《服務業的經營策略》。台北：天下叢書。
屠如驥主編（1990）。《旅遊心理學》。天津：開南大學出版社。
樓永堅等4人（2003）。《消費者行為》。台北：國立空中大學。
黃深勳等4人（2005）。《觀光行銷學》。台北：國立空中大學。
蘇芳基（2005）。《餐飲概論》。台北：桂魯有限公司。
旅館餐飲實務編撰小組（1996）。《旅館餐飲實務》。台北：交通部觀光局。
餐旅服務技術士技能檢定規範（2004）。台北：勞委會職訓局。
西餐服務人員術科能力測驗（2006）。台北：中華民國商業職業教育學會。

二、英文部分

Stokes, John W. (1980). *How to Manage a Restaurant*. Mass: WCH Publishing Co.
Hellen Delfakis, Nancy Loman Scanlon, and Jan Van Buren(1992). *Food Service Management*. Ohio：South-Western Publishing Co.
Chuck Y. Gee (1989). *The Travel Industry*. Ohio: South-Western Publishing Co.
Donald E Lundberg (1980). *The Tourist Business*. CBI Publishing Co.
George Torkildsen (1992). *Leisure and Recreation Management.* E & FN Spon.
Harold E Lane (1983). *Hospitality Administration*. Reston Publishing Co.
Alastair Morrison (1989). *Hospitality and Travel Marketing*. Delmar Inc.,
George Tucker (1975). *The Professional Housekeeper*. Cahners Publishing Co.

三、網站

內政部消防署　http://www.nfa.gov.tw/
台南市消防局　http://www.tcfd.gob.tw/
行政院環境保護署　http://www.epa.gov.tw/main/index.asp

《本書承蒙康華飯店協助拍攝及提供資料，謹此申謝！！》

餐飲旅館系列 24

餐旅服務管理與實務

編 著 者／蘇芳基
出 版 者／揚智文化事業股份有限公司
發 行 人／葉忠賢
總 編 輯／閻富萍
地　　址／台北縣深坑鄉北深路三段 260 號 8 樓
電　　話／(02)8662-6826　8662-6810
傳　　真／(02)2664-7633
E-mail ／service@ycrc.com.tw
印　　刷／鼎易印刷事業股份有限公司
ISBN ／978-957-818-874-7
初版一刷／2008 年 6 月
定　　價／新台幣 650 元

國家圖書館出版品預行編目資料

餐旅服務管理與實務 = Management and operation in hospitality / 蘇芳基編著. -- 初版. -- 臺北縣深坑鄉：揚智文化, 2008.06

面； 公分（餐飲旅館系列；24）

參考書目：面

ISBN 978-957-818-874-7（平裝）

1.旅遊業管理 2.餐旅管理

489.2 97008556